Oldenbourgs Übungs- und Studienbücher
der Wirtschafts- und Sozialwissenschaften

Einführung in die Statistik

Von
Dr. Bernd Leiner
Professor für Statistik
an der
Universität Heidelberg

2., ergänzte Auflage

R. Oldenbourg Verlag München Wien

CIP-Kurztitelaufnahme der Deutschen Bibliothek

Leiner, Bernd:
Einführung in die Statistik / von Bernd Leiner. –
2., erg. Aufl. – München ; Wien : Oldenbourg,
1984
(Oldenbourgs Übungs- und Studienbücher der Wirtschafts- und Sozialwissenschaften)
ISBN 3-486-24952-5

Gesamtherstellung: Rieder, Schrobenhausen

ISBN 3-486-24952-5

Inhaltsverzeichnis

Seite

Vorwort IX

Verzeichnis häufig verwendeter Symbole XI

Teil 1: Deskriptive Statistik 1

1. Kapitel: Statistische Einheiten, Massen und Merkmale 4

2. Kapitel: Die Stichprobenverteilung 11

3. Kapitel: Mittelwerte und Streuungsmaße 24

3.1. Mittelwerte 24

3.1.1. Errechnete Mittelwerte 24

3.1.1.1. Das arithmetische Mittel 25

3.1.1.2. Das geometrische Mittel 27

3.1.1.3. Das harmonische Mittel 28

3.1.1.4. Das quadratische Mittel 30

3.1.1.5. Größenbeziehung der errechneten Mittelwerte 30

3.1.2. Mittelwerte der Lage 32

3.1.2.1. Der Zentralwert 32

3.1.2.2. Der häufigste Wert 33

3.2. Streuungsmaße 33

3.2.1. Die durchschnittliche Abweichung 33

3.2.2. Die mittlere quadratische Abweichung 34

3.2.3. Die Spannweite 35

4. Kapitel: Verhältniszahlen 37

4.1. Gliederungszahlen 38

4.2. Beziehungszahlen 39

4.2.1. Häufigkeitsziffern 39

4.2.2. Dichteziffern 39

4.2.3. Verursachungsziffern 40

4.3. Sonderformen von Gliederungs- und Beziehungszahlen 40

4.3.1. Spezifische Verhältniszahlen 40

4.3.2. Besondere Verhältniszahlen 41

4.3.3. Standardisierte Verhältniszahlen 42

4.4. Meß- und Indexzahlen 44

4.4.1. Meßzahlen 44

4.4.2. Indexzahlen 45

Seite

4.4.2.1. Der Preisindex nach Laspeyres.............. 45
4.4.2.2. Der Preisindex nach Paasche................ 46
4.4.2.3. Der Mengenindex nach Laspeyres............. 47
4.4.2.4. Der Mengenindex nach Paasche............... 47
4.4.2.5. Der Wertindex.............................. 48
4.4.2.6. Weitere Indexformeln....................... 49

5. Kapitel: Regression und Korrelation........................... 52
5.1. Regression.. 52
5.2. Korrelation... 55

Teil 2: Wahrscheinlichkeitsrechnung........................ 59

6. Kapitel: Grundlagen der Wahrscheinlichkeitsrechnung........... 60
6.1. Kleine Mengenlehre.. 60
6.2. Elementarereignisse, Ereignisse und Ereignisraum............ 67
6.3. Die σ-Algebra... 69
6.4. Die Bestimmung von Wahrscheinlichkeiten..................... 72
6.4.1. Die empirische Bestimmung von Wahrscheinlichkeiten.. 72
6.4.2. Die logische Bestimmung von Wahrscheinlichkeiten.... 72
6.4.3. Die subjektive Bestimmung von Wahrscheinlichkeiten.. 73
6.5. Die Axiomatik der Wahrscheinlichkeit von Kolmogoroff....... 74
6.6. Bedingte Wahrscheinlichkeiten............................... 77
6.7. Unabhängige Ereignisse...................................... 80
6.8. Gemeinsame und marginale Wahrscheinlichkeiten.............. 81
6.9. Das Theorem von Bayes....................................... 86

7. Kapitel: Die Verteilung einer Zufallsvariablen................. 91
7.1. Zufallsvariablen.. 91
7.2. Die Verteilungsfunktion..................................... 94
7.3. Die Momente einer Zufallsvariablen......................... 103
7.3.1. Der Erwartungswert einer Zufallsvariablen........... 103
7.3.2. Die Varianz einer Zufallsvariablen.................. 107
7.3.3. Gewöhnliche Momente einer Zufallsvariablen.......... 112
7.3.4. Zentrale Momente einer Zufallsvariablen............. 113
7.4. Unkorreliertheit und Unabhängigkeit von Zufallsvariablen... 118
7.4.1. Die Kovarianz zweier Zufallsvariablen............... 118
7.4.2. Unabhängigkeit zweier Zufallsvariablen.............. 122

8. Kapitel: Einige Verteilungstypen............................... 125
8.1. Die Null-Eins-Verteilung................................... 125
8.2. Die Binomialverteilung...................................... 126
8.3. Die Poissonverteilung....................................... 134
8.4. Die geometrische Verteilung................................. 139

Seite

8.5. Die hypergeometrische Verteilung........................... 142
8.6. Die Polyaverteilung....................................... 146
8.7. Die negative Binomialverteilung........................... 147
8.8. Die Normalverteilung...................................... 150
9. Kapitel: Erzeugende Funktionen................................ 157
10. Kapitel: Charakteristische Funktionen........................ 162
11. Kapitel: Testverteilungen.................................... 169
11.1. Die Gammaverteilung...................................... 169
11.2. Die χ^2-Verteilung.................................. 172
11.3. Die Betaverteilung....................................... 174
11.4. Die F-Verteilung... 175
11.5. Die t-Verteilung... 176

Teil 3: Statistische Inferenz.................................... 177
12. Kapitel: Gesetz der großen Zahlen und zentraler Grenzwertsatz. 178
12.1. Das Gesetz der großen Zahlen............................. 178
12.2. Der zentrale Grenzwertsatz............................... 181
13. Kapitel: Punktschätzungen.................................... 183
13.1. Schätzkriterien.. 184
13.1.1. Erwartungstreue.. 184
13.1.2. Konsistenz... 185
13.1.3. Effizienz.. 185
13.2. Die Schätzung der Varianz................................ 187
13.3. Schätzverfahren.. 190
13.3.1. Die Methode der kleinsten Quadrate..................... 190
13.3.2. Die maximum-likelihood-Methode......................... 192
13.4. Die Schätzung der linearen Einfachregression............. 194
14. Kapitel: Intervallschätzungen................................ 201
14.1. Konfidenzintervall für μ, wenn σ^2 bekannt ist............ 202
14.2. Konfidenzintervall für μ, wenn σ^2 unbekannt ist.......... 204
14.3. Konfidenzintervall für σ^2........................ 205
15. Kapitel: Hypothesentests..................................... 207
15.1. Hypothesentest für den Erwartungswert.................... 208
15.2. Die Gütefunktion... 209
15.3. Weitere Hypothesentests.................................. 213

Tabelle A1. Standardnormalverteilung............................. 215
Tabelle A2. t-Verteilung... 218
Lösungen der Übungsaufgaben...................................... 219

Seite

Literaturverzeichnis 234

Sachverzeichnis 238

Vorwort zur 1. Auflage

Die Einführung in die Statistik wendet sich vorzugsweise an Studierende der Wirtschaftswissenschaften und erfordert keine Vorkenntnisse, die über die Hochschulreife hinausgehen. Aus seiner an den Universitäten Saarbrücken, Bonn und Heidelberg gesammelten Lehrerfahrung weiß der Autor, daß viele Studienanfänger große Schwierigkeiten mit dem Teil der Mathematik haben, ohne den heutzutage ein wirtschaftswissenschaftliches Studium nicht mehr auskommt. So war es sein Bemühen, diese Einführung derart zu gestalten, daß sie auch von Studierenden ohne ausgeprägte Neigung zur Mathematik mit Gewinn gelesen werden kann, d.h. daß die vorhandenen Kenntnisse ausgebaut und die Scheu vor mathematischen Formalien abgebaut werden.

Eine Vielzahl von Verweisen sollte vom Leser genutzt werden, um die Gewinnung mathematisch-statistischer Aussagen nachzuvollziehen, auch wenn dies ein wenig Sitzfleisch erfordert. Zahlreiche Beispiele erleichtern das Verständnis des für den Anfänger ungewohnten Stoffes, Übungsaufgaben am Ende der Kapitel bieten die Möglichkeit, das Erlernte konkret anzuwenden (Übungsaufgaben dieser Art sind wesentliche Bestandteile der Zwischenprüfung für Volkswirte im Fach Statistik an der Universität Heidelberg).

Da das Buch in sich abgeschlossen aufgebaut ist, eignet es sich auch zum Selbststudium. Einzelne Passagen mögen auch für Fortgeschrittene von Interesse sein (z.B. Abschnitt 8.7. über die negative Binomialverteilung, das 9. Kapitel über erzeugende Funktionen, das 10. Kapitel über charakteristische Funktionen oder das 11. Kapitel über Testverteilungen) und können unter Umständen von Anfängern ausgespart werden. Angaben über weiterführende Literatur finden sich am Ende eines jeden Kapitels.

Seinem verehrten Lehrer, langjährigem Vorgesetzten und Kollegen, Herrn Professor Dr. Günter Menges, möchte der Autor an dieser Stelle seinen tiefempfundenen persönlichen Dank für seine wissenschaftliche und menschliche Betreuung aussprechen. Zugleich ist vielen Kollegen und Studenten zu danken, aus deren Diskussionen wertvolle Anregungen gewonnen werden konnten. Dagegen gehen eventuelle kleinere Unrichtigkeiten und Tippfehler allein auf das Konto des Autors. Für die ausgezeichnete Zusammenarbeit mit dem R. Oldenbourg Verlag ist insbesondere Herrn Diplom-Volkswirt Martin Weigert zu danken, durch dessen Initiative dieses einführende Werk ermöglicht wurde.

Heidelberg, im August 1980

Bernd Leiner

Vorwort zur 2. Auflage

Die 2. Auflage enthält ein erratum, das einige Unklarheiten der 1. Auflage bereinigt. Meinen Kollegen danke ich für einige kritische Hinweise, die auf diesem Wege Berücksichtigung finden konnten.

Heidelberg, Sommer 1984

Bernd Leiner

Verzeichnis häufig verwendeter Symbole

$\{a, b, c\} = M$	Menge M
$a \in M$	a ist Element von M
$d \notin M$	d ist nicht Element von M
$A \subset B$	A ist Teilmenge von B
$A \cup B$	Vereinigung von A mit B
$A \cap B$	Durchschnitt von A mit B
$\overline{A}$	Komplement der Menge A
$A - B$	Differenz der Mengen A und B
$\mathcal{P}(E)$	Potenzmenge des Ereignisraums E
X, Y, Z	Zufallsvariablen
x bzw. x_i	Realisation der Zufallsvariablen X
x_j	Realisationswert
h_j	absolute Häufigkeit des Realisationswerts x_j
$h_j^{\circledR}$	relative Häufigkeit des Realisationswerts x_j
n	Stichprobenumfang
N	Umfang der Grundgesamtheit
$f(x)$	Dichtefunktion der Zufallsvariablen X
$F(x)$	Verteilungsfunktion der Zufallsvariablen X
$E(X)$, μ_X	Erwartungswert der Zufallsvariablen X
$V(X)$, σ_X^2	Varianz der Zufallsvariablen X
$\phi_X(\lambda)$	charakteristische Funktion der Zufallsvariablen X
$A(t)$	erzeugende Funktion
$x \in [a,b]$	$a \leq x \leq b$
$x \in (a, b]$	$a < x \leq b$
$x \in [a, b)$	$a \leq x < b$
$x \in (a, b)$	$a < x < b$

Teil 1

Deskriptive Statistik

Der Zweig der Statistik, den man als deskriptive Statistik bezeichnet, kann im Bereich der Wirtschafts- und Sozialwissenschaften auf eine vergleichsweise lange Tradition an deutschen Universitäten verweisen. Die Vertreter der sogenannten Universitätsstatistik beschrieben bereits im 17. Jahrhundert in ihren Vorlesungen die damals wichtigsten Staaten, wobei man natürlich nur in geringem Umfang auf Zahlenangaben zurückgreifen konnte.

Die Aufgabe der deskriptiven Statistik ist darin zu sehen, Informationen aus den in der Empirie gewonnenen Daten herauszuarbeiten. Während im naturwissenschaftlichen Bereich die Daten als Abbild der realen Gegebenheiten überwiegend im Experiment gewonnen werden, dominiert im wirtschafts- und sozialwissenschaftlichen Bereich die Beobachtung als Mittel zur Gewinnung von Daten. Der Mensch und die von ihm gebildeten Institutionen, die gesamte Umwelt, die ökonomischen und sozialen Lebensbedingungen und Verhaltensweisen sind ein ergiebiges Feld für die statistische Beobachtung. Werden Untersuchungen solcher Art von vornherein aus rein statistischem Interesse durchgeführt, so bezeichnet man sie als primärstatistisch. Ein großer Teil des statistischen Datenmaterials wird jedoch sekundärstatistisch gewonnen, d.h. die Daten entstehen gewissermaßen als Nebenprodukt staatlicher Aufgaben und deren Registrierung (z.B. gilt dies für die Außenhandelsstatistik und die Statistik der Bevölkerungsbewegung).

Da für primärstatistische Untersuchungen neben der gebotenen Sorgfalt und dem nötigen know how oft ein stärkerer finanzieller Rückhalt erforderlich ist, werden solche Untersuchungen überwiegend von der amtlichen Statistik (dem Statistischen Bundesamt, den Statistischen Landesämtern und den kommunalstatistischen Ämtern, aber auch von den Statistischen Ämtern der inter- und supranationalen Organisationen) und den Wirtschafts- und Meinungsforschungsinstituten ausgeführt.

Die Gesamtheit der Einheiten (Personen, Institutionen oder auch Gegenstände), die in einer solchen Untersuchung auf ihre besonderen Eigenheiten hin zu beschreiben sind, bezeichnet man als Grundgesamtheit. Werden alle Einheiten der Grundgesamtheit untersucht, so bezeichnet man dies als eine Vollerhebung. Da Vollerhebungen mit einem sehr großen Kostenaufwand verbunden sein können oder aus sonstigen Gründen nicht in Frage kommen (z.B. Ermittlung der Lebensdauer von Transistoren einer Produktion), begnügt man sich zumeist mit einer Teilerhebung, die man auch als Stichprobe bezeichnet.

Ausgehend von den statistischen Einheiten, den aus ihnen gebildeten statistischen Massen und ihren statistischen Merkmalen, wollen wir uns mit der Auswertung oder Aufbereitung der so gewonnenen Daten vertraut machen. Auf diesem Wege lernen wir Maßzahlen kennen, die die wichtigsten Informationen einer Untersuchung auf einen Blick erkennen lassen.

1. Kapitel
Statistische Einheiten, Massen und Merkmale

Bevor mit der Durchführung einer Vollerhebung oder einer Stichprobenziehung begonnen wird, muß man sich über die definitorische Abgrenzung der zu untersuchenden Einheiten einige Gedanken machen.

Die Definition der statistischen Einheiten erfolgt mittels sogenannter Identifikationsmerkmale, nämlich eines zeitlichen, eines räumlichen und sachlicher Identifikationsmerkmale.

Beispiel: Man möchte die Teilnehmer einer Veranstaltung nach ihren Berufsvorstellungen befragen. Durch die Befragung zu einem bestimmten Zeitpunkt in einem bestimmten Hörsaal und die sachliche Abgrenzung "Teilnehmer der Veranstaltung" sind die zu untersuchenden Einheiten abgegrenzt.

Statistische Einheiten mit identischen Identifikationsmerkmalen werden zusammengefaßt (aggregiert) zu einer statistischen Masse. Je nach Wahl der sachlichen Identifikationsmerkmale kann der Umfang der zu untersuchenden statistischen Masse variiert werden. So ergibt sich im Beispiel durch die Hinzunahme des sachlichen Identifikationsmerkmals "weiblich" eine Verringerung der Anzahl der zu befragenden Teilnehmer der Veranstaltung (sofern die Veranstaltung nicht ausschließlich von Frauen besucht wird).

Statistische Massen lassen sich unterscheiden in Bestandsmassen und Ereignismassen. Wie man schon dem Namen entnehmen kann, weisen Bestandsmassen eine zeitliche Beständigkeit auf.

Beispiele: Bevölkerung, Studierende, Wohnungen, Kraftfahrzeuge, Unternehmen, Beschäftigte, das Kapital einer Volkswirtschaft, der Waldbestand, der Viehbestand, Flughäfen, Autobahnen usw.

Dagegen sind Ereignismassen von zeitlich punkthafter Natur. Ihre statistischen Einheiten realisieren sich zu einem Zeitpunkt, weisen also genaugenommen keine zeitliche Ausdehnung auf.

Beispiele: Geburten, Heiraten, Todesfälle, Immatrikulationen, Neuzulassungen von Kraftfahrzeugen, Starts und Landungen auf Flughäfen, Nettoinvestitionen einer Volkswirtschaft, Konkurse, Entlassungen, Brückeneinweihungen, Brückeneinstürze, Torschüsse, Mondlandungen usw.

Entsprechend ihrer unterschiedlichen Natur sind Bestandsmassen anders zu erfassen als Ereignismassen. Die statistische Erfassung von Bestandsmassen bezeichnet man als Erhebung. Die Erhebung einer Bestandsmasse erfolgt zu einem Zeitpunkt, d.h. alle zu einem bestimmten Zeitpunkt existierenden Einheiten dieser Bestandsmasse werden erfaßt.

Beispiel: In der Volkszählung von 1971 wurden alle Personen erfaßt, die am 27. Mai 1971 (Null Uhr) Einwohner der Bundesrepublik Deutschland waren.

Dagegen erfolgt die statistische Erfassung der punkthaften Ereignismassen durch Registrierung während eines Zeitraums.

Beispiel: Das Standesamt einer Gemeinde registriert die Geburten, Heiraten und Todesfälle in einem Jahr.

Eine Verbindung zwischen Bestands- und Ereignismassen kann zuweilen hergestellt werden in Form der korrespondierenden Massen. Massen werden als korrespondierend bezeichnet, wenn die Ereignismasse die Zu- bzw. Abgangsmasse der zugehörigen Bestandsmasse ist.

Beispiel: Schülerbestand und Schulabgänger einer Schule.

Keine korrespondierenden Massen sind etwa der Bestand an Güterwagen der Bundesbahn und der Güterverkehr der Bundesbahn.

Kennt man den Anfangsbestand einer Masse zu Beginn eines Zeitraums (z.B. eines Jahres) und die Veränderung dieser Masse durch Zu- und Abgänge in diesem Zeitraum, so erhält man den Endbestand dieser Masse am Ende des Zeitraums durch Fortschreibung:

Endbestand = Anfangsbestand + Zugänge - Abgänge.

Die Summe von Anfangsbestand und Zugängen bezeichnet man als Anwesenheitsmasse, da deren Einheiten im betrachteten Zeitraum anwesend waren.

Die Untersuchung statistischer Massen geschieht mit dem Ziel, Informationen über bestimmte Eigenschaften der erfaßten statistischen Einheiten zu gewinnen, die als deren statistische Merkmale bezeichnet werden.

Beispiel: Man befragt die Schüler einer Klasse nach ihrer Körpergröße.

Diese statistischen Merkmale bezeichnet man auch als Prädikatsmerkmale,um ihre Stellung zum Subjekt der statistischen Untersuchung, der statistischen Einheit, hervorzuheben.

Prädikatsmerkmale sind begrifflogisch streng zu trennen von den Identifikationsmerkmalen. Während die Identifikationsmerkmale die Voraussetzungen der statistischen Untersuchung schaffen, bilden die Prädikatsmerkmale den eigentlichen Gegenstand der Untersuchung. Wohl kann ein und dasselbe Merkml (z.B. das Merkmal Geschlecht) im einen Falle Identifikationsmerkmal sein (z.B. in einer Befragung von Hausfrauen) und im anderen Falle Prädikatsmerkmal (z.B. in der Volkszählung), doch kann es in derselben Untersuchung nicht zugleich Identifikationsmerkmal und Prädikatsmerkmal sein.

Die Prädikatsmerkmale werden wir wegen ihrer dominierenden Stellung innerhalb der Untersuchung im folgenden kurz als Merkmale bezeichnen. Es ist unmittelbar einleuchtend, daß ein solches Merkmal, z.B. die Körpergröße, in einer Untersuchung die unterschiedlichsten Werte annehmen kann. Wir bezeichnen diese unterschiedlichen Ausprägungen des Merkmals als Modalitäten. Präzise formuliert, enthalten die Modalitäten alle theoretisch möglichen Ausprägungen des Merkmals. Davon zu unterscheiden sind die Merkmalswerte, die sich in einer konkreten Untersuchung realisieren. Man bezeichnet diese tatsächlich beobachteten Merkmalswerte als Realisationen des Merkmals.

Beispiel: Die Modalitäten des Merkmals "Körpergröße", das für Erstklässer einer Dorfschule ermittelt werden soll, wird man auf das Intervall [1,00m bis 1,50m] einschränken können. Als Realisation dieses Merkmals kann sich für einen der Schüler z.B. der Wert 1,14 cm ergeben.

Da die Realisationen eines Merkmals von Einheit zu Einheit variieren, werden die statistischen Merkmale auch als statistische Variablen bezeichnet.

Die Merkmale lassen sich wie folgt klassifizieren:

Zunächst ist zu unterscheiden zwischen qualitativen und quantitativen Merkmalen. Qualitative Merkmale sind ihrer Herkunft nach nicht quantitativ, lassen sich jedoch bei der statistischen Auswertung auch numerisch kategorisieren.

Beispiele: Haarfarbe, Familienstand, Beruf, Einkommensart, Nationalität usw.

Quantitative Merkmale sind bereits ihrer Natur nach quantifizierbar, können also numerisch gemessen werden. Wir zerlegen diese quantitativen Merkmale weiter in die ordinalen und die kardinalen Merkmale.

Ordinale Merkmale können ordinal gemessen werden, d.h. es läßt sich unter den Modalitäten eines solchen Merkmals eine Rangordnung herstellen.

Beispiele: Noten, Dioptrien, die 6 Besten eines Formel I-Rennens usw.

Kardinale Merkmale können kardinal gemessen werden. Wir unterscheiden nun die kardinalen Merkmale ihrerseits weiter in diskrete und stetige Merkmale.

Diskrete Merkmale lassen sich dadurch charakterisieren, daß die Anzahl der Modalitäten, die ein solches Merkmal theoretisch annehmen kann, endlich oder abzählbar ist.

Beispiele: Kinderzahl, Zahl der Arbeitslosen einer Volkswirtschaft, Zahl der Filialen eines Unternehmens, Körpergewicht in kg, Körpergröße in cm, Alter in Jahren usw.

Stetige Merkmale lassen sich dadurch charakterisieren, daß die Anzahl der Modalitäten, die ein solches Merkmal theoretisch annehmen kann, überabzählbar ist.

Beispiele: Benzinverbrauch, Heizölverbrauch, Stromspannung, Stromstärke, Geschwindigkeit, Gewicht, Körpergröße usw.

Im Unterschied zu den diskreten Merkmalen können die Modalitäten eines stetigen Merkmals jeden reellen Wert eines Kontinuums annehmen. So kann die Körpergröße unendlich genau gemessen werden und steht dann für ein stetiges Merkmal, während die Messung derselben Körpergröße in cm nur eine endliche Anzahl von Modalitäten zur Verfügung hat und damit für ein diskretes Merkmal steht.

Unsere Klassifikation der Merkmale (genauer: Prädikatsmerkmale) stellen wir in Übersicht 1.1. nochmals den Identifikationsmerkmalen gegenüber.

In statistischen Untersuchungen werden im allgemeinen pro Einheit mehrere Merkmale erfaßt. Je nach Art des Merkmals lassen sich die so gewonnenen Daten typisieren in ordinal meßbare Daten, kardinal meßbare Daten (die man auch als metrisch skalierbare Daten bezeichnet) usw. Hierbei stehen je nach Datentyp verschiedene Skalen für die Messung zur Verfügung.

Die geringsten Anforderungen an die Daten stellt die Nominalskala, die sich für Daten eignet, die bei der Untersuchung qualitativer Merkmale gewonnen werden. In dieser Skala kommt lediglich die grundsätzliche Verschiedenheit der so gebildeten Klassen von Daten zum Ausdruck. So könnte man für das Merkmal "Haarfarbe" die Nominalskala grob unterteilen in die Klassen blond, rot, braun und schwarz.

Die Ordinalskala ist die adäquate Skala für Daten, die die Ausprägungen eines ordinalen Merkmals erfassen. Eine Notenskala ist eine solche Ordinalskala, in der bereits eine Rangordnung erkennbar ist.

Die Verhältnisskala gestattet die Herstellung von Proportionen (Verhältnissen) zwischen den Daten, z.B. daß eine Fläche doppelt so groß ist wie eine andere Fläche usw. Mit einer Intervallskala lassen sich sinnvolle Aussagen über Intervalle zwi-

Übersicht 1.1. Merkmale

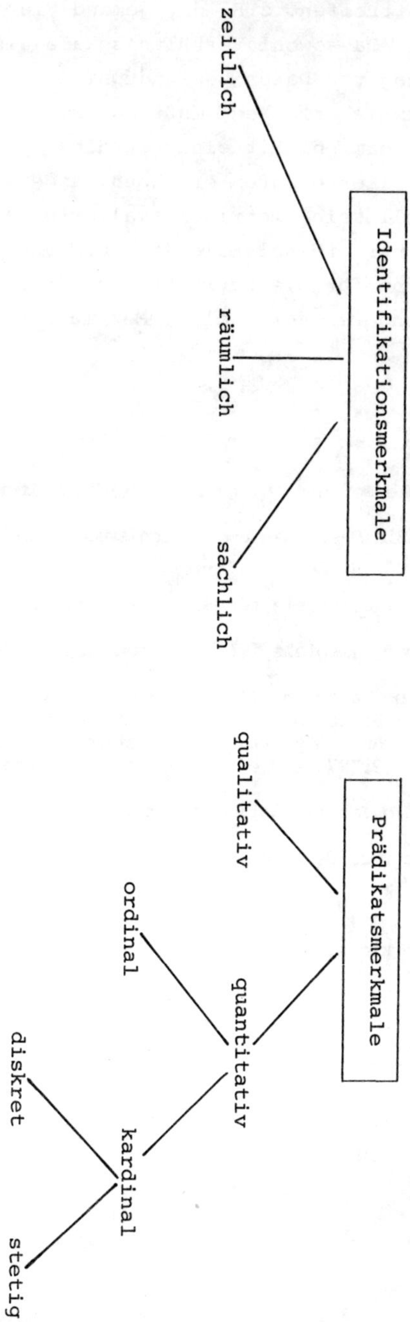

schen den Daten treffen, z.B. daß jemand vier Jahre jünger als sein Bruder ist. Da sowohl Verhältnisskala als auch Intervallskala zur Messung von Daten geeignet sind, die die Ausprägungen kardinaler Merkmale erfassen, faßt man sie unter dem Oberbegriff Kardinalskala zusammen. Mit einer Kardinalskala lassen sich also nur metrisch skalierte Daten erfassen. Andererseits kann es durchaus sinnvoll sein, metrisch skalierte Daten (wie z.B. das Gewicht) mit einer Ordinalskala (in Form von Gewichtsklassen) zu erfassen, wenn für die betrachteten Einheiten mit der Rangordnung eines anderen (ordinalen) Merkmals Vergleiche angestellt werden sollen.

Übungsaufgaben

1.1. Wie erfolgt die Definition statistischer Einheiten?

1.2. Kennzeichnen Sie Bestands- und Ereignismassen und deren statistische Erfassung.

1.3. Bilden Sie drei Beispiele für Bestandsmassen(bzw. Ereignismassen).

1.4. Bilden Sie zwei Beispiele für korrespondierende Massen.

1.5. Ein Karate-Klub hatte am 1.1.1975 63 Mitglieder. Im Laufe des Jahres 1975 wurden 56 Personen als neue Mitglieder aufgenommen, während 37 Personen ihren Austritt erklärten. Bestimmen Sie die Anzahl der Mitglieder am 31.12.1975 sowie die Anwesenheitsmasse des Jahres 1975.

1.6. Vergleichen Sie Identifikationsmerkmale mit Prädikatsmerkmalen.

1.7. Nennen Sie je zwei Beispiele für
   a. qualitative,
   b. ordinale,
   c. diskrete und
   d. stetige Merkmale.

Weiterführende Literatur

Menges [1972]

Menges-Skala [1973]

Bamberg-Baur [1980]

Blind [1969]

Rutsch [1974]

Schaich [1977]

Bleymüller-Gehlert-Gülicher [1979]

Ferschl [1978]

2. Kapitel
Die Stichprobenverteilung

In diesem Kapitel wollen wir uns mit der Auswertung einer Stichprobe befassen, in der für alle untersuchten Einheiten die Ausprägungen eines einzigen Merkmals festgestellt worden sind.

Beispiel: In einer Übungsgruppe der Veranstaltung "Allgemeine Methodenlehre der Statistik" an der Universität Heidelberg im WS 1979/80 wurden die Teilnehmer nach ihrer Körpergröße befagt. Die hierbei festgehaltenen Angaben von 59 Teilnehmern werden im folgenden ausgewertet.

Zunächst wird eine Urliste angefertigt, in der jeder Einheit eine Laufnummer zugewiesen wird, mit der die Einheit später bei Bedarf identifiziert werden kann. Für jede Einheit wird zugleich die Realisation des betrachteten Merkmals notiert.

Wir bemerken, daß in der Urliste (siehe Tabelle 2.1.) die Einheiten nicht nach der Größe der festgestellten Realisation (im Beispiel nach der Körpergröße) geordnet sind.

Aus der Urliste wird sodann eine Strichliste erstellt (siehe Tabelle 2.2). Die Strichliste vermittelt einen ersten Eindruck, wie die Realisationen des erfragten Merkmals in der Stichprobe ausgefallen sind.

Aus Tabelle 2.2. können wir für unser Beispiel sofort entnehmen, daß die beobachteten Körpergrößen in dem Intervall [155 cm, 194 cm] liegen. Einige Modalitäten dieses Intervalls, z.B. 156 cm, 157 cm, 158 cm, 159 cm, 161 cm, ..., 193 cm, sind in der Stichprobe nicht real vertreten, d.h. weisen keine Realisationen auf, was man auf den nicht besonders großen Stichprobenumfang - so bezeichnet man die Anzahl der Einheiten einer Stichprobe - von 59 Teilnehmern zurückführen kann.

Tabelle 2.1. Urliste einer Befragung von 59 Heidelberger Studenten und Studentinnen im WS 1979/80 nach ihrer Körpergröße

Laufnummer	Körpergröße (in cm)	Laufnummer	Körpergröße(in cm)
1	186	31	178
2	189	32	165
3	179	33	168
4	177	34	166
5	169	35	163
6	160	36	163
7	174	37	171
8	183	38	184
9	184	39	191
10	163	40	184
11	185	41	171
12	173	42	168
13	178	43	165
14	178	44	183
15	187	45	181
16	194	46	178
17	176	47	184
18	174	48	186
19	173	49	189
20	173	50	170
21	166	51	173
22	155	52	184
23	160	53	160
24	162	54	166
25	165	55	181
26	182	56	186
27	170	57	163
28	170	58	165
29	190	59	173
30	178		

Tabelle 2.2. Strichliste einer Befragung von 59 Heidelberger Studenten und Studentinnen im WS 1979/80 nach ihrer Körpergröße

Körpergröße in cm	Anzahl der Teilnehmer
155	I
160	III
161	
162	I
163	IIII
164	
165	IIII
166	III
167	
168	II
169	I
170	III
171	II
172	
173	𝍸
174	II
175	
176	I
177	I
178	𝍸
179	I
180	
181	II
182	I
183	II
184	𝍸
185	I
186	III
187	I
188	
189	II
190	I
191	I
192	
193	
194	I

Wenn in einer Stichprobe eine größere Anzahl von Realisationen verschiedener Größe auftritt, empfiehlt es sich aus Gründen der Übersichtlichkeit der Darstellung, das Datenmaterial durch Klassenbildung stärker zu komprimieren. Durch die Einordnung der Realisationen in Größenklassen gehen andererseits Informationen verloren, so daß in der Praxis ein Kompromiß anzustreben ist. Als Faustregel läßt sich festhalten, daß nur in Ausnahmefällen (wenn z.B. der Stichprobenumfang 200 Einheiten übersteigt) mehr als ein Dutzend Klassen erforderlich sind.

In unserem Beispiel bietet sich die Klassenbreite von 5 cm an, womit wir 9 Klassen erhalten (siehe Tabelle 2.3.)

Tabelle 2.3. Strichliste für Größenklassen einer Befragung von 59 Heidelberger Studenten und Studentinnen (Körpergröße)

Körpergröße	Anzahl der Teilnehmer
151-155 cm	𝍷
156-160 cm	𝍷𝍷𝍷
161-165 cm	𝍸 𝍷𝍷𝍷𝍷
166-170 cm	𝍸 𝍷𝍷𝍷𝍷
171-175 cm	𝍸 𝍷𝍷𝍷𝍷
176-180 cm	𝍸 𝍷𝍷𝍷
181-185 cm	𝍸 𝍸 𝍷
186-190 cm	𝍸 𝍷𝍷
191-195 cm	𝍷𝍷

Wir erkennen, daß die Größenklasse 181-185 cm mit 11 Einheiten am stärksten besetzt ist. Solche Besetzungszahlen bezeichnet man als absolute Häufigkeiten der einzelnen Größenklassen.

Dividiert man die absoluten Häufigkeiten durch den Stichprobenumfang, so erhält man die relativen Häufigkeiten der einzelnen Größenklassen. Die relativen Häufigkeiten geben also an, wie stark eine Größenklasse im Verhältnis zur Gesamtmasse der untersuchten Einheiten besetzt ist.

In Tabelle 2.4. sind die absoluten und relativen Häufigkeiten der einzelnen Größenklassen unseres Beispiels wiedergegeben.

Tabelle 2.4. Absolute und relative Häufigkeiten der in Tabelle 2.3. gebildeten Größenklassen des Körpergröße-Beispiels

Körpergröße	absolute Häufigkeit	relative Häufigkeit
151-155 cm	1	1/59
156-160 cm	3	3/59
161-165 cm	9	9/59
166-170 cm	9	9/59
171-175 cm	9	9/59
176-180 cm	8	8/59
181-185 cm	11	11/59
186-190 cm	7	7/59
191-195 cm	2	2/59
Summe	59	1

Wir wollen nun den Vorgang der Bildung absoluter und relativer Häufigkeiten ein wenig formalisieren, wozu wir folgende Notation verwenden:

n = Stichprobenumfang

m = Anzahl der Klassen (im Beispiel: $m = 9$ Größenklassen)

h_1 = absolute Häufigkeit der 1. Klasse

.
.
.

h_j = absolute Häufigkeit der j-ten Klasse

.
.
.

h_m = absolute Häufigkeit der m-ten Klasse.

Dann gilt

(2.1) $$n = h_1 + \dots + h_m = \sum_{j=1}^{m} h_j \quad ,$$

d.h. die Summe der absoluten Häufigkeiten ergibt den Stichprobenumfang (vgl. auch Tabelle 2.4., zweite Spalte).

Das Symbol Σ nennt man <u>Summationszeichen</u>. $j=1$ ist die untere Summationsgrenze (der Index j nimmt also den Wert 1 an, d.h. die Summe beginnt mit h_1), m (genauer: $j=m$) bezeichnet die obere Summationsgrenze (der Index j nimmt also den Wert m an, d.h. das letzte Glied der Summe ist h_m). Die Summationsvorschrift besagt hier, daß alle absoluten Häufigkeiten h mit Index j aufzusummieren sind, wobei der Index j die Indexmenge $1, 2, 3, \dots, m$ durchläuft, die die Klassen numeriert.

Weiter bezeichnen wir mit

$h_1^{\circledR}$ = relative Häufigkeit der 1. Klasse,

.
.
.

$h_j^{\circledR}$ = relative Häufigkeit der j-ten Klasse

.
.
.

$h_m^{\circledR}$ = relative Häufigkeit der m-ten Klasse,

wobei

(2.2) $$h_j^{\circledR} = \frac{h_j}{n} \quad \text{für } j = 1, \dots, m.$$

Dann gilt

(2.3) $$1 = h_1^{\circledR} + \dots + h_m^{\circledR} = \sum_{j=1}^{m} h_j^{\circledR} \quad ,$$

d.h. die Summe der relativen Häufigkeiten ergibt den Wert 1. Da die relativen Häufigkeiten als Anteile verstanden werden können, ergibt somit die Summe aller Anteile die Gesamtheit 1 (vgl. auch Tabelle 2.4., dritte Spalte).

Aus Gleichung (2.1) erhalten wir also Gleichung (2.3), indem wir alle Terme der Gleichung (2.1) durch n dividieren und die in Gleichung (2.2) enthaltenen Definitionen berücksichtigen.

Absolute Häufigkeiten sind stets nicht-negativ und können den Stichprobenumfang nicht überschreiten, d.h. es gilt:

(2.4) $0 \leq h_j \leq n$ für alle $j = 1, \ldots, m$.

Dividiert man alle Seiten der Ungleichungen (2.4) durch n, so erhält man für die relativen Häufigkeiten

(2.5) $0 \leq h_j^{\circledR} \leq 1$ für alle $j = 1, \ldots, m$,

d.h. alle relativen Häufigkeiten entstammen dem Intervall [0, 1].

Graphisch läßt sich die Verteilung der Häufigkeiten auf die einzelnen Klassen veranschaulichen durch ein <u>Histogramm</u>. In Fig.2.1.

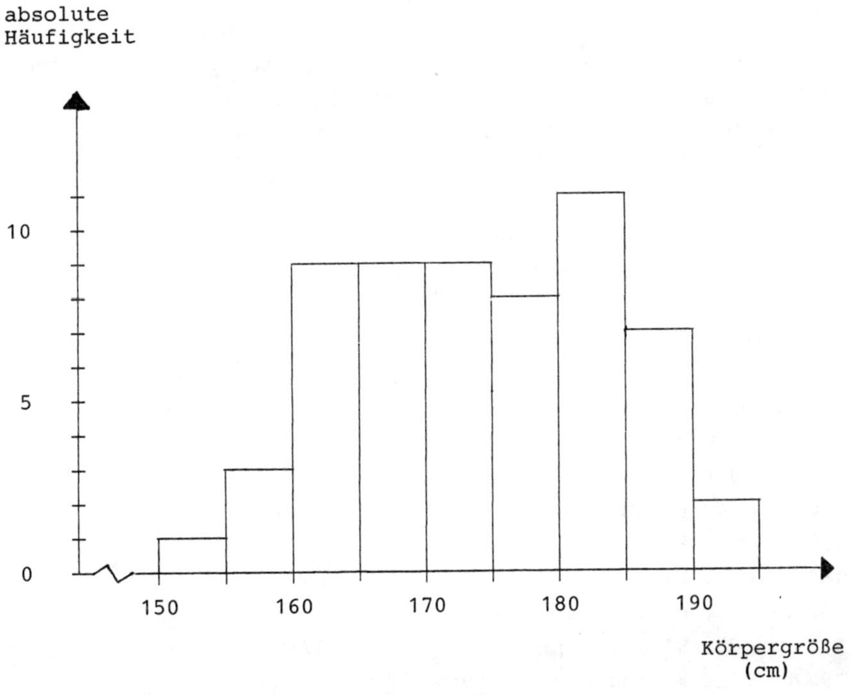

<u>Fig. 2.1.</u> Histogramm des Körpergröße-Beispiels

sehen wir ein solches Histogramm für die absoluten Häufigkeiten in den Größenklassen unseres Körpergröße-Beispiels, wobei die Flächen der Rechtecke proportional zu den zugehörigen, auf der Ordinate abgetragenen absoluten Häufigkeiten sind. Daher eignen sich Histogramme insbesondere für die Darstellung von Häufigkeiten für Größenklassen unterschiedlicher Breite.

Alternative Darstellungsmöglichkeiten für Häufigkeiten sind das Stabdiagramm, in dem man die Besetzungszahlen an der Länge der Stäbe erkennt, oder das Kreisdiagramm, in dem die Fläche der Sektoren proportional zu den Häufigkeiten ist.

Für den Konsumenten statistisch aufbereiteter Untersuchungen ist es oft von Interesse, wieviele Einheiten (absolut oder anteilsmäßig) einer Stichprobe eine bestimmte Größenordnung nicht überschreiten. So erkennen wir bereits aus Fig. 2.1., daß vier Personen der Befragung zur Körpergröße nicht größer als 160 cm sind. Die Frage "Wieviele der befragten Personen waren nicht größer als 180 cm?" ist in Fig. 2.1. nicht so schnell zu beantworten. Derartige Fragen lassen sich leichter beantworten, wenn man die Häufigkeiten bis zu einer jeweiligen Größenklasse aufsummiert (kumuliert). In Tabelle 2.5. sind die absoluten und relativen Häufigkeiten des Körpergröße-Beispiels kumuliert worden.

Tabelle 2.5. Kumulierte absolute und relative Häufigkeiten der in Tabelle 2.3. gebildeten Größenklassen

Größenklasse	kumulierte absolute Häufigkeit	kumulierte relative Häufigkeit
155 cm oder kleiner	1	1/59
160 cm oder kleiner	4	4/59
165 cm oder kleiner	13	13/59
170 cm oder kleiner	22	22/59
175 cm oder kleiner	31	31/59
180 cm oder kleiner	39	39/59
185 cm oder kleiner	50	50/59
190 cm oder kleiner	57	57/59
195 cm oder kleiner	59	1

Die Antwort auf unsere Frage lautet also: 39 von 59 befragten Personen waren nicht größer als 180 cm.

Die Angaben in Tabelle 2.3. erlauben uns die Aussage, daß keine der befragten Personen kleiner als 151 cm war. Dagegen gestattet die Strichliste (Tabelle 2.2.) die schärfere Aussage, daß keine der befragten Personen kleiner als 155 cm war. So erkennen wir auch an diesem Beispiel, daß durch die Klassenbildung zwar ein schnellerer Überblick ermöglicht wird, aber Informationen verloren gehen.

Entsprechend kann man mit unseren Größenklassen die Aussage treffen, daß alle befragten Personen nicht größer als 195 cm waren. Einen höheren Informationswert hat die Aussage aufgrund der Strichliste (Tabelle 2.2), daß alle befragten Personen nicht größer als 194 cm waren. Es sollte beachtet werden, daß die erste Aussage, nämlich daß alle Personen 195 cm oder kleiner waren, keine falsche Aussage ist. Diese Aussage ist logisch genauso richtig wie die Aussage, daß alle befragten Personen kleiner als 2 m waren. Allerdings ergäbe sich im Vergleich zu einer ähnlichen Stichprobe, in der die größte befragte Person 198 cm groß ist, keine Differenzierung zu unserer Stichprobe, wenn man erfährt, daß in den Stichproben alle befragten Personen kleiner als 2 m waren. In diesem Falle wäre eine schärfere Aussage vorzuziehen, wobei die durch unsere Größenklassen (gleicher Breite von 5 cm) ermöglichte Aussage, daß in unserer Stichprobe alle befragten Personen nicht größer als 195 cm waren, diesem Bedürfnis nach genauerer Information schon recht gut entspricht.

In Fig. 2.2. sind die kumulierten relativen Häufigkeiten aus Tabelle 2.5. graphisch dargestellt. Der Graph der kumulierten relativen Häufigkeiten ist die <u>Stichprobenverteilung</u>. Für unser diskretes Merkmal (Körpergröße in cm) ist die Stichprobenverteilung eine Treppenfunktion.

In der Interpretation ist darauf zu achten, daß diese Stichprobenverteilung nur auf Informationen beruht, die uns Tabelle 2.3. mit den dort gebildeten Größenklassen und deren Besetzungszahlen liefert. Natürlich könnte man auch direkt aus der Tabelle 2.2. (die die Angaben der Urliste übernimmt) eine

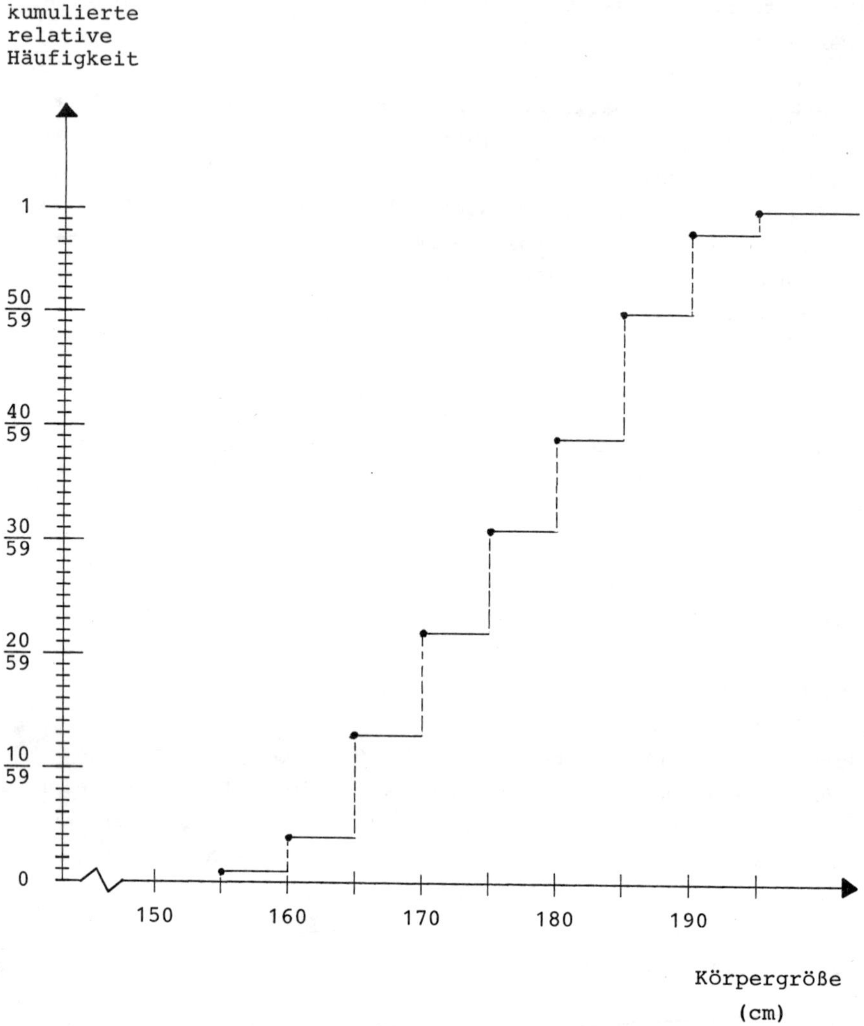

Fig. 2.2. Stichprobenverteilung des Körpergröße-Beispiels

Stichprobenverteilung durch Kumulierung gewinnen und graphisch veranschaulichen, doch hätte diese Treppenfunktion 27 Sprungstellen.

Wir bemerken in Fig. 2.2., daß die Ordinatenwerte zwischen 0 und 1 liegen. An den Sprungstellen (bei 155 cm, 160 cm, ..., 195 cm) steigt die Stichprobenverteilung (genauer: Stichprobenverteilungsfunktion) um die relative Häufigkeit der Größenklasse, deren Endpunkt die Sprungstelle ist. Somit nimmt die Stichprobenverteilung an der Stelle 155 cm den Wert 1/59 an, da die Größenklasse 151-155 cm einen der 59 Teilnehmer enthält. An der Stelle 160 cm nimmt die Stichprobenverteilung den Wert 4/59 an, da nun die drei Teilnehmer der Größenklasse 156-160 cm hinzukommen (vier von 59 Teilnehmern der Befragung waren 160 cm groß oder kleiner). Entsprechend steigt an der letzten Sprungstelle bei 195 cm die Stichprobenverteilung auf den maximalen Wert 59/59 = 1 (von zuvor 57/59), da die beiden Teilnehmer der Größenklasse 191-195 cm nun dazu kommen. Die Stichprobenverteilung nimmt an den Sprungstellen also jeweils den Wert der oberen Stufe an, den wir in Fig. 2.2. durch einen Punkt markiert haben.

Bis auf die Sprungstellen ist die Stichprobenverteilung eine stetige Funktion, wir können daher für jeden positiven Abszissenwert der Körpergröße einen Funktionswert aus Fig. 2.2. ablesen. Man bezeichnet die Stichprobenverteilung eines diskreten Merkmals als rechtsseitig stetig, da man an den Unstetigkeitsstellen den Funktionswert (unsere Punkte) erhält, wenn man dem Funktionsverlauf von rechts folgt.

Die Stichprobenverteilung ist monoton nicht-fallend, d.h. in unserem Beispiel, daß der Funktionswert mit zunehmender Körpergröße konstant bleibt (wenn wir innerhalb einer Größenklasse keine neuen Informationen erhalten können) oder zunimmt (wenn am Ende einer Größenklasse durch die Anzahl der Teilnehmer in dieser Größenklasse die kumulierte relative Häufigkeit der zuvor erfaßten Teilnehmer weiter erhöht wird).

Die Stichprobenverteilung nimmt den Funktionswert 0 an für jeden Körpergrößenwert unter 155 cm, da wir aus Tabelle 2.3. nicht entnehmen können, welche genaue Körpergröße der Teilnehmer in der Größenklasse 151-155 cm hat. So gestattet der Funktionswert 1/59 an der Stelle 155 cm die Aussage, daß einer von 59 Teilnehmern nicht größer als 155 cm ist.

Die Stichprobenverteilung behält für Körpergrößenwerte von 195 cm und darüber den maximalen Funktionswert 1 bei, da alle Teilnehmer mit Sicherheit nicht größer als 195 cm waren.

Die Stichprobenverteilung in Fig. 2.2. gestattet auch eine Aussage zur Frage "Wie hoch ist der Anteil der Teilnehmer, deren Körpergröße nicht größer als 174 cm war?". Wie wir aus Fig. 2.2. ablesen können, ist der Funktionswert bei 174 cm gleich 22/59. Die aus Tabelle 2.3. übernommene Größenklassenbildung gestattet uns also die Aussage, daß 22 von 59 Teilnehmern nicht größer als 174 cm waren. Auch diese Aussage kann mit der Strichliste in Tabelle 2.2 (die direkt aus der Urliste entstand) verglichen werden, um zu erkennen, wie durch die Bildung von Größenklassen einerseits Informationen komprimiert werden, andererseits auch ein Informationsverlust eintreten kann.

Übungsaufgaben

2.1. Die Befragung einiger Mitglieder der Verwandtschaft eines Studenten ergab folgende Körpergewichte (in kg):
71, 104, 53, 82, 17, 28, 63, 58, 90, 67, 37, 74, 83, 93, 77, 18, 69, 57, 48, 42, 56, 52, 93, 81, 45, 52, 33, 65, 91, 79, 84, 47, 93, 77, 83, 88, 46, 38, 75, 67, 8, 25, 86.
Erstellen Sie eine Strichliste, bilden Sie Gewichtsklassen nach Ihrer Wahl, bestimmen Sie die absoluten und relativen Häufigkeiten für die so gebildeten Gewichtsklassen.

2.2. Zeichnen Sie ein Histogramm der absoluten Häufigkeiten in den für Aufgabe 2.1. gebildeten Gewichtsklassen.

2.3. Bestimmen Sie für die in Aufgabe 2.1. gebildeten Gewichtsklassen die kumulierten relativen Häufigkeiten und zeichnen Sie die Stichprobenverteilung.

2.4. Bestimmen Sie anhand Fig. 2.2. die Anteile der Personen des Körpergröße-Beispiels, die
a. nicht größer als 148 cm,
b. nicht größer als 177 cm,
c. nicht größer als 184 cm,
d. nicht größer als 186 cm,
e. kleiner als 198 cm waren
und vergleichen Sie diese mit den Anteilen, die sich aus Tabelle 2.2. ergeben würden.

Weiterführende Literatur

Kreyszig [1968]
Rutsch [1974]
Bamberg-Baur [1980]
Schaich [1977]
Bleymüller-Gehlert-Gülicher [1979]
Menges [1972]

3. Kapitel
Mittelwerte und Streuungsmaße

In der statistischen Praxis verwendet man Maße, die vereinfachende Aussagen über die Verteilungsgestalt einer Stichprobe gestatten. Die bekanntesten dieser Maße sind die Mittelwerte und Streuungsmaße, deren Werte bereits eine erste Information darüber vermitteln, wie die Stichprobe ausgefallen ist.

3.1. Mittelwerte

Wenn eine statistische Masse aus dem Wirtschafts- und Sozialleben untersucht werden soll, so ist man öfters geneigt, deren durchschnittliches Verhalten zu charakterisieren. So spricht man etwa stellvertretend für die Masse der Bundesbürger vom Normalverbraucher, der im Verlaufe des vergangenen Jahres bestimmte Geldbeträge für Tabak, Bier, Wein, Brot, Benzin, Heizöl oder dergleichen ausgegeben hat. Dies läßt sich dann vergleichen mit entsprechenden Ausgaben früherer Jahre oder den Ausgaben, die von Mitgliedern anderer Massen (anderer Nationalität) im gleichen Zeitraum getätigt wurden.

Die Statistik verfügt über eine Reihe von Formeln zur Berechnung solcher Durchschnitte, die wir als Mittelwerte bezeichnen, die unter bestimmten Umständen geeignet sind, den Grundtyp einer statistischen Masse herauszuarbeiten. Nach ihrer Gewinnung lassen sich die Mittelwerte unterscheiden in die errechneten Mittelwerte und die Mittelwerte der Lage.

3.1.1. Errechnete Mittelwerte

Die errechneten Mittelwerte werden algebraisch aus den n Realisationen $x_1, x_2, \ldots, x_n$ einer Stichprobe gewonnen.

3.1.1.1. Das arithmetische Mittel

Definition: Für n Realisationen einer Stichprobe lautet das ungewogene arithmetische Mittel

(3.1) $$\bar{x} = \frac{1}{n} \sum_{i=1}^{n} x_i .$$

Es werden also alle Realisationen der Stichprobe aufsummiert und durch ihre Anzahl (den Stichprobenumfang n) dividiert. Das arithmetische Mittel eignet sich für Größen, die in sinnvoller Weise additiv verknüpft werden können. Es eignet sich also für die Berechnung eines Durchschnitts aus Stückzahlen, Gewichtsangaben oder Entfernungen und dergleichen und genießt somit hohe Popularität.

Die Verwendung eines gewogenen Mittelwertes - hier des gewogenen arithmetischen Mittels - empfiehlt sich wegen der Rechenerleichterung, wenn gewisse Realisationswerte in einer großen Stichprobe häufiger vorkommen. Anwendungsfälle hierfür sind die Realisationen diskreter Merkmale oder das Vorliegen gruppierter Daten, wenn für ein stetiges Merkmal (z.B. Gewicht) Klassen gebildet worden sind. Wir gehen im folgenden davon aus, daß in der Stichprobe vom Umfang n nur m voneinander verschiedene Realisationswerte $x_1, x_2, \ldots, x_m$ mit zugehörigen Häufigkeiten $h_1, h_2, \ldots, h_m$ vorkommen (Diese absoluten Häufigkeiten bilden die Gewichte des Mittels).

Definition: Für n Realisationen einer Stichprobe lautet das gewogene arithmetische Mittel

(3.2) $$\bar{x}_{gew} = \frac{1}{n} \sum_{j=1}^{m} x_j \cdot h_j .$$

Hier werden also zunächst alle möglichen Realisationswerte mit ihren Häufigkeiten multipliziert, sodann diese m Produkte aufsummiert und schließlich durch den Stichprobenumfang dividiert. Für gruppierte Daten sind die x_j die Klassenmitten der j-ten Klasse.

Berechnet man die Abweichungen der Realisationen x_i vom arithmetischen Mittel $\bar{x}$, so stellt man fest, daß ihre Summe Null ist.

Es gilt nämlich

$$(3.3)\quad \sum_{i=1}^{n}(x_i-\bar{x}) = \sum_{i=1}^{n}x_i - \sum_{i=1}^{n}\bar{x} = \sum_{i=1}^{n}x_i - n\cdot\bar{x}$$

$$= \sum_{i=1}^{n}x_i - \sum_{i=1}^{n}x_i = 0,$$

wobei zunächst die Klammer aufgelöst wurde und die negativen Summanden unter einem eigenen Summationszeichen zusammengefaßt wurden. Die Summe von n Konstanten $\bar{x}$ ergibt $n\cdot\bar{x}$ und dies ist gleich $\Sigma\, x_i$ (man multipliziere beide Seiten der Gleichung (3.1) mit n).

Bildet man die Quadrate der Abweichungen der Realisationen x_i vom arithmetischen Mittel $\bar{x}$, so zeigt sich, daß deren Summe kleiner ist als die Summe der Quadrate der Abweichungen der Realisationen x_i von einem beliebigen (von $\bar{x}$ verschiedenen) Mittelwert M:

Für $M \neq \bar{x}$ erhalten wir aus

$$(3.4)\quad \sum_{i=1}^{n}(x_i-M)^2 = \sum_{i=1}^{n}[(x_i-\bar{x}) + (\bar{x}-M)]^2$$

$$= \sum_{i=1}^{n}(x_i-\bar{x})^2 + 2\sum_{i=1}^{n}(x_i-\bar{x})(\bar{x}-M) + \sum_{i=1}^{n}(\bar{x}-M)^2$$

$$= \sum_{i=1}^{n}(x_i-\bar{x})^2 + n\cdot(\bar{x}-M)^2,$$

da $(\bar{x}-M)$ und damit auch $(\bar{x}-M)^2$ Konstanten sind und der mittlere Ausdruck in der zweiten Gleichung entfällt, weil die Konstante vor das Summationszeichen gezogen werden kann (da sie ein Faktor für jeden Summanden ist und somit gewissermaßen ausgeklammert werden kann), so daß der Ausdruck $2(\bar{x}-M)\cdot\sum_i(x_i-\bar{x})$ wegen (3.3) gleich Null ist.

Da in der letzten Gleichung von (3.4) der Ausdruck $n\cdot(\bar{x}-M)^2$ für $M \neq \bar{x}$ stets positiv ist, folgt

$$\sum_{i=1}^{n}(x_i-M)^2 > \sum_{i=1}^{n}(x_i-\bar{x})^2,$$

womit die Minimaleigenschaft von $\bar{x}$ bewiesen ist.

Beispiel: Für das Merkmal "Anzahl der Kinder" ergaben sich in 10 befreundeten Familien (aus dem Bekanntenkreis des Autors) folgende Realisationen: 2, 3, 2, 0, 1, 8, 0, 1, 2 und 1. Daraus erhalten wir das ungewogene arithmetische Mittel mit $\bar{x} = \frac{1}{10}(2+3+2+1+8+1+2+1) = 2.$

Für die Realisationswerte 0, 1, 2, 3 und 8, die in der Stichprobe angetroffen wurden, ergaben sich die Häufigkeiten

x_j	0	1	2	3	8
h_j	2	3	3	1	1

und damit als gewogenes arithmetisches Mittel

$\bar{x}_{gew} = \frac{1}{10}(0\cdot 2 + 1\cdot 3 + 2\cdot 3 + 3\cdot 1 + 8\cdot 1) = 2.$

Die "Durchschnittsfamilie" dieser kleinen Stichprobe hat also zwei Kinder.

3.1.1.2. Das geometrische Mittel

Definition: Für n Realisationen einer Stichprobe lautet das ungewogene geometrische Mittel

$$x_g = \left(\prod_{i=1}^{n} x_i\right)^{\frac{1}{n}} \tag{3.5}$$

und das gewogene geometrische Mittel

$$x_{g_{gew}} = \left(\prod_{j=1}^{m} x_j^{h_j}\right)^{\frac{1}{n}}. \tag{3.6}$$

Für das ungewogene geometrische Mittel werden also die n Faktoren $x_1, \ldots, x_i, \ldots, x_n$ unter dem Produktzeichen Π zusammengefaßt(Vergleicht man dieses mit dem Summationszeichen Σ, so treten an die Stellen von Summanden nunmehr Faktoren). Das ungewogene geometrische Mittel ist somit die n-te Wurzel aus dem Produkt der n Realisationen.

Das gewogene geometrische Mittel geht von der h_j-ten Potenz der Realisationswerte x_j aus, bildet sodann deren Produkt, aus dem schließlich die n-te Wurzel gezogen wird.

Das geometrische Mittel eignet sich für Größen, die in sinnvoller Weise multiplikativ verknüpft werden können, wie z.B. Verhältnisse oder sonstige Vielfache.

Beispiel: In einem Entwicklungsprojekt haben sich die jährlichen Erntemengen wie folgt entwickelt:

Jahr	1970	1971	1972	1973	1974	1975	1976	1977
Erntemengen (in t)	100	150	150	100	200	800	3200	12800

Im Vorjahresvergleich ergeben sich daraus folgende Mengenverhältnisse:

Vorjahres-vergleich	$\frac{1971}{1970}$	$\frac{1972}{1971}$	$\frac{1973}{1972}$	$\frac{1974}{1973}$	$\frac{1975}{1974}$	$\frac{1976}{1975}$	$\frac{1977}{1976}$
Mengenver-hältnis	$\frac{3}{2}$	1	$\frac{2}{3}$	2	4	4	4

Hieraus erhält man das ungewogene geometrische Mittel der Mengenverhältnisse im Vorjahresvergleich als

$$x_g = \left(\frac{3}{2} \cdot 1 \cdot \frac{2}{3} \cdot 2 \cdot 4 \cdot 4 \cdot 4\right)^{\frac{1}{7}} = \sqrt[7]{128} = 2$$

und das gewogene geometrische Mittel als

$$x_{g_{gew}} = \left[\left(\frac{2}{3}\right)^1 \cdot 1^1 \cdot \left(\frac{3}{2}\right)^1 \cdot 2^1 \cdot 4^3\right]^{\frac{1}{7}} = 2,$$

d.h. die Erntemengen haben sich im Vorjahresvergleich im Durchschnitt verdoppelt. Man wäre also, ausgehend von einer Erntemenge von 100 t im Jahre 1970, zur gleichen Erntemenge von 12800 t im Jahre 1977 gelangt, wenn sich die Erntemengen von 1970 bis 1977 wie folgt entwickelt hätten (in t): 100, 200, 400, 800, 1600, 3200, 6400, 12800.

3.1.1.3. Das harmonische Mittel

Definition: Für n Realisationen einer Stichprobe lautet das ungewogene harmonische Mittel

$$x_h = \frac{n}{\sum_{i=1}^{n} \frac{1}{x_i}} \tag{3.7}$$

und das gewogene harmonische Mittel

$$x_{h_{gew}} = \frac{n}{\sum_{j=1}^{m} \frac{1}{x_j} \cdot h_j} \,. \tag{3.8}$$

Das ungewogene harmonische Mittel kann interpretiert werden als die Inverse (der Kehrwert) des arithmetischen Mittels der Inversen der Realisationen. Das harmonische Mittel ist konzipiert als Mittelwert für Größen, die eine inverse Relation aufweisen. So steht für eine harmonische Schwingung deren Wellenlänge in einem inversen Verhältnis zu ihrer Frequenz. Für die gleichförmige Bewegung steht die Geschwindigkeit in einem inversen Verhältnis zur Zeit, d.h. für eine vorgegebene Strecke bewirkt eine erhöhte Geschwindigkeit eine Verringerung des Zeitbedarfs. Das harmonische Mittel ist daher der adäquate Mittelwert zur Berechnung von Durchschnittsgeschwindigkeiten und Leistungen (als Verhältnis von Arbeit zu hierzu benötigter Zeit).

Das gewogene harmonische Mittel kann interpretiert werden als Inverse des gewogenen arithmetischen Mittels der Inversen der Realisationen. Für Realisationswerte x_j mit zugehörigen Häufigkeiten h_j sind also die Inversen der Realisationswerte mit ihren Häufigkeiten zu multiplizieren und sodann der Stichprobenumfang n durch die Summe dieser Produkte zu dividieren.

Beispiel: Ein Flugzeug fliegt von K-Stadt nach L-Stadt und zurück (einfacher Weg 600 km). Auf dem Hinweg hat es Rückenwind und erreicht eine Geschwindigkeit von 600 km/h, auf dem Rückweg hat es Gegenwind und erreicht nur eine Geschwindigkeit von 300 km/h. Wie groß ist die Durchschnittsgeschwindigkeit?
Eine mit dem arithmetischen Mittel errechnete Durchschnittsgeschwindigkeit von $\frac{600+300}{2}$ km/h = 450 km/h ist offensichtlich nicht problemgerecht, da mit einer solchen Geschwindigkeit in den drei Stunden, die unser Flugzeug benötigte, 1350 km statt der zu bewältigenden 1200 km zurückgelegt werden.
Das harmonische Mittel liefert uns als Durchschnittsgeschwindigkeit

$$x_h = \frac{2}{\frac{1}{600}\frac{h}{km} + \frac{1}{300}\frac{h}{km}} = \frac{2}{\frac{3}{600}\frac{h}{km}} = 400 \text{ km/h},$$

wobei tatsächlich in 3 Stunden 1200 km zurückgelegt werden.
Man kann sich die Formel folgendermaßen veranschaulichen: 1 km wird auf dem Hinweg in $\frac{1}{600}$ h und auf dem Rückweg in $\frac{1}{300}$ h zurückgelegt, so daß im Schnitt ein Kilometer in

$$\frac{\frac{1}{600} + \frac{1}{300}}{2} \text{ h} = \frac{1}{400} \text{ h}$$

zurückgelegt wird, mithin 400 Kilometer in einer Stunde zurückgelegt werden.

3.1.1.4. Das quadratische Mittel

Definition: Für n Realisationen einer Stichprobe lautet das ungewogene quadratische Mittel

$$x_q = \left(\frac{1}{n}\sum_{i=1}^{n} x_i^2\right)^{\frac{1}{2}} \qquad (3.9)$$

und das gewogene quadratische Mittel

$$x_{q_{gew}} = \left(\frac{1}{n}\sum_{j=1}^{m} x_j^2 \cdot h_j\right)^{\frac{1}{2}} \qquad (3.10)$$

Das ungewogene quadratische Mittel ist also die Quadratwurzel aus dem arithmetischen Mittel der Realisationsquadrate. Für das gewogene quadratische Mittel wird die Quadratwurzel aus dem gewogenen arithmetischen Mittel der Quadrate der Realisationswerte gezogen. Die Dimension des quadratischen Mittels ist die der Werte, aus denen es gebildet wird(Diese Eigenschaft wird auch von den zuvor beschriebenen Mittelwerten geteilt).

Das quadratische Mittel eignet sich für Abweichungen (z.B. der Realisationen von bestimmten Konstanten). Die bekannteste Anwendung ist die Standardabweichung (siehe 3.2.2.), da die Standardabweichung das quadratische Mittel der Abweichungen der Realisationen vom arithmetischen Mittel $\bar{x}$ der Realisationen ist.

3.1.1.5. Größenbeziehung der errechneten Mittelwerte

Wir wollen nun die Größenbeziehung der errechneten Mittelwerte zueinander bestimmen. Hierzu genügt es, wenn wir von zwei Realisationen a und b (mit b = a + c, c beliebig) ausgehen. Dann erhalten wir für die errechneten Mittelwerte

$$\bar{x} = \frac{a+b}{2} = \frac{a+a+c}{2} = \frac{2a+c}{2} = a + \frac{c}{2},$$

$$x_g = \sqrt{a \cdot b} = \sqrt{a(a+c)} = \sqrt{a^2+ac},$$

$$x_h = \frac{2}{\frac{1}{a} + \frac{1}{b}} = \frac{2}{\frac{1}{a} + \frac{1}{a+c}} = \frac{2}{\frac{a+c+a}{a(a+c)}} = \frac{2a(a+c)}{2a+c} = \frac{2a^2+2ac}{2a+c} \text{ und}$$

$$x_q = \sqrt{(a^2+b^2)/2} = \sqrt{[a^2+(a+c)^2]/2} = \sqrt{(a^2+a^2+2ac+c^2)/2}$$

$$= \sqrt{a^2+ac+c^2/2}\ .$$

Nun folgt für positive Realisationen a und b aus

$$x_g^2 = a^2 + ac \leq a^2 + ac + \frac{c^2}{4} = \bar{x}^2$$

durch Ziehen der Quadratwurzel, daß $x_g \leq \bar{x}$. Weiter folgt aus

$$\bar{x}^2 = a^2 + ac + \frac{c^2}{4} \geq a^2 + ac = x_h \cdot \bar{x} = x_g^2$$

daß (nach Division der linken Ungleichung durch $\bar{x}$) gilt
$\bar{x} \geq x_h$ und daß (durch Ziehen der Quadratwurzel aus der rechten Gleichung) gilt
$x_h \leq x_g \leq \bar{x}$ (da für n=2 x_g auch als geometrisches Mittel aus x_h und $\bar{x}$ gewonnen werden kann und x_g als Mittelwert dann in dem von den Werten x_h und $\bar{x}$ gebildeten Intervall liegt).
Schließlich gilt

$$x_q^2 = a^2 + ac + \frac{c^2}{2} \geq a^2 + ac + \frac{c^2}{4} = \bar{x}^2,$$

woraus durch Ziehen der Quadratwurzel folgt
$x_q \geq \bar{x}$, so daß für positive Realisationen gilt

$$x_h \leq x_g \leq \bar{x} \leq x_q \quad .$$

Es läßt sich zeigen, daß in dem (für ökonomische Daten seltenen) Fall, daß alle Realisationen negativ sind, sich (wenn stets die negative Quadratwurzel zu verwenden ist, damit der Mittelwert in dem vom kleinsten bis zum größten Wert gebildeten Intervall liegt) sämtliche Ungleichheitszeichen umkehren, so daß für negative Realisationen die umgekehrte Reihenfolge gilt.

Diese Größenbeziehungen bleiben für größere n erhalten.

3.1.2. Mittelwerte der Lage

Mittelwerte der Lage werden auf (der Größe nach) geordnete Werte angewendet. Wir ersetzen also für unsere Realisationen den Index i durch den Index k, wobei gilt:

$x_1 \leq x_2 \leq \ldots \leq x_k \leq \ldots \leq x_n$,

d.h. übereinstimmende Realisationswerte einer Klasse werden fortlaufend durchnumeriert.

3.1.2.1. Der Zentralwert

Definition: Der Zentralwert (Median) ist der Wert einer der Größe nach geordneten Reihe von Realisationen einer Stichprobe, für den gilt

(3.11)
$$x_z = \begin{cases} x_{\frac{n+1}{2}} & \text{für n ungerade} \\ \frac{1}{2}\left(x_{\frac{n}{2}} + x_{\frac{n}{2}+1}\right) & \text{für n gerade.} \end{cases}$$

Der Vorzug des Zentralwerts besteht darin, daß besonders kleine (bzw. besonders große) Werte auf die Lage dieses Mittelwertes nicht so starken Einfluß ausüben als etwa auf die errechneten Mittelwerte. Die Mittelwerte der Lage sind also robuster gegen Extremwerte (die sogenannten Ausreißer) als die errechneten Mittelwerte. Der Zentralwert ist der geeignete Mittelwert für ordinale Merkmale, wird wegen seiner Robustheit gegen Ausreißer und Meßungenauigkeiten aber auch auf kardinale Merkmale angewandt.

Beispiele: Neun Arbeiter vergleichen ihr Monatseinkommen (in DM): 2400, 2800, 3100, 2700, 2450, 2650, 2200, 2350, 2850. Der Median beträgt DM 2650 (Der Arbeiter mit diesem Einkommen kann also behaupten, daß genausoviele Kollegen schlechter verdienen, wie es Kollegen mit höherem Einkommen gibt.

An einer Abfüllmaschine ergab eine Überprüfung des Inhalts von 10 Flaschen die Werte (in l): 0,979, 1,010, 1,005, 0,997, 0,977, 0,982, 0,988, 1,011, 1,006 und 1,003. Als Median erhält man x_z = (0,997 l + 1,003 l)/2 = 1 l.

3.1.2.2. Der häufigste Wert

Definition: Der häufigste Wert (Modus, dichtester Wert) x_m ist der Realisationswert einer Stichprobe, der die größte Häufigkeit aufweist. (Für ein stetiges Merkmal ist der häufigste Wert derjenige Wert, für den die Dichtefunktion (siehe 7.2.) ihr Maximum annimmt.)

Der häufigste Wert kann außer auf kardinale und ordinale Merkmale sogar auf qualitative Merkmale angewendet werden und eignet sich somit für alle Datentypen.

Beispiel: In einer Prüfung wurden von 20 Kandidaten folgende Noten realisiert:

Note	1	2	3	4	5
Häufigkeit	2	4	4	6	4

.

Der häufigste Wert ist $x_m = 4$, da die Note 4 mit 6 Kandidaten die größte Häufigkeit erreichte.

3.2. Streuungsmaße

3.2.1. Die durchschnittliche Abweichung

Definition: Die durchschnittliche Abweichung der Realisationen von ihrem arithmetischen Mittelwert lautet

$$d_1 = \frac{1}{n} \sum_{i=1}^{n} |x_i - \bar{x}| . \tag{3.12}$$

Die durchschnittliche Abweichung d_1 ist das arithmetische Mittel der absoluten Abweichungen der Realisationen von ihrem arithmetischen Mittel. d_1 mißt somit, wie die Realisationen um ihren arithmetischen Mittelwert streuen. Interessiert man sich für die Streuung der Realisationen um ihren Zentralwert, so verwendet man das Streuungsmaß d_2:

Definition: Die durchschnittliche Abweichung der Realisationen von ihrem Zentralwert lautet

(3.13) $$d_2 = \frac{1}{n} \sum_{i=1}^{n} |x_i - x_z| .$$

Die durchschnittliche Abweichung ist zwar für praktische Beispiele leicht zu berechnen, erfordert aber in methodischen Untersuchungen getrennte Berechnungen für positives und negatives Vorzeichen der Abweichungen, weswegen man dort das Arbeiten mit Abweichungsquadraten vorzieht.

3.2.2. Die mittlere quadratische Abweichung

Definition: Die mittlere quadratische Abweichung (Standardabweichung der Stichprobenwerte) s ist das quadratische Mittel der Abweichungen der Realisationen von ihrem arithmetischen Mittel:

(3.14) $$s = \left[\frac{1}{n} \sum_{i=1}^{n} (x_i - \bar{x})^2 \right]^{\frac{1}{2}}$$

Das Quadrat der Standardabweichung der Stichprobenwerte, also

(3.15) $$s^2 = \frac{1}{n} \sum_{i=1}^{n} (x_i - \bar{x})^2$$

nennt man Varianz (Streuung) der Stichprobenwerte. Während die Dimension der Standardabweichung mit der Dimension der Stichprobenwerte übereinstimmt(gleiches gilt natürlich für die durchschnittliche Abweichung), weist die Varianz eine Besonderheit auf: Ihre Dimension ist gleich dem Quadrat der Dimension der Stichprobenwerte.

Dividiert man die Standardabweichung der Stichprobenwerte s durch das arithmetische Mittel der Stichprobenwerte $\bar{x}$, so erhält man ein dimensionsloses Streuungsmaß, den sogenannten Variationskoeffizienten.

3.2.3. Die Spannweite

Definition: Die Spannweite gibt den Abstand zwischen der größten und der kleinsten Realisation einer Stichprobe an.

Damit vermittelt die Spannweite einen Eindruck über den Streuungsbereich der Realisationen, ist also ein recht grobes Streuungsmaß.

Wir betrachten die verschiedenen Streuungsmaße an einem Beispiel.

Beispiel: Für das in 3.1.1.1. vorgeführte Beispiel "Anzahl der Kinder in 10 befreundeten Familien" errechnen wir eine durchschnittliche Abweichung der Realisationen von ihrem arithmetischen Mittel $\overline{x} = 2$ von

$$d_1 = \frac{1}{10}(2 \cdot 2 + 3 \cdot 1 + 3 \cdot 0 + 1 \cdot 1 + 1 \cdot 6) = \frac{14}{10} = 1{,}4,$$

eine durchschnittliche Abweichung der Realisationen von ihrem Zentralwert $x_z = \frac{1}{2}(1+2) = 1{,}5$ von

$$d_2 = \frac{1}{10}(2 \cdot 1{,}5 + 3 \cdot 0{,}5 + 3 \cdot 0{,}5 + 1 \cdot 1{,}5 + 1 \cdot 6{,}5) = \frac{14}{10} = 1{,}4$$

(die Übereinstimmung von d_2 mit d_1 ist nur zufällig) und eine Varianz der Stichprobenwerte von

$$s^2 = \frac{1}{10}(2 \cdot 2^2 + 3 \cdot 1^2 + 3 \cdot 0^2 + 1 \cdot 1^2 + 1 \cdot 6^2) = \frac{48}{10} = 4{,}8$$

und somit eine Standardabweichung der Stichprobenwerte (als positiver Quadratwurzel aus der Varianz der Stichprobenwerte) von $s \cong 2{,}2$. Die Standardabweichung ist also größer als die durchschnittliche Abweichung, was nicht überrascht, da das quadratische Mittel dieser positiven Größen (nämlich der Abweichungen) nicht kleiner sein kann als das zugehörige arithmetische Mittel (siehe 3.1.1.5).
Die Interpretation der Varianz selbst dürfte wegen der Dimension (Quadrat der Kinderanzahlen) Schwierigkeiten bereiten, wogegen man einem Variationskoeffizienten von ungefähr 1,1 entnehmen kann, daß die Standardabweichung der Stichprobenwerte deren arithmetisches Mittel übertrifft.
Die Spannweite ergibt einen Wert von 8 , d.h. in den Familien ergab sich bezüglich der Anzahl der Kinder maximal ein Unterschied von 8 Kindern.

Übungsaufgaben

3.1. Aufgrund einer Befragung von Pensionen über die Anzahl der Übernachtungen wurden folgende Angaben gesammelt (Urliste):
5, 4, 7, 8, 3, 12, 6, 4, 6, 5, 10, 11, 9, 3, 4, 5, 8, 7, 2, 6, 5, 3, 4, 6, 5, 3, 8, 4, 5, 7, 2, 13, 12, 8, 4, 6, 5, 8, 4, 8, 7, 2, 3, 5, 8.

Erstellen Sie eine Strichliste und geben Sie die relativen Häufigkeiten an.

3.2. Berechnen Sie das arithmetische Mittel und die Varianz aus den Daten der Aufgabe 3.1.

3.3. Berechnen Sie den Zentralwert (Median) und den häufigsten Wert (Modus) aus den Daten der Aufgabe 3.1.

3.4. In einem Entwicklungsland ergab der Vorjahresvergleich folgende Verhältnisse der Preisniveaus für jeweils aufeinander folgende Perioden:
$\frac{3}{2}, \frac{4}{3}, 2, \frac{8}{3}, 2, 3$
(z.B. stieg das Preisniveau der zweiten Periode auf das 1,5-fache des Preisniveaus der ersten Periode).
Berechnen Sie den Durchschnitt der Verhältnisse der Preisniveaus mit dem dafür geeigneten statistischen Mittelwert.

3.5. Ein Motorradfahrer benötigt für die 15 km zu seiner Arbeitsstelle (nur Hinweg) in einer Woche folgende Zeiten:
30 min, 15 min, 20 min, 12 min, 30 min.
Berechnen Sie die Durchschnittsgeschwindigkeit aus den an den einzelnen Werktagen erzielten Geschwindigkeiten mit dem dafür geeigneten statistischen Mittelwert.

Weiterführende Literatur

Menges Skala [1973]

Stange [1970]

Bamberg-Baur [1980]

Sachs [1974]

Schaich [1977]

Kreyszig [1968]

4. Kapitel
Verhältniszahlen

In der statistischen Praxis interessiert man sich oft dafür, in welchem Größenverhältnis statistische Massen zueinander stehen. Diese relative Größenbestimmung der zu untersuchenden statistischen Massen ist oft plastischer als die Aufzählung absoluter Größenordnungen (z.B. Wirtschaftszahlen in Milliardenhöhe), mit der der unbefangene Leser wenig anzufangen weiß. Für den Fachmann bilden die Verhältniszahlen solcher Massen einen Orientierungsrahmen für die Anwendung komplizierter multivariater Verfahren.

Aus dem unterschiedlichen Aufbau der in der deskriptiven Statistik verwendeten Verhältniszahlen ist eine Klassifikation entwickelt worden, die hier kurz vorgestellt werden soll. Den Umfang der Grundgesamtheiten(Populationen) der statistischen Massen bezeichnen wir mit N (entsprechend ist, wenn die Zahlenangaben auf Stichprobenuntersuchungen beruhen, der Stichprobenumfang n einzusetzen). Wir definieren zunächst die (allgemeine) Verhältniszahl.

Definition: Eine Verhältniszahl setzt den Umfang N_{M_1} einer statistischen Masse M_1 in Relation zum Umfang N_{M_2} einer statistischen Bezugsmasse M_2, d.h. man bildet das Verhältnis

$$\frac{N_{M_1}}{N_{M_2}}.$$

Natürlich ist auch der Kehrwert einer Verhältniszahl wieder eine Verhältniszahl, die eine sachlogische Bedeutung haben kann.

Es werden drei Typen von Verhältniszahlen unterschieden:

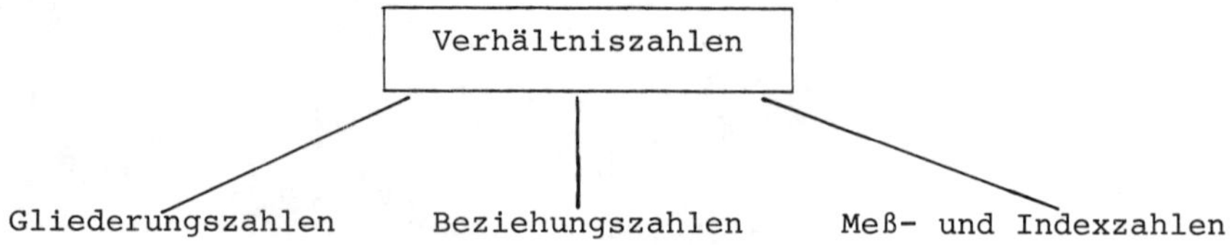

4.1. Gliederungszahlen

Definition: Eine Gliederungszahl setzt den Umfang N_{M_T} einer statistischen Teilmasse in Relation zum Umfang N_M ihrer statistischen Gesamtmasse:

$$\frac{N_{M_T}}{N_M}, \text{ wobei } M_T \subset M.$$

Gliederungszahlen geben Auskunft darüber, wie eine statistische Masse strukturiert ist. In der Alltagssprache ist die Gliederungszahl besser bekannt unter dem Namen Quote und findet vielfache Anwendungen in allen Wissensgebieten.

Beispiele:

$$\text{Erwerbsquote} = \frac{\text{Anzahl der Erwerbstätigen}}{\text{Wohnbevölkerung}} \cdot 100.$$

Für die Bundesrepublik Deutschland ergab sich im April 1977 mit einer Anzahl der Erwerbstätigen von 25 884 000 und einer Wohnbevölkerung von 61 420 000 eine Erwerbsquote von 42,1% (Diese und nachfolgende Zahlenangaben des 4. Kapitels wurden den Statistischen Jahrbüchern [1977] und [1978] für die Bundesrepublik Deutschland entnommen, die vom Statistischen Bundesamt, Wiesbaden, herausgegeben werden).

$$\text{Erwerbslosenquote} = \frac{\text{Anzahl der Erwerbslosen}}{\text{Anzahl der Erwerbspersonen}} \cdot 100,$$

wobei die Anzahl der Erwerbstätigen mit der Anzahl der Erwerbslosen die Anzahl der Erwerbspersonen ergibt.

Für die Bundesrepublik Deutschland ergab sich im April 1977 mit einer Anzahl der Erwerbslosen von 972 000 und 26 856 000 Erwerbspersonen eine Erwerbslosenquote von 3,6%.

4.2. Beziehungszahlen

Während Gliederungszahlen gleichartige Massen miteinander vergleichen, dienen Beziehungszahlen dem Vergleich ungleichartiger Massen, zwischen denen ein sinnvoller Zusammenhang existiert. Es lassen sich für die Beziehungszahlen drei Untertypen bilden:

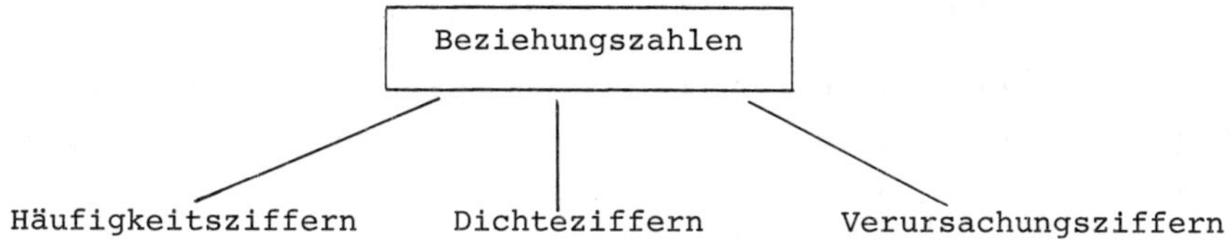

4.2.1. Häufigkeitsziffern

<u>Definition:</u> Eine Häufigkeitsziffer setzt eine Ereignismasse in Relation zu ihrer korrespondierenden Bestandsmasse.

<u>Beispiele:</u>

$$\text{Geburtenziffer} = \frac{\text{Anzahl der Lebendgeborenen}}{\text{Wohnbevölkerung}} \cdot 1000.$$

Für die Bundesrepublik Deutschland kamen im Jahre 1976 auf eine Wohnbevölkerung von 61 531 000 Personen 602 851 Lebendgeborene, was einer Geburtenziffer von 9,8 ‰ entspricht (also auf 1000 Personen etwa 10 Neugeborene).

$$\text{Sterbeziffer} = \frac{\text{Anzahl der Gestorbenen}}{\text{Wohnbevölkerung}} \cdot 1000.$$

Im Jahre 1976 starben 733 140 Personen in der Bundesrepublik, was einer Sterbeziffer von 11,9 ‰ entspricht (also auf 1000 Personen etwa 12 Todesfälle).

4.2.2. Dichteziffern

<u>Definition:</u> Eine Dichteziffer setzt eine statistische Masse in Relation zu einer anderen statistischen Masse, die zu ihrem Milieu zu rechnen ist.

Beispiele: Bevölkerungsdichte, Kraftfahrzeugdichte, Telefondichte.

So ergab sich z.B. für die Bundesrepublik Deutschland im Jahre 1977 bei einer Wohnbevölkerung von 61 400 000 und einer Fläche von 248 600 km² eine Bevölkerungsdichte von 247 Personen je km².

4.2.3. Verursachungsziffern

Definition: Eine Verursachungsziffer setzt eine statistische Masse in Relation zu einer anderen statistischen Masse, die als eine ihrer Ursachen angesehen werden kann.

Beispiel: Bruttoinlandsprodukt je Erwerbstätigen.

Für die Bundesrepublik Deutschland erarbeiteten im Jahre 1977 25 884 000 Erwerbstätige ein Bruttoinlandsprodukt von 1 193 190 Millionen DM, so daß man daraus ein Bruttoinlandsprodukt je Erwerbstätigen von rd. 46 000 DM erhält.

4.3. Sonderformen von Gliederungs- und Beziehungszahlen

Bevor wir uns mit den Meß- und Indexzahlen befassen, ist noch auf einige Sonderformen von Gliederungs- und Beziehungszahlen einzugehen, die für detailliertere Untersuchungen und für die Eingrenzung der verursachenden Phänomene von Bedeutung sind.

4.3.1. Spezifische Verhältniszahlen

Definition : Eine spezifische Verhältniszahl gewinnt man aus der zugehörigen allgemeinen Verhältniszahl, indem man unbeteiligte Teilmassen aus der Bezugsmasse (Nennermasse) entfernt.

Beispiele: Aus der Geburtenziffer erhält man die Fruchtbarkeitsziffer (als spezifische Geburtenziffer), indem man als Bezugsmasse nur die Anzahl der Frauen im gebärfähigen Alter (15 bis 45 Jahre) **gelten läßt:**

$$\text{Fruchtbarkeitsziffer} = \frac{\text{Anzahl der Lebendgeborenen}}{\text{Anzahl der Frauen im gebärfähigen Alter}} \cdot 100$$

Für die Bundesrepublik Deutschland entfielen im Jahre 1976 auf 13 054 000 Frauen im Alter von 15 bis 45 Jahren 602 851 Lebendgeborene, was einer Fruchtbarkeitsziffer von 4,6% entspricht (auf 100 Frauen im gebärfähigen Alter kamen also etwa 5 Neugeborene).

Aus der Erwerbsquote erhält man die spezifische Erwerbsquote, wenn man als Bezugsmasse nur die Wohnbevölkerung im Alter von 15 bis 65 Jahren gelten läßt:

$$\text{Spezifische Erwerbsquote} = \frac{\text{Anzahl der Erwerbstätigen}}{\text{Wohnbevölkerung im Alter von 15–65 Jahren}} \cdot 100$$

Im Mai 1976 waren für die Bundesrepublik Deutschland von einer Wohnbevölkerung im Alter von 15 bis 65 Jahren in Höhe von 40 271 000 Personen 26 696 000 erwerbstätig, was einer spezifischen Erwerbsquote von 66,3% entspricht.

4.3.2. Besondere Verhältniszahlen

<u>Definition:</u> Eine besondere Verhältniszahl erhält man aus der zugehörigen allgemeinen Verhältniszahl, indem man nach dem gleichen Kriterium die Masse und ihre Bezugsmasse in Teilmassen aufspaltet und sodann das Verhältnis einer (Zähler-)Teilmasse zu ihrer zugehörigen (Nenner-)Teilmasse bildet.

Kriterien, nach denen beispielsweise in der Statistik der Bevölkerungsbewegung Detaillierungen des Zahlenmaterials vorgenommen werden, sind z.B. das Alter und/oder das Geschlecht. Hierzu ein hypothetisches Beispiel:

<u>Beispiel:</u> Im Land X wurden für die Wohnbevölkerung und ihre Sterblichkeit in verschiedenen Altersgruppen folgende Daten ermittelt:

Altersgruppe	Sterbefälle	Wohnbevölkerung
0 bis unter 15 Jahren	200 000	30 000 000
15 bis unter 65 Jahren	100 000	10 000 000
65 Jahre und älter	700 000	60 000 000
Insgesamt	1 000 000	100 000 000

Die allgemeine Sterbeziffer für Land X errechnen wir mit

$$\frac{\text{Anzahl der Sterbefälle}}{\text{Wohnbevölkerung}} \cdot 1000 = \frac{1\ 000\ 000}{100\ 000\ 000} \cdot 1000 = 10.$$

Für die drei Altersgruppen lassen sich die folgenden besonderen Sterbeziffern berechnen:

Besondere Sterbeziffer für die Altersgruppe "0 bis unter 15 Jahren":

$$\frac{200\ 000}{30\ 000\ 000} \cdot 1000 = 6{,}\overline{6}.$$

Besondere Sterbeziffer für die Altersgruppe "15 bis unter 65 Jahren":

$$\frac{100\ 000}{10\ 000\ 000} \cdot 1000 = 10.$$

Besondere Sterbeziffer für die Altersgruppe "65 Jahre und älter":

$$\frac{700\ 000}{60\ 000\ 000} \cdot 1000 = 11{,}\overline{6}.$$

Während die Sterblichkeit in der mittleren Altersgruppe mit der Sterblichkeit der Gesamtbevölkerung übereinstimmt, liegt die Sterblichkeit in der jüngsten Altersgruppe darunter bzw. die Sterblichkeit in der ältesten Altersgruppe darüber.

Die allgemeine Verhältniszahl ist das gewogene arithmetische Mittel der besonderen Verhältniszahlen; Gewichte sind hierbei die Anteile der Nennerteilmassen an der Nennergesamtmasse. So gilt im Beispiel der Sterblichkeit in Land X:

$$6\tfrac{2}{3} \cdot 30\ \% + 10 \cdot 10\ \% + 11\tfrac{2}{3} \cdot 60\ \% = 2 + 1 + 7 = 10.$$

4.3.3. Standardisierte Verhältniszahlen

Definition: Eine standardisierte Verhältniszahl ist ein gewogenes arithmetisches Mittel der besonderen Verhältniszahlen, wobei die Gewichte adäquate Quoten (der Struktur) der Vergleichsmasse (des Standards) sind.

Beispiel: Die Sterblichkeit für Land X soll mit der des Landes Y verglichen werden, wobei folgende Angaben vorliegen:

Altersgruppe	Sterbefälle		Wohnbevölkerung	
	Land X	Land Y	Land X	Land Y
0 bis unter 15 Jahren	200 000	30 000	30 000 000	5 000 000
15 bis unter 65 Jahren	100 000	15 000	10 000 000	4 000 000
65 Jahre und älter	700 000	5 000	60 000 000	1 000 000
Insgesamt	1 000 000	50 000	100 000 000	10 000 000

Die allgemeine Sterbeziffer für Land Y berechnen wir mit

$$\frac{50\ 000}{10\ 000\ 000} \cdot 1000 = 5.$$

Sie ist halb so groß wie die allgemeine Sterbeziffer für Land X (die wir in 4.3.2. berechnet hatten). Hiergegen kann man einwenden, daß Land X eine ganz andere Altersverteilung der Bevölkerung hat als Land Y (wo 50 % der Bevölkerung nicht älter als 15 Jahre sind, während in Land X 60 % der Bevölkerung 65 Jahre und älter sind). Um solche Unterschiede herauszurechnen, berechnen wir die standardisierte Sterbeziffer für Land X, wobei wir als Gewichte die Bevölkerungsstruktur (hinsichtlich des Alters) von Land Y verwenden. Ausgehend von den in 4.3.2. berechneten besonderen Sterbeziffern für Land X erhalten wir als <u>Standardsterbeziffer für Land X</u>:

$$6\tfrac{2}{3} \cdot 50\ \% + 10 \cdot 40\ \% + 11\tfrac{2}{3} \cdot 10\ \% = \frac{10}{3} + 4 + \frac{7}{6} = 8{,}5.$$

Benutzt man somit als Kontrast (Standard) für die Sterblichkeit in Land X die Altersstruktur von Land Y, so ergibt der Vergleich der Sterblichkeit in beiden Ländern:

Die Sterblichkeit in Land X ist deutlich höher als in Land Y (nämlich 8,5 Promille im Vergleich zu 5 Promille), wenn von der gleichen Altersstruktur ausgegangen wird. Aus dieser Perspektive ist die Sterblichkeit nach der allgemeinen Sterbeziffer (nämlich 10 Promille im Vergleich zu 5 Promille) irreführend, da die hohe Sterblichkeit der ältesten Altersgruppe ($11\tfrac{2}{3}$ Promille) für Land X mit 60% ein im Vergleich zu hohes Gewicht erhält, während die niedrige Sterblichkeit der jüngsten Altersgruppe ($6\tfrac{2}{3}$ Promille) für Land X mit 30% ein vergleichsweise zu geringes Gewicht bekommt.

4.4. Meß- und Indexzahlen

Meß- und Indexzahlen dienen dem Vergleich gleichartiger Massen, wobei der typische Anwendungsfall darin besteht, daß die Entwicklung einer Masse im Zeitverlauf beobachtet wird. Wir betrachten daher eine Zeitreihe solcher Beobachtungen $x_0, x_1, \ldots, x_T$, wobei der Laufindex 0, 1, ..., T für T+1 aufeinanderfolgende Perioden steht, also ein Zeitindex ist.

4.4.1. Meßzahlen

Definition: Die Meßzahl einer Beobachtung der Berichtsperiode t auf der Grundlage der Beobachtung der Bezugsperiode t_o lautet:

$$\frac{x_t}{x_{t_o}} \cdot 100.$$

Man kann alle Werte einer Zeitreihe auf dieselbe Bezugsperiode, die wir dann Basisperiode nennen, umrechnen. Oft werden auch die Beobachtungen der jeweiligen Berichtsperiode t verglichen mit den Beobachtungen der Vorperiode (t-1) als Bezugsperiode.

Für die Zeitreihe $x_0, x_1, \ldots, x_T$ erhalten wir, wenn wir die Periode 0 als Basisperiode wählen, folgende Reihe von Meßzahlen:

$$\frac{x_0}{x_0} \cdot 100 = 100, \frac{x_1}{x_0} \cdot 100, \ldots, \frac{x_T}{x_0} \cdot 100.$$

Beispiel: Produktionsentwicklung von 6 mm-Schrauben einer Fabrik:

Jahr	1975	1976	1977	1978
Stückzahlen	1 000 000	1 050 000	1 110 000	1 170 000

Wählt man das Jahr 1975 als Basisjahr, so erhält man die Meßzahlenreihe: 100, 105, 111, 117.

Die Auswahl eines Basisjahres bereitet in der Praxis einige Schwierigkeiten, da ein "normales" Jahr Basis sein soll.

4.4.2. Indexzahlen

Meßzahlen sind nicht geeignet, die Entwicklung von Wertgrößen darzustellen, da in diesen eine Mengenkomponente und eine Preiskomponente enthalten sind. So läßt sich beispielsweise an einem gestiegenen Umsatz nicht direkt erkennen, ob er auf eine Zunahme der verkauften Mengen oder auf gestiegene Verkaufspreise zurückzuführen ist. Daher sind Indexzahlen entwickelt worden, in denen jeweils eine der beiden Komponenten zum besseren Vergleich rechnerisch konstant gehalten wird. In Preisindexzahlen wird die Mengenkomponente konstant gehalten, in Mengenindexzahlen wird die Preiskomponente konstant gehalten.

Die von Laspeyres und Paasche vorgeschlagenen Indexformeln sind am bekanntesten, wobei es für jeden Typ einen Preis- und einen Mengenindex gibt. Nach Laspeyres verwendet man die Gewichte der Basisperiode zum Herausrechnen der unerwünschten Komponente, während entsprechend in den Formeln vom Paasche-Typ die Gewichte der Berichtsperiode einzusetzen sind.

4.4.2.1. Der Preisindex nach Laspeyres

Definition: Seien

p_{it} = Preis des i-ten Gutes in der Berichtsperiode t,

p_{i0} = Preis des i-ten Gutes in der Basisperiode 0 und

q_{i0} = Menge des i-ten Gute in der Basisperiode 0,

wobei $i = 1, 2, \ldots, n$.

Dann ist der Preisindex nach Laspeyres für n durch den Index erfaßte Güter zu berechnen mit

$$(4.1) \qquad P_L = \frac{\sum_{i=1}^{n} p_{it} \cdot q_{i0}}{\sum_{i=1}^{n} p_{i0} \cdot q_{i0}} \cdot 100.$$

Die Nennergröße des Preisindex nach Laspeyres ist als Summe von Wertgrößen in der Basisperiode 0 interpretierbar. Dagegen ist die Zählergröße des Preisindex nach Laspeyres eine fiktive

Wertgröße, da unterstellt wird, daß die einzelnen Güter in der Berichtsperiode t immer noch mit den gleichen Mengen (q_{i0}) der Basisperiode 0 gekauft werden (natürlich zu den neueren Preisen p_{it} der Berichtsperiode t). Zu beachten ist, daß die Summe der Gewichte (hier: $\sum_i q_{i0}$) in Zähler und Nenner die gleiche ist und daher in der Formel nicht mehr auftritt (Dies gilt für alle nachfolgend behandelten Indexzahlen ebenfalls).

Die amtliche Statistik verwendet den Preisindex nach Laspeyres, weil die Gewichte des Basisjahres in den unmittelbar folgenden Berichtsjahren beibehalten werden können und nicht mit großem Kostenaufwand jährlich neu ermittelt werden müssen. Infolge technischen Fortschritts, veränderter Konsumgewohnheiten und veränderter Handelsbeziehungen läßt sich jedoch das Mengengerüst der Basisperiode nicht beliebig lange als fortbestehend annehmen, so daß von Zeit zu Zeit eine neue Basisperiode zu bestimmen ist, für die die geltenden Mengenstrukturen zu erheben sind.

4.4.2.2. Der Preisindex nach Paasche

Definition: Seien

p_{it} = Preis des i-ten Gutes in der Berichtsperiode t,

p_{i0} = Preis des i-ten Gutes in der Basisperiode 0 und

q_{it} = Menge des i-ten Gutes in der Berichtsperiode t.

Dann ist der Preisindex nach Paasche für n Güter zu berechnen mit

$$(4.2) \qquad P_P = \frac{\sum_{i=1}^{n} p_{it} \cdot q_{it}}{\sum_{i=1}^{n} p_{i0} \cdot q_{it}} \cdot 100.$$

Der Preisindex nach Paasche gewichtet also die Preise mit den Mengen der Berichtsperiode. Die Zählergröße des Preisindex nach Paasche ist eine Summe echter Wertgrößen. Dagegen ist diesmal die Nennergröße eine fiktive Wertgröße, für die unterstellt wird, daß die Güter in der Basisperiode mit den gegenwärtigen Mengen (q_{it}) der Berichtsperiode gekauft worden wären (natürlich zu den früheren Preisen der Basisperiode 0). Störend ist hierbei besonders, daß man nicht über die Preise derjenigen Güter verfügt, die z.B. infolge Erfindungen erst neuerdings etwa im Warenkorb des Konsumenten vorzufinden sind (Videorecorder usw.), wenn ein langjähriger Preisvergleich gefordert ist. Für den Preisindex nach Paasche müssen außerdem in jedem Berichtsjahr die Mengen q_{it} neu ermittelt werden. Die Aktualität dieses Index kann also nur mit hohen Kosten genutzt werden, weswegen dieser Index in der Praxis bislang wenig Gegenliebe gefunden hat.

Die beiden Mengenindizes nach Paasche und Laspeyres verwenden die Notation, die wir bisher kennengelernt haben.

4.4.2.3. Der Mengenindex nach Laspeyres

Definition: Für n Güter lautet der Mengenindex nach Laspeyres

$$(4.3) \qquad M_L = \frac{\sum_{i=1}^{n} q_{it} \cdot p_{i0}}{\sum_{i=1}^{n} q_{i0} \cdot p_{i0}} \cdot 100.$$

Der Mengenindex nach Laspeyres gewichtet die Mengen mit den Preisen der Basisperiode 0. Die Nennergröße ist eine echte Wertgröße der Basisperiode (und stimmt mit der Nennergröße des Preisindex nach Laspeyres überein, da die Reihenfolge der Faktoren vertauschbar ist). Die Zählergröße ist eine fiktive Wertgröße (und stimmt mit dem Nenner des Preisindex nach Paasche überein).

4.4.2.4. Der Mengenindex nach Paasche

Definition: Für n Güter lautet der Mengenindex nach Paasche

$$(4.4) \qquad M_P = \frac{\sum_{i=1}^{n} q_{it} \cdot p_{it}}{\sum_{i=1}^{n} q_{i0} \cdot p_{it}} \cdot 100.$$

Der Mengenindex nach Paasche gewichtet die Mengen mit den Preisen der Berichtsperiode t. Die Zählergröße ist eine echte Wertgröße der Berichtsperiode (und stimmt mit der Zählergröße des Preisindex nach Paasche überein). Die Nennergröße ist eine fiktive Wertgröße (und stimmt mit dem Zähler des Preisindex nach Laspeyres überein).

Beispiel: Ausgaben eines Verbrauchers für Energie

	Zeitraum 0		Zeitraum t	
	Preis	Menge	Preis	Menge
Benzin	0,8	150	1	120
Heizöl	0,4	200	0,5	150
Strom	0,15	300	0,2	400

Es ergeben sich folgende Werte für die Preis- und Mengenindizes (nach Paasche und Laspeyres):

$$P_L = \frac{1\cdot 150 + 0{,}5\cdot 200 + 0{,}2\cdot 300}{0{,}8\cdot 150+0{,}4\cdot 200+0{,}15\cdot 300}\cdot 100 = \frac{310}{245}\cdot 100 \cong 126{,}5,$$

d.h. die Preise sind nach dem Preisindex von Laspeyres um 26,5% im Berichtszeitraum (im Vergleich zum Basiszeitraum) gestiegen.

$$P_P = \frac{1\cdot 120 + 0{,}5\cdot 150 + 0{,}2\cdot 400}{0{,}8\cdot 120+0{,}4\cdot 150+0{,}15\cdot 400}\cdot 100 = \frac{275}{216}\cdot 100 \cong 127{,}3,$$

d.h. die Preise sind nach dem Preisindex von Paasche um 27,3% im Berichtszeitraum (im Vergleich zum Basiszeitraum) gestiegen.

$$M_L = \frac{120\cdot 0{,}8 + 150\cdot 0{,}4 + 400\cdot 0{,}15}{150\cdot 0{,}8 + 200\cdot 0{,}4 + 300\cdot 0{,}15}\cdot 100 = \frac{216}{245}\cdot 100 \cong 88{,}2,$$

d.h. die Mengen sind nach dem Mengenindex von Laspeyres um 11,8% verringert.

$$M_P = \frac{120\cdot 1 + 150\cdot 0{,}5 + 400\cdot 0{,}2}{150\cdot 1 + 200\cdot 0{,}5 + 300\cdot 0{,}2}\cdot 100 = \frac{275}{310}\cdot 100 \cong 88{,}7,$$

d.h. die Mengen sind nach dem Mengenindex von Paasche um 11,3% verringert.

4.4.2.5. Der Wertindex

Definition: Man bezeichnet das Verhältnis der Wertsumme der Berichtsperiode t zur Wertsumme der Basisperiode 0

(4.5) $$W = \frac{\sum_{i=1}^{n} p_{it} \cdot q_{it}}{\sum_{i=1}^{n} p_{i0} \cdot q_{i0}} \cdot 100$$

als Wertindex.

Vernachlässigt man die Multiplikation mit 100 (die nur für die Darstellung als Prozentzahl von Bedeutung ist), so gilt

(4.6) $$W = P_L \cdot M_P ,$$

d.h. der Wertindex ist auch berechenbar als Produkt des Preisindex nach Laspeyres mit dem Mengenindex nach Paasche. Dies läßt sich allgemein zeigen:

$$P_L \cdot M_P = \frac{\sum_{i=1}^{n} p_{it} \cdot q_{i0}}{\sum_{i=1}^{n} p_{i0} \cdot q_{i0}} \cdot \frac{\sum_{i=1}^{n} p_{it} \cdot q_{it}}{\sum_{i=1}^{n} p_{it} \cdot q_{i0}} = \frac{\sum_{i=1}^{n} p_{it} \cdot q_{it}}{\sum_{i=1}^{n} p_{i0} \cdot q_{i0}} = W,$$

da sich der Zähler des Preisindex nach Laspeyres gegen den Nenner des Mengenindex nach Paasche wegkürzt.

Entsprechend zeigt man die Gültigkeit der Beziehung

(4.7) $$W = P_P \cdot M_L ,$$

d.h. der Wertindex ist zugleich das Produkt aus Preisindex nach Paasche mit dem Mengenindex nach Laspeyres.

Beispiel: In dem in 4.4.2.4. durchgerechneten Beispiel erhält man für den Wertindex den Wert

$$W = \frac{275}{245} \cdot 100 \cong 112{,}2,$$

d.h. im Berichtszeitraum hat der Verbraucher um 12,2% höhere Ausgaben für Energie als im Basiszeitraum.

4.4.2.6. Weitere Indexformeln

Von den zahlreichen in der Literatur vorgeschlagenen Preisindexformeln soll hier eine kleine Auswahl vorgestellt werden:

Der Preisindex nach Drobisch $P_D = \frac{1}{2}(P_L + P_P)$ ist das arithmetische Mittel des Preisindex nach Laspeyres und des Preisindex nach Paasche.

Der Preisindex nach Irving Fisher $P_F = \sqrt{P_L \cdot P_P}$ ist das geometrische Mittel des Preisindex nach Laspeyres und des Preisindex nach Paasche.

Der Preisindex nach Marshall-Edgeworth

$$P_{ME} = \frac{\sum_{i=1}^{n} p_{it} \cdot (q_{i0} + q_{it})}{\sum_{i=1}^{n} p_{i0} \cdot (q_{i0} + q_{it})} \cdot 100$$

gewichtet die Preise mit dem arithmetischen Mittel der Mengen von Basisperiode und Berichtsperiode.

Der Preisindex nach Lowe

$$P_{Lo} = \frac{\sum_{i=1}^{n} p_{it} \cdot \bar{q}_i}{\sum_{i=1}^{n} p_{i0} \cdot \bar{q}_i} \cdot 100$$

mit

$$\bar{q}_i = \frac{1}{T+1}(q_{i0} + q_{i1} + \dots + q_{iT})$$

gewichtet die Preise mit dem arithmetischen Mittel der Mengen aller Perioden der Zeitreihe.

Übungsaufgaben

4.1. Welche Kategorien von Verhältniszahlen lassen sich bilden?

4.2. Nennen Sie je drei Beispiele von Gliederungs- und Beziehungszahlen.

4.3. Was versteht man unter einer spezifischen Verhältniszahl?

4.4. Worin besteht der Zusammenhang zwischen einer allgemeinen Verhältniszahl und ihren besonderen Verhältniszahlen?

4.5. Was versteht man unter einer standardisierten Verhältniszahl?

4.6. Was versteht man unter einem Wertindex?

Weiterführende Literatur

Menges-Skala [1973]

Blind [1969]

Bamberg-Baur [1980]

Bleymüller-Gehlert-Gülicher [1979]

Fisher [1927]

Eichhorn-Henn-Opitz-Shepard [1978]

Statistisches Jahrbuch [1977] für die Bundesrepublik Deutschland

Statistisches Jahrbuch [1978] für die Bundesrepublik Deutschland

5. Kapitel
Regression und Korrelation

In vielen Fällen liegen die Daten für ökonomische Variablen und für Variablen aus außerökonomischen Bereichen, die diese beeinflussen, in Form von Zeitreihen vor, d.h. für jede der betrachteten Variablen liegen Beobachtungen für aufeinanderfolgende, äquidistante Perioden vor (meist Zeitreihen mit Jahresdaten). Die Zusammenhänge zwischen den betrachteten Variablen lassen sich aufgrund der Zeitreihen für diese Variablen mittels der Regressions- und Korrelationsrechnung verdeutlichen.

5.1. Regression

Die Regressionsrechnung geht davon aus, daß eine Variable Y (die endogene bzw. erklärte Variable) von einer Variablen X (der exogenen bzw. erklärenden Variablen) funktional abhängig ist ($X \rightarrow Y$), wobei die funktionale Abhängigkeit durch den unkontrollierbaren Einfluß weiterer Variablen auf Y gestört wird.

Dieses Modell einer einfachen Regression mit nur einer exogenen Variablen kann erweitert werden, indem zusätzliche exogene Variablen explizit berücksichtigt werden (Mehrfachregression), deren funktionaler Einfluß auf die endogene Variable zu spezifizieren ist.

Die einfachste Funktionsform besteht nun darin, daß die endogene Variable linear von den exogenen Variablen abhängt. Das einfachste Modell ist dann die <u>lineare Einfachregression</u>

$$y_t = \alpha + \beta \cdot x_t + e_t \ ,$$

in der die Beobachtung der endogenen Variablen in der Periode t linear abhängig ist (mit Parametern α und ß) von den gleichzeitigen Beobachtungen der exogenen Variablen, wobei die Restgröße (Residuum) e_t für eine additive Überlagerung durch Störeinflüsse in der Periode t steht.

Je nach Wahl der Parameterwerte α und ß erhält man bei gegebenen Zeitreihen für die Variablen Y und X unterschiedliche Werte für die Restgrößen e_t (t=1, ..., T) der T Perioden. Graphisch lassen sich α und ß in einem Diagramm (Streudiagramm) mit y_t als Ordinate und x_t als Abszisse veranschaulichen als Ordinatenabschnitt (α) und Steigung (ß) einer Geraden, die durch die aus den Punkten $P_t(x_t,y_t)$, t=1, ..., T gebildete Punktwolke des Streudiagramms gelegt wird(siehe Fig. 5.1.).

Nach der Methode der kleinsten Quadrate, die von Gauß entwickelt wurde, wählt man die Parameterschätzungen a und b, für die die Summe der Quadrate der Restgrößen (und damit die Streuung der Restgrößen) minimal ist und erhält

(5.1) $$a = \bar{y} - b \cdot \bar{x}$$

und

(5.2) $$b = \frac{\operatorname{cov}(x,y)}{s_x^2},$$

wobei gilt: $\bar{y} = \frac{1}{T} \sum_{t=1}^{T} y_t$ (Stichprobenmittelwert der endogenen Variablen),

$\bar{x} = \frac{1}{T} \sum_{t=1}^{T} x_t$ (Stichprobenmittelwert der exogenen Variablen),

$\operatorname{cov}(x,y) = \frac{1}{T} \sum_{t=1}^{T} (x_t-\bar{x})(y_t-\bar{y})$ (Stichprobenkovarianz der endogenen und exogenen Variablen(siehe Abschn. 5.2.) und

$s_x^2 = \frac{1}{T} \sum_{t=1}^{T} [(x_t-\bar{x})^2]$ (Stichprobenvarianz der exogenen Variablen).

Die Herleitung der Formeln (5.1) und (5.2) erfolgt später in Abschnitt 13.4.

Beispiel: In einem Unternehmen standen in den Jahren von 1970 bis 1977 dem Umsatz folgende Ausgaben für die Werbung gegenüber (alle Angaben in Millionen DM):

Jahr	1970	1971	1972	1973	1974	1975	1976	1977
Umsatz	108	123	132	148	162	160	170	189
Ausgaben für Werbung	8,1	9,0	9,9	11,0	12,3	12,8	13,2	14,1

Aufgrund der Beobachtungen wird ein linearer Zusammenhang zwischen Umsatz (y_t) und Ausgaben für Werbung (x_t) vermutet. Die Berechnung der Parameterschätzungen a und b nach den Formeln (5.1) und (5.2) wird mit der folgenden Tabelle durchgeführt, die wir auch im Abschnitt 5.2. benötigen:

Tabelle 5.1. Arbeitstabelle zu Regression und Korrelation

Jahr	y_t	x_t	$y_t-\bar{y}$	$(y_t-\bar{y})^2$	$x_t-\bar{x}$	$(x_t-\bar{x})^2$	$(x_t-\bar{x})(y_t-\bar{y})$
1970	108	8,1	-41	1681	-3,2	10,24	131,2
1971	123	9,0	-26	676	-2,3	5,29	59,8
1972	132	9,9	-17	289	-1,4	1,96	23,8
1973	148	11,0	-1	1	-0,3	0,09	0,3
1974	162	12,3	13	169	1,0	1,00	13
1975	160	12,8	11	121	1,5	2,25	16,5
1976	170	13,2	21	441	1,9	3,61	39,9
1977	189	14,1	40	1600	2,8	7,84	112
Σ	1192	90,4	0	4978	0	32,28	396,5
$\frac{1}{8}\Sigma$	149	11,3	0	622,25	0	4,035	49,5625

Mit (5.2) erhalten wir als Schätzung des Regressionskoeffizienten (Steigung)

$$b = \frac{49,5625}{4,035} \cong 12,3$$

und hieraus mit (5.1) als Schätzung des Ordinatenabschnitts

$$a \cong 149 - 12,3 \cdot 11,3 = 149 - 138,99 \cong 10.$$

Die lineare Schätzung der Umsatzzahlen aufgrund der Daten der Ausgaben für Werbung der Periode t, x_t, liefert uns die Funktion

$$\hat{y}_t \cong 10 + 12,3 \cdot x_t ,$$

wobei die Residuen $e_t = y_t - \hat{y}_t$ die kleinste Quadratsumme besitzen.

Die Beobachtungspunkte und die Schätzfunktion sehen wir in Fig. 5.1.

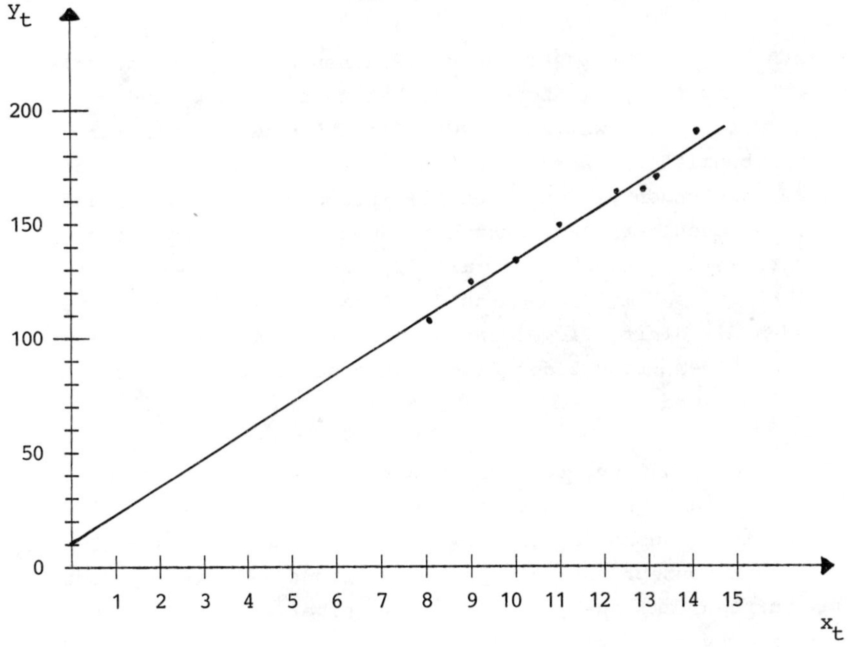

Fig. 5.1. Streudiagramm und Schätzfunktion des Regressionsbeispiels

5.2. Korrelation

In Abschnitt 5.1. haben wir gesehen, daß man zur Schätzung des Regressionskoeffizienten ß das Verhältnis von Stichprobenkovarianz zwischen endogener und exogener Variablen zur Stichprobenvarianz der exogenen Variablen verwendet (siehe Gleichung (5.2)). Während die Stichprobenvarianz s_x^2 als Varianz der Stichprobenwerte $x_1, x_2, \ldots, x_t, \ldots, x_T$ ein Streuungsmaß für die exogene Variable ist (und sich damit im Sinne von Abschnitt 3.2.2. interpretieren läßt), ist die Stichprobenkovarianz cov(x,y) eine bivariate Maßzahl, mit der wir uns nun ausführlicher befassen wollen.

Die Stichprobenkovarianz

$$\text{(5.3)} \qquad \operatorname{cov}(x,y) = \frac{1}{T} \sum_{t=1}^{T} (x_t-\bar{x})(y_t-\bar{y})$$

ist ein Maß für den Zusammenhang zwischen den beiden Variablen X und Y, der für gleichzeitige Beobachtungspaare x_t und y_t gemessen wird. Die Abweichungen der Beobachtungen x_t von ihrem Stichprobenmittel $\bar{x}$ werden multipliziert mit den Abweichungen der Beobachtungen y_t von deren Stichprobenmittel $\bar{y}$(wobei auf die Vorzeichen der Abweichungen zu achten ist). Diese Kreuzprodukte werden sodann (über alle Beobachtungsperioden) aufsummiert und schließlich durch die Anzahl T der Beobachtungsperioden dividiert. Die Dimension der Stichprobenkovarianz ist gleich dem Produkt der Dimensionen der beiden betrachteten Variablen X und Y.

Bislang haben wir nur Zeitreihen untersucht (was man auch als Längsschnittanalyse bezeichnen kann), wobei wir uns für das gleichzeitige Zusammenwirken zweier Variablen interessiert haben. Das Konzept der Stichprobenkovarianz läßt sich jedoch auch auf den Fall anwenden, in dem in einer einzigen Zeitperiode die Ausprägungen zweier Variablen bei mehreren Individuen (statistischen Einheiten) untersucht werden sollen. Diese zeitlichen Momentaufnahmen z.B. durch einen Querschnitt der Bevölkerungsmasse werden als Querschnittsanalysen bezeichnet. Formal ist dann in (5.3) der Laufindex $t=1,\ldots,T$ durch den Laufindex (der Einheiten) $i=1,\ldots,n$ zu substituieren und wir erhalten als Formel für die Stichprobenkovarianz für Querschnittsanalysen (z.B. für Haushaltsbefragungen)

$$\text{(5.3')} \qquad \operatorname{cov}(x,y) = \frac{1}{n} \sum_{i=1}^{n} (x_i-\bar{x})(y_i-\bar{y}),$$

mit der beispielsweise in einer Stichprobe von n Personen der Zusammenhang zwischen Gewicht und Körpergröße zu einem bestimmten Zeitpunkt festgestellt werden kann.

Ein entscheidender Nachteil der Stichprobenkovarianz liegt in ihrer Dimensionsabhängigkeit. Werden die Messungen der Beobachtungen in kleineren Einheiten vorgenommen (z.B. in cm statt in m oder in g statt in kg), so erhöht sich dadurch der Wert der Stichprobenkovarianz. Zudem sind die Dimensionen der Stichprobenkovarianz oft unanschaulich (z.B. die Dimension kg·m für den Zusammenhang zwischen Gewicht ung Körpergröße).

Ein dimensionsloses Maß für den Zusammenhang zweier Variablen ist die Stichprobenkorrelation

(5.4) $$r_{xy} = \frac{\operatorname{cov}(x,y)}{s_x \cdot s_y} ,$$

wobei s_x die Standardabweichung der Variablen X (positive Quadratwurzel aus der Stichprobenvarianz der Variablen X) ist und entsprechend s_y die Standardabweichung der Variablen Y.

Infolge der Normierung der Stichprobenkovarianz mit den beiden Standardabweichungen kann die Stichprobenkorrelation betragsmäßig nicht größer als 1 sein, d.h. es gilt

$$-1 \leq r_{xy} \leq 1.$$

Die Stichprobenkorrelation nimmt den Maximalwert 1 an, wenn eine positive lineare Abhängigkeit zwischen den beiden Variablen X und Y existiert. Dagegen bedeutet $r_{xy} = -1$, daß die beiden Variablen X und Y voneinander negativ linear abhängig sind. Für $r_{xy} = 0$ besteht kein linearer Zusammenhang zwischen den beiden Variablen X und Y.

Beispiel: In dem Beispiel aus Abschnitt 5.1. erhalten wir als Stichprobenkorrelation zwischen Umsatz und Ausgaben für Werbung den Wert

$$r_{xy} = \frac{\operatorname{cov}(x,y)}{s_x \cdot s_y} = \frac{49{,}5625}{\sqrt{4{,}035 \cdot 622{,}25}} \cong \frac{49{,}5625}{\sqrt{2510{,}7788}} \cong \frac{49{,}5625}{50{,}1077} \cong 0{,}989 ,$$

d.h. in diesem Beispiel war ein starker linearer Zusammenhang zwischen Umsatz und Ausgaben für Werbung festzustellen, wobei darauf zu achten ist, daß die Stichprobenkorrelation keine Aussage darüber trifft, welche der Variablen die exogene und welche die endogene Variable ist.

Übungsaufgaben

5.1. Berechnen Sie mit den Angaben der nachfolgenden Tabelle die Parameterschätzungen a und b der Konsumfunktion der Bundesrepublik Deutschland für die Jahre 1970 bis 1976 (privater Verbrauch als lineare Funktion des verfügbaren Einkommens)

$$\hat{y}_t = a + b \cdot x_t$$

Jahr	1970	1971	1972	1973	1974	1975	1976
verfügbares Einkommen x_t (Milliarden DM)	448	492	529	568	612	667	714
privater Verbrauch y_t (Milliarden DM)	368	408	448	492	528	575	622

5.2. Berechnen Sie mit den Angaben der Tabelle zu Aufgabe 5.1. die Stichprobenkorrelation zwischen verfügbarem Einkommen und privatem Verbrauch der Bundesrepublik Deutschland für die Jahre 1970 bis 1976.

Weiterführende Literatur

Bamberg-Baur [1980]

Kreyszig [1968]

Menges [1972]

Rutsch-Schriever [1976]

Blind [1969]

Teil 2

Wahrscheinlichkeitsrechnung

6. Kapitel
Grundlagen der Wahrscheinlichkeitsrechnung

Im Rahmen der deskriptiven Statistik haben wir uns bereits mit Stichproben, ihren Realisationen und deren Auswertung befaßt. Wie die Stichprobe zustandegekommen ist, hat uns bisher noch nicht beschäftigt. Im Teil 2 werden wir uns mit Wahrscheinlichkeitsmodellen befassen, die von einer bekannten Grundgesamtheit ausgehen und die Möglichkeiten unterschiedlicher Stichprobenergebnisse zu untersuchen gestatten. Zur Veranschaulichung dienen öfters Glückspielsituationen einfacher Struktur. Historisch waren die Betrachtungen von Glückspielsituationen der Ausgangspunkt der mittlerweile mathematisch stark formalisierten Wahrscheinlichkeitstheorie, deren wissenschaftliche Anwendung vielfältig ist.

6.1. Kleine Mengenlehre

Da die moderne Wahrscheinlichkeitsrechnung in Begriffen der Mengenlehre interpretiert wird, sollen hier die wichtigsten Begriffe der Mengenlehre wiederholt werden.

Definition: Objekte, die eine bestimmte gemeinsame Eigenschaft erfüllen, werden zusammengefaßt zu einer Menge.

Beispiele: Die Menge T der Tische in einer Wohnung, die Menge H der Häuser in einer Straße, die Menge S der Spielsachen eines Kindes, die Menge B der Buchstaben des Familiennamens Leiner, die Menge $\mathbb{N}$ der natürlichen Zahlen, die Menge $\mathbb{R}$ der reellen Zahlen usw.

Definition: Ein Objekt A, das einer Menge M angehört, ist Element dieser Menge. Man schreibt hierfür

$$A \in M \quad \text{(A ist Element von M).}$$

Beispiele: Bezugnehmend auf die zuletzt genannten Beispiele gilt etwa: Küchentisch $\in$ T, Hochhaus $\in$ H, Puppe $\in$ S, I $\in$ B, $5 \in \mathbb{N}$, $\pi \in \mathbb{R}$.

Eine Menge läßt sich charakterisieren entweder durch die Aufzählung ihrer Elemente oder vermittels der gemeinsamen Eigenschaft ihrer Elemente. Formal erkennt man eine Menge daran, daß diese Angaben in geschweiften Klammern gemacht werden. Für die Aufzählung der Elemente ist deren Reihenfolge unbeachtlich, gleiche Elemente werden nur einmal erwähnt.

Beispiele: Wir betrachten die Menge der natürlichen Zahlen, die kleiner als 6 sind und bezeichnen diese Menge mit M, dann gilt:
$M = \{1, 2, 3, 4, 5\} = \{x \mid x \in \mathbb{N} \text{ und } x < 6\}$,
d.h. diese Menge enthält alle Zahlen x, deren gemeinsame Eigenschaft darin besteht, daß sie natürliche Zahlen und zugleich kleiner als 6 sind. Die Angaben hinter | können als Bedingungen verstanden werden.
Die Menge der Buchstaben des Familiennamens Leiner lautet alternativ:
$B = \{L, E, I, N, R\} = \{E, I, L, N, R\} = \{R, E, N, I, L\} = \ldots$

Definition: Erfüllt kein Objekt die Eigenschaft, die für eine bestimmte Menge gefordert wird, enthält die Menge also kein Element, so bezeichnet man sie als leere Menge und kennzeichnet dies mit dem Symbol $\emptyset$.

Beispiel: Die Menge der natürlichen Zahlen, die kleiner als 6 und (zugleich) größer als 5 sind: $\{x \mid x \in \mathbb{N}, x < 6 \text{ und } x > 5\} = \emptyset$.

Definition: Eine Menge M_T wird als Teilmenge einer Menge M bezeichnet, wenn alle Elemente der Teilmenge M_T zugleich Elemente der Menge M sind. Hierfür schreibt man:

$$M_T \subset M .$$

Beispiel: Die Menge der Teiler der Zahl 24, $T_{24} = \{1, 2, 3, 4, 6, 12, 24\}$, enthält die Menge der Teiler der Zahl 6, $T_6 = \{1, 2, 3, 6\}$ als Teilmenge: $T_6 \subset T_{24}$, d.h. jeder Teiler von 6 ist zugleich Teiler von 24 (aber: nicht jeder Teiler von 24 ist zugleich Teiler von 6).

Definition: Zwei Mengen A und B sind identisch

$$A = B,$$

wenn sie die gleichen Elemente enthalten, wenn also gilt

$$A \subset B \quad \text{und (zugleich)} \quad B \subset A.$$

Definition: Betrachtet man mehrere Mengen, so bezeichnet man die Menge, die alle diese Mengen als Teilmengen enthält, als Universalmenge.

Beispiel: Innerhalb der Universalmenge der reellen Zahlen ist die Menge M der Zahlen 1, 2, 3, 4, 5 eine Teilmenge der natürlichen Zahlen.

Wir betrachten nun die mengentheoretischen Operationen der Vereinigung, des Durchschnitts, des Komplements und der Differenz.

Definition: Die Vereinigung $A \cup B$ zweier Mengen A und B ist die Menge, deren Elemente

a. zugleich Elemente von A und B sind,
b. nur Elemente von A sind oder
c. nur Elemente von B sind.

Man schreibt hierfür

(6.1) $$A \cup B = \{x \mid x \in A \vee x \in B\},$$

wobei das Symbol $\vee$ für "oder" im einschließenden Sinne steht (und/oder).

Beispiel: Seien A und B folgende Mengen:
$A = \{1, 2, 3\}$, $B = \{3, 4, 5\}$. Dann lautet ihre mengentheoretische Vereinigung $A \cup B = \{1, 2, 3, 4, 5\}$, was in dem Mengendiagramm von Fig. 6.1. veranschaulicht ist (schraffierter Bereich).

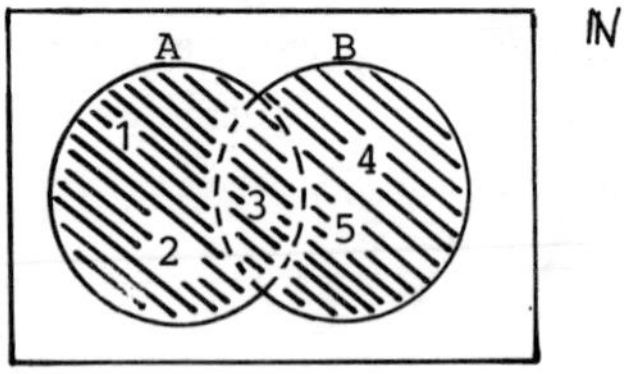

Fig. 6.1. Mengentheoretische Vereinigung $A \cup B$ (schraffiert)

Für $A \subset B$ gilt $A \cup B = B$.

Beispiel: Seien A und B die folgenden Mengen:
$A = \{1, 2, 3\}$, $B = \{1, 2, 3, 4, 5\}$. Dann lautet ihre mengentheoretische Ver-

einigung $A \cup B = \{1, 2, 3, 4, 5\}$, was in dem Mengendiagramm von Fig. 6.2. veranschaulicht ist.

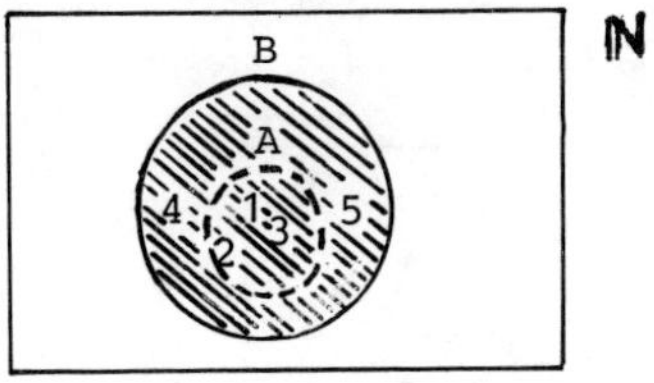

Fig. 6.2. Mengentheoretische Vereinigung $A \cup B$ (für $A \subset B$)

Da die leere Menge $\emptyset$ Teilmenge einer jeden Menge ist, gilt $\emptyset \cup A = A$.
Da jede Menge Teilmenge von sich selbst ist, gilt auch $A \cup A = A$.

Definition: Der Durchschnitt $A \cap B$ zweier Mengen A und B ist die Menge, deren Elemente zugleich Elemente von A und B sind. Man schreibt hierfür

$$(6.2) \qquad A \cap B = \{x \mid x \in A \wedge x \in B\},$$

wobei das Symbol $\wedge$ für "und" im Sinne von und zugleich steht.

Beispiel: Seien A und B folgende Mengen:
$A = \{1, 2, 3\}$, $B = \{3, 4, 5\}$. Dann lautet ihr mengentheoretischer Durchschnitt $A \cap B = \{3\}$, was in dem Mengendiagramm von Fig. 6.3. veranschaulicht ist.

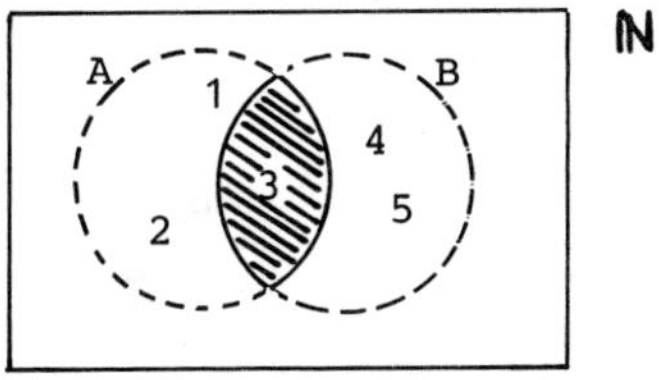

Fig. 6.3. Mengentheoretischer Durchschnitt $A \cap B$

Für $A \subset B$ gilt $A \cap B = A$.

Beispiel: Seien A und B die folgenden Mengen:
A = {1, 2, 3}, B = {1, 2, 3, 4, 5}. Dann lautet ihr mengentheoretischer Durchschnitt $A \cap B = \{1, 2, 3\}$, was in dem Mengendiagramm von Fig. 6.4. veranschaulicht ist.

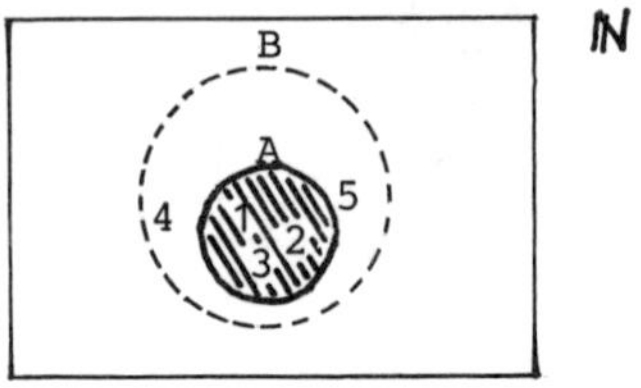

Fig. 6.4. Mengentheoretischer Durchschnitt $A \cap B$ (für $A \subset B$)

Somit gelten auch die Identitäten

$\emptyset \cap A = \emptyset$

und

$A \cap A = A.$

Definition: Das Komplement $\bar{A}$ einer Menge A in Bezug auf die Universalmenge besteht aus den Elementen der Universalmenge, die nicht Element der Menge A sind.
Man schreibt hierfür (mit $\mathbb{R}$ als Universalmenge)

(6.3) $$\bar{A} = \{x \mid x \in \mathbb{R} \wedge x \notin A\},$$

wobei das Symbol $\notin$ zu lesen ist als "ist nicht Element von".

Beispiel: In der Menge der natürlichen Zahlen (als Universalmenge) lautet das Komplement der Menge A = {1, 2, 3}: $\bar{A} = \{4, 5, 6, 7, \ldots\}$.

In Fig. 6.5. ist das Komplement der Menge A in Bezug auf $\mathbb{R}$, also $\bar{A}$, schraffiert eingezeichnet in das Mengendiagramm.

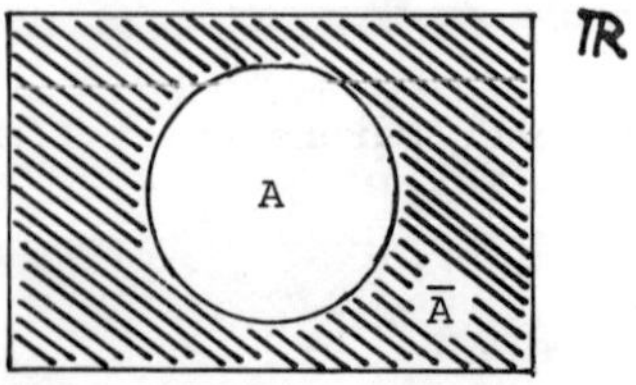

Fig. 6.5. Mengentheoretisches Komplement $\bar{A}$

Die mengentheoretische Vereinigung einer Menge A mit ihrem Komplement $\overline{A}$ ergibt die Universalmenge(siehe Fig. 6.5.).
Der mengentheoretische Durchschnitt einer Menge A mit ihrem Komplement $\overline{A}$ ist eine leere Menge, d.h. $A \cap \overline{A} = \emptyset$.
Für zwei Mengen A und B ist das Komplement ihrer Vereinigung identisch mit dem Durchschnitt ihrer Komplemente, d.h.
$\overline{A \cup B} = \overline{A} \cap \overline{B}$.
Für zwei Mengen A und B ist das Komplement ihres Durchschnitts identisch mit der Vereinigung ihrer Komplemente, d.h.
$\overline{A \cap B} = \overline{A} \cup \overline{B}$.

Beispiel: Seien A und B folgende Mengen:
A = {1, 2, 3}, B = {3, 4, 5}. In der Universalmenge $\mathbb{N}$ der natürlichen Zahlen erhalten wir als Komplement der Menge $A \cup B$ = {1, 2, 3, 4, 5} die Menge $\overline{A \cup B}$ = {6, 7, ...}. Genau diese Menge erhalten wir auch, wenn wir den Durchschnitt der Menge $\overline{A}$ = {4, 5, 6, 7, ...} mit der Menge $\overline{B}$ = {1, 2, 6, 7, ...} bilden. In Fig. 6.6. ist die Menge $\overline{A \cup B}$ schraffiert eingezeichnet.

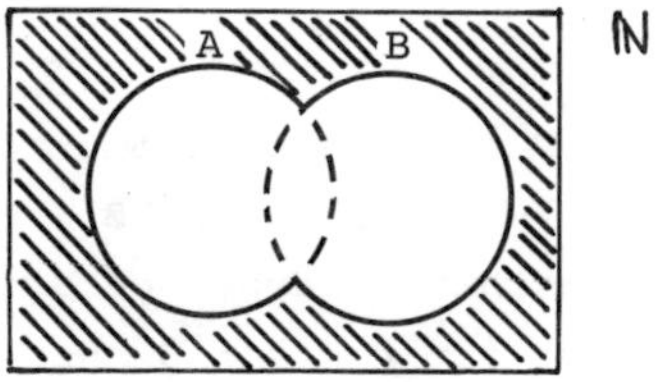

Fig. 6.6. Komplement der Vereinigung zweier Mengen ($\overline{A \cup B}$)

Entsprechend erhalten wir für unsere Mengen A und B als Komplement der Menge $A \cap B$ = {3} die Menge $\overline{A \cap B}$ = {1, 2, 4, 5, ...}. Genau diese Menge erhalten wir auch, wenn wir die Vereinigung der Menge $\overline{A}$ mit der Menge $\overline{B}$ bilden. In Fig. 6.7. ist die Menge $\overline{A \cap B}$ schraffiert eingezeichnet.

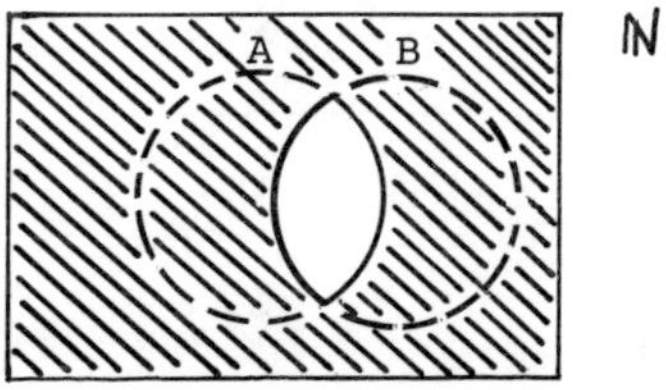

Fig. 6.7. Komplement des Durchschnitts zweier Mengen ($\overline{A \cap B}$)

Definition: Die Differenz A - B zweier Mengen A und B enthält die Elemente der Menge A, die nicht zugleich Elemente der Menge B sind.
Man schreibt hierfür

(6.4) $$A - B = \{x \mid x \in A \wedge x \notin B\}$$

Beispiel: Seien A und B folgende Mengen
A = {1, 2, 3}, B = {3, 4, 5}. Dann gilt A - B = {1, 2}. In Fig. 6.8. ist die Differenz A - B schraffiert eingezeichnet.

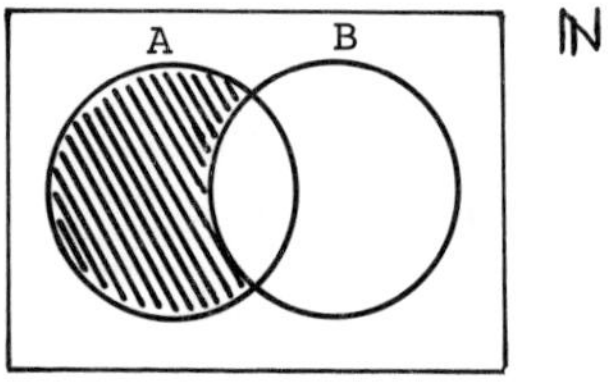

Fig. 6.8. Differenz A - B

Während Vereinigung und Durchschnitt kommutative Operationen sind (so daß gilt $A \cup B = B \cup A$ sowie $A \cap B = B \cap A$), ist die Differenz auch als mengentheoretische Operation nicht kommutativ, d.h. es gilt nicht A - B = B - A. Die Differenz B - A enthält die Elemente der Menge B, die nicht zugleich Elemente der Menge A sind (In der Schreibweise der obigen Definition der Differenz sind dann die Mengen B und A konsequent zu vertauschen). In Fig. 6.9. ist die Differenz B - A schraffiert eingezeichnet.

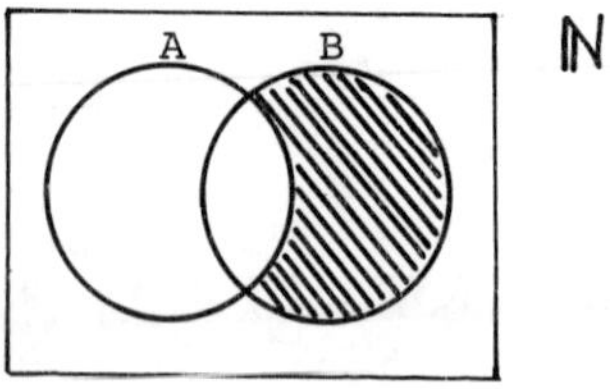

Fig. 6.9. Differenz B - A

Für zwei Mengen A und B gilt
$A - B = A \cap \overline{B}$ und entsprechend
$B - A = B \cap \overline{A}$ (Man veranschauliche sich das mit den Mengen des letzten Beispiels).

6.2. Elementarereignisse, Ereignisse und Ereignisraum

Wir wollen uns nun mit grundlegenden Begriffen der Wahrscheinlichkeitsrechnung befassen, die wir uns am Beispiel eines Würfels, der einmal geworfen wird, verdeutlichen.

Wenn man einen Würfel wirft, existieren für das Merkmal "Augenzahl" die Modalitäten 1, 2, 3, 4, 5 und 6. Wirft man den Würfel öfters, sagen wir 1000 mal, so erhält man 1000 Realisationen, wobei die Realisationswerte 1 bis 6 mit den absoluten Häufigkeiten h_1 bis h_6 auftreten, deren Summe 1000 ergibt. Betrachten wir einen einzelnen Wurf, so realisiert sich also eine der Zahlen von 1 bis 6. Das Ergebnis des Wurfes ist also eine einelementige Menge, die wir als Elementarereignis bezeichnen. Wir definieren nun die zugehörige Universalmenge.

Definition: Der Ereignisraum E ist die Universalmenge der Mengen, die sich aus den Elementarereignissen bilden lassen.

Der Ereignisraum E enthält also alle Elementarereignisse. Im Beispiel des einmaligen Würfelwurfs lautet also der Ereignisraum $E = \{1, 2, 3, 4, 5, 6\}$ und die Elementarereignisse sind die Mengen $\{1\}$, $\{2\}$, $\{3\}$, $\{4\}$, $\{5\}$ und $\{6\}$, deren Durchschnitt leer ist (Zwei Mengen, deren Durchscnitt leer ist, bezeichnet man als elementefremd bzw. paarweise disjunkt). Die Elementarereignisse sind also Mengen, die sich nicht überlappen dürfen. Ihre Vereinigung ist der Ereignisraum, d.h. die Elementarereignisse füllen den Ereignisraum vollständig aus.

In einem Ereignisraum betrachtet man Vereinigungen von Elementarereignissen.

Definition: Ein Ereignis A ist eine Teilmenge des Ereignisraums E

$$A \subset E.$$

Im Beispiel des einmaligen Würfelwurfs besteht das Ereignis "Augenzahl ist ungerade" aus der mengentheoretischen Vereinigung der Elementarereignisse {1}, {3} und {5}, ist also die Menge $\{1, 3, 5\} = \{1\} \cup \{3\} \cup \{5\}$. Das Ereignis "Augenzahl ist größer als 4" ist dann die Menge {5, 6}, das Ereignis "Augenzahl ist durch 3 teilbar" ist die Menge {3, 6} usw.

Die Menge {1, 2, 3, 4, 5, 6}, also die Universalmenge unseres Beispiels, ist ebenfalls ein Ereignis, nämlich das sichere Ereignis, daß beim einmaligen Werfen eines Würfels eine dieser Augenzahlen sich realisiert (Formal kann der Ereignisraum E als Teilmenge seiner selbst angesehen werden und entspricht damit der Definition des Ereignisses).

Die leere Menge $\emptyset$ ist ebenfalls eine Teilmenge des Ereignisraums un damit ein Ereignis, das als unmögliches Ereignis bezeichnet wird. Im Beispiel des einmaligen Würfelwurfs wäre ein solches unmögliches Ereignis "Die Augenzahl ist durch 3 und zugleich durch 5 teilbar".

Für eine endliche Anzahl s von Elementarereignissen beträgt die Anzahl der in ihrem Ereignisraum E feststellbaren Ereignisse 2^s. Alle diese Ereignisse werden in der <u>Potenzmenge</u> $\mathfrak{P}(E)$ zusammengefaßt. Die Potenzmenge des einmaligen Würfelwurfs enthält also $2^6 = 64$ Ereignisse, nämlich

$\emptyset$ (das unmögliche Ereignis),
{1}, {2}, {3}, {4}, {5}, {6} (die 6 Elementarereignisse),
{1, 2}, ..., {5, 6} (15 Ereignisse als Zweierpaare),
{1, 2, 3}, ..., {4, 5, 6} (20 Ereignisse als Dreierpaare),
{1, 2, 3, 4}, ..., {3, 4, 5, 6} (15 Ereignisse als Viererpaare),
{1, 2, 3, 4, 5}, {1, 2, 3, 4, 6}, {1, 2, 3, 5, 6},
{1, 2, 4, 5, 6}, {1, 3, 4, 5, 6}, {2, 3, 4, 5, 6} (6 Ereignisse als Fünferpaare) und
{1, 2, 3, 4, 5, 6} (das sichere Ereignis).

Wir wollen die Begriffe, die wir soeben kennengelernt haben, noch auf ein anderes Beispiel übertragen.

<u>Beispiel:</u> Eine Münze wird einmal geworfen. Die beiden Seiten der Münze bezeichnen wir mit K (für Kopf) und W (für Wappen). Die Elementarereignisse

sind dann die Mengen {K} und {W}, die zusammen den Ereignisraum E = {K, W} bilden. Die Potenzmenge $\mathfrak{P}(E)$ enthält $2^2 = 4$ Ereignisse, nämlich $\emptyset$, {K}, {W} und E.

6.3. Die σ-Algebra

Für die rechnerische Behandlung der Ereignisse als Teilmengen eines Ereignisraumes erweist sich das Konzept der σ-Algebra als besonders nützlich.

Definition: Ein System S von Teilmengen eines Raumes Ω nennt man eine σ-Algebra auf Ω, wenn es folgende Bedingungen erfüllt

(1) $\Omega \in S$,

(2) Aus $A \in S$ folgt $\bar{A} \in S$ und

(3) Aus $A_i \in S$, $i = 1, 2, \ldots$ folgt $\bigcup_{i=1}^{\infty} A_i \in S$.

Bedingung (1) besagt: In einer σ-Algebra S muß auch der Raum Ω, auf dem die σ-Algebra definiert ist, Element der σ-Algebra sein. Bedingung (2) besagt: Ist eine Teilmenge A Element der σ-Algebra S, so ist auch das Komplement von A Element der σ-Algebra. Bedingung (3) besagt: Für alle Teilmengen der σ-Algebra gilt, daß auch ihre (unendliche) Vereinigung $A_1 \cup A_2 \cup \ldots$ Element der σ-Algebra ist. Damit sind natürlich auch alle endlichen Vereinigungen Element der σ-Algebra.

Folgerung: Jede Potenzmenge $\mathfrak{P}(E)$ eines Ereignisraums E ist eine σ-Algebra auf E.

Warum? Weil alle drei Bedingungen der Definition der σ-Algebra erfüllt sind. Wir veranschaulichen uns das am Beispiel des einmaligen Werfens eines Würfels.

Beispiel: Wir hatten festgestellt, daß auf dem Ereignisraum E = {1, 2, 3, 4, 5, 6} eine Potenzmenge $\mathfrak{P}(E)$ mit 64 Elementen (alles Mengen) existiert. Bedingung (1) ist erfüllt, denn der Ereignisraum E ist eines dieser 64 Elemente der Potenzmenge. Bedingung (2) ist erfüllt, denn zu jedem beliebigen Ereignis A, das Element unserer Potenzmenge ist, existiert ein komplementäres Ereignis, das ebenfalls Element unserer Potenzmenge ist. So ist etwa das Komplement des unmöglichen Ereignisses $\emptyset$ das sichere Ereignis E, das Komplement des Elementarereignisses {2} das Ereignis {1, 3, 4, 5, 6}, das Komplement des Ereignisses {1, 3, 6} das Ereignis {2, 4, 5}, das Komplement des Ereignisses {2, 3, 5, 6} das Ereignis {1, 4} usw. ebenfalls Element der Potenzmenge $\mathfrak{P}(E)$. Bedingung (3) ist erfüllt, da die Vereinigungen beliebig vieler Ereignisse der Potenzmenge ebenfalls ein Ereignis und damit Element der Potenzmenge ist. Bilden wir etwa die Vereinigung aller 64 Elemente der Potenzmenge zugleich, so erhalten wir das sichere Ereignis E, das Element der Potenzmenge ist.

Die σ-Algebra ist also abgeschlossen gegenüber dem Komplement und der unendlichen mengentheoretischen Vereinigung. Mengengebilde, die diese Bedingungen nicht erfüllen, sind keine σ-Algebren.

Beispiele: Das System von Mengen S_1, das die Mengen $\emptyset$, {1, 2, 3, 4}, {4, 5, 6}, {1, 2, 3, 4, 5, 6} als Elemente enthält, ist keine σ-Algebra, da die Bedingungen (2) und (3) nicht erfüllt werden. So ist das Komplement der Menge {1, 2, 3, 4} die Menge {5, 6}, die nicht als Element von S_1 angegeben war. Auch {1, 2, 3} als Komplement von {4, 5, 6} ist nicht Element von S_1. Die Vereinigung von {5, 6} mit {1, 2, 3}, also {1, 2, 3, 5, 6} ist ebensowenig Element von S_1 wie deren Komplement {4}.
Das System von Mengen S_2, das die Mengen $\emptyset$, {1, 3, 5}, {2, 4, 6} sowie {1, 2, 3, 4, 5, 6} enthält, ist eine σ-Algebra, da die Bedingungen (1) bis (3) erfüllt sind.

Wie wir bereits in den Beispielen gesehen haben, folgt aus den Bedingungen (1) und (2)

$$\emptyset \in S,$$

d.h. das unmögliche Ereignis ist Element der σ-Algebra S.

Weiter folgt aus den Bedingungen (2) und (3)

(3') Aus $A_i \in S$, $i = 1, 2, \ldots$ folgt $\bigcap_{i=1}^{\infty} A_i \in S$,

d.h. eine σ-Algebra S ist auch abgeschlossen gegenüber dem (unendlichen) mengentheoretischen Durchschnitt. Wie wir in Abschnitt 6.1. gesehen haben, gilt $\overline{A \cap B} = \overline{A} \cup \overline{B}$, woraus durch weitere Komplementbildung folgt $A \cap B = \overline{\overline{A} \cup \overline{B}}$ (denn das Komplement eines Komplements ist wieder die ursprüngliche Menge). Dies läßt sich erweitern zu

$$\bigcap_{i=1}^{\infty} A_i = \overline{\bigcup_{i=1}^{\infty} \overline{A_i}}$$

Die Operation des Durchschnitts läßt sich also erklären durch die Operationen Vereinigung und Komplement (Der unendliche mengentheoretische Durchschnitt der Teilmengen A_i ist also identisch mit dem Komplement der unendlichen Vereinigungen der Komplemente der Teilmengen A_i). Somit konnte in der Definition der σ-Algebra auf die Bedingung (3') verzichtet werden.

Aus Bedingung (2) und (3') folgt

(3") Aus A_1, $A_2 \in S$ folgt $A_1 - A_2 \in S$,

d.h. eine σ-Algebra ist auch abgeschlossen gegenüber der mengentheoretischen Differenz. Wir können ja für die Differenz $A_1 - A_2$ schreiben (siehe Abschnitt 6.1)

$$A_1 - A_2 = A_1 \cap \bar{A}_2 .$$

Die Operation der mengentheoretischen Differenz läßt sich also erklären durch die Operationen Durchschnitt und Komplement. Somit konnte in der Definition der σ-Algebra auch auf die Bedingung (3") verzichtet werden.

Man bezeichnet einen Raum Ω, auf dem eine σ-Algebra S definiert ist, als <u>meßbaren Raum</u> (Ω, S).

Somit ist ein Ereignisraum E, auf dem die Potenzmenge $\mathfrak{P}(E)$ definiert ist, ein meßbarer Raum. Zur Bestimmung der Potenzmenge verwendet man zweckmäßigerweise die Definition der σ-Algebra mit den dort formulierten Bedingungen bzw. zusätzlich (wenn leichter bestimmbar) den Bedingungen (3') und (3").

6.4. Die Bestimmung von Wahrscheinlichkeiten

Wir wollen uns nun mit der Wahrscheinlichkeit befassen, mit der bestimmte Ereignisse eintreten. Hierbei ist der Begriff der Wahrscheinlichkeit zu präzisieren, von dem bereits in der Alltagssprache ausgiebig Gebrauch gemacht wird(So ist öfters die Rede von unwahrscheinlichen Vorkommnissen, wie wahrscheinlich es ist, daß in der letzten Spielminute eines Fußballspiels noch ein Tor fällt usw.). Im Grunde können Wahrscheinlichkeiten auf drei verschiedene Arten bestimmt werden:

6.4.1. Die empirische Bestimmung von Wahrscheinlichkeiten

In empirischen Situationen (Versuchen, Erhebungen) mißt man mit der relativen Häufigkeit, mit der sich ein bestimmtes Ereignis(Versuchsausgang, Modalität eines Merkmals) realisiert, die Wahrscheinlichkeit für das Eintreten eines solchen Ereignisses. Somit hat man mit dem Verhältnis

$$\frac{\text{Anzahl der Versuche, in denen das Ereignis eintrat}}{\text{Anzahl der durchgeführten Versuche}}$$

eine Meßgröße für die Wahrscheinlichkeit dieses Ereignisses. Derart geschätzte Wahrscheinlichkeiten, deren numerischer Wert natürlich von den Versuchsbedingungen bzw. den konkreten Umständen der Erhebung beeinflußt ist, werden auch als objektive a-posteriori-Wahrscheinlichkeiten bezeichnet, da sie erst nach dem Versuch bzw. nach der Erhebung berechnet werden können und die Feststellung der Häufigkeiten objektiven Kriterien (Nachprüfbarkeit, Wiederholbarkeit) entspricht.

Beispiel: In 1000 Würfen mit einem Würfel habe man festgestellt, daß in 493 Fällen das Ergebnis eine gerade Augenzahl war. Man kann daher für diesen Würfel die Wahrscheinlichkeit für das Ereignis "Die Augenzahl ist gerade" mit 0,493 angeben.

6.4.2. Die logische Bestimmung von Wahrscheinlichkeiten

Im Gegensatz zur empirischen Bestimmung läßt sich die Wahrscheinlichkeit in bestimmten Situationen ohne Versuch bzw. Erhebung allein aufgrund logischer Überlegungen bestimmen. So kann man ein Ereignis konkurrierenden Ereignissen (im einfachsten Fall dem komplementären Ereignis) gegenüberstellen und - mangels besserer Kenntnis - jedem Ereignis gleiche Chancen zumessen. Nach dem Prinzip vom unzureichenden Grund, das von Pierre-Simon de Laplace formuliert wurde (man hat dann keinen zureichenden Grund, dem Ereignis z.B. eine größere Chance zuzumessen) ist die Wahrscheinlichkeit für das Eintreten eines bestimmten Ereignisses zu berechnen mit dem Verhältnis

$$\frac{\text{Anzahl der für das Ereignis günstigen Fälle}}{\text{Anzahl der gleichmöglichen Fälle}} .$$

Beispiel: Wirft man erstmals mit einem Würfel, so wird man die Wahrscheinlichkeit für das Eintreten des Ereignisses "Die Augenzahl ist gerade" mit 3/6 = 1/2 angeben, da von 6 gleichmöglichen Fällen 3 für das Ereignis günstig sind, nämlich die Augenzahlen 2, 4 und 6, denen man (mangels genauerer Kenntnis des Würfels) gleiche Chancen (je 1/6) zubilligen wird.

Die so ermittelten Wahrscheinlichkeiten nennt man auch objektive a-priori-Wahrscheinlichkeiten, da sie nach objektiven Kriterien bestimmt werden, bevor ein Versuch, bzw. eine Erhebung durchgeführt werden.

6.4.3. Die subjektive Bestimmung von Wahrscheinlichkeiten

Eine Gruppe von Wahrscheinlichkeitstheoretikern hat sich dafür ausgesprochen (zum Teil im Hinblick auf Anwendungen der statistischen Entscheidungstheorie), Wahrscheinlichkeiten auf subjektiver Basis zu bestimmen. Während ein Teil dieser Subjektivisten es vorzieht, die Wahrscheinlichkeiten direkt aufgrund eigener Ansichten und Einsichten zu bestimmen (Morgen wird es mit Wahrscheinlichkeit 0,75 regnen), gewinnen andere Subjektivisten die Wahrscheinlichkeiten indirekt über Wetten (Wenn ich eine Wette, daß beim einmaligen Werfen eines Würfels eine gerade Augenzahl beobachtet wird, bei gleichem Wetteinsatz einer Wette, daß es morgen regnen wird, vorziehe, ist für mich die Wahrscheinlichkeit, daß es morgen regnet, kleiner als 1/2. Durch weitere hypothetische Wetten läßt sich dann der Bereich der subjektiven Wahrscheinlichkeit, daß es morgen regnet, eingrenzen). Die Bemühungen der Subjektivisten, ihren Gewinnungsprozeß der Wahrscheinlichkeit zu methodisieren und mathematisch zu formalisieren, haben durchaus einigen Reiz, zumal wissenschaftliche Kontroversen belegen, daß die Ansichten über eine Forschung, die objektiven Kriterien zu unterwerfen ist, öfters auseinandergehen. Gleichwohl haben die Vertreter der subjektivistischen Schule bislang in der Praxis wenig Eindruck hinterlassen.

6.5. Die Axiomatik der Wahrscheinlichkeit von Kolmogoroff

Kolmogoroff [1933] hat ein Axiomensystem der Wahrscheinlichkeit entwickelt, mit dem die Wahrscheinlichkeit lediglich mittels dreier Eigenschaften definiert werden kann.

Definition: Eine auf einem meßbaren Raum (Ω, S) definierte reellwertige Funktion

$$P : S \rightarrow \mathbb{R}$$

heißt Wahrscheinlichkeit, wenn folgende Axiome zutreffen:

Axiom 1: $0 \leq P(A) \leq 1$ für jedes Ereignis $A \in S$,

Axiom 2: $P(\Omega) = 1$ und

Axiom 3: Für alle Ereignisse $A_i \in S$, $i=1, 2, \ldots$ mit $A_i \cap A_j = \emptyset$, $i,j=1, 2, \ldots$ für $i \neq j$ gilt

$$P(A_1 \cup A_2 \cup \ldots) = P(A_1) + P(A_2) + \ldots .$$

Dieses Axiomensystem können wir auf unseren Ereignisraum E mit Potenzmenge $\mathfrak{P}(E)$ übertragen (dem Raum Ω entspricht der Ereignisraum E, der σ-Algebra S entspricht die Potenzmenge $\mathfrak{P}(E)$.). Die Axiome können dann wie folgt interpretiert werden:

Nach Axiom 1 kann jedem Ereignis A eine reellwertige Zahl aus dem Intervall [0, 1] zugeordnet werden (seine Wahrscheinlichkeit).

Nach Axiom 2 ist dem sicheren Ereignis die Zahl 1 zuzuordnen (das sichere Ereignis tritt mit Wahrscheinlichkeit 1 ein). Nach Axiom 3 gilt für paarweise disjunkte Ereignisse unserer Potenzmenge $\mathfrak{P}(E)$, daß die Wahrscheinlichkeit ihrer mengentheoretischen Vereinigung gleich der Summe ihrer Wahrscheinlichkeiten ist.

Beispiel: Ein Würfel werde einmal geworfen. Dem Ereignis "Augenzahl 5" wird die Wahrscheinlichkeit P("Augenzahl 5") = 1/6 zugeordnet. Dem sicheren Ereignis "Augenzahl 1, 2, 3, 4, 5 oder 6" wird die Wahrscheinlichkeit P("Augenzahl 1, 2, 3, 4, 5 oder 6") = 1 zugeordnet. Dem Ereignis "Augenzahl 2 oder 5" wird die Wahrscheinlichkeit
P("Augenzahl 2" ∪ "Augenzahl 5") = P("Augenzahl 2") + P("Augenzahl 5")
$= \frac{1}{6} + \frac{1}{6} = \frac{1}{3}$ zugeordnet.

Aus den drei Axiomen lassen sich einige Folgerungen ziehen.

Folgerung 1: $P(\bar{A}) = 1 - P(A)$ für ein Ereignis A, das Element der σ-Algebra S ist.

Beweis: Für ein Ereignis A und sein Komplement $\bar{A}$ gilt $A \cap \bar{A} = \emptyset$, so daß es sich um paarweise disjunkte Mengen handelt, die im Axiom 3 vorausgesetzt werden. Da Ereignis A und Komplement $\bar{A}$ den Ereignisraum ausfüllen, $A \cup \bar{A} = E$, desweiteren die Wahrscheinlichkeit des sicheren Ereignisses 1 ist, P(E) = 1, gilt $P(A \cup \bar{A}) = 1$. Nun folgt aber nach dem Axiom 3

$$P(A \cup \bar{A}) = P(A) + P(\bar{A}),$$

so daß auch

$$P(A) + P(\bar{A}) = 1.$$

Mit der Auflösung dieser Gleichung nach P(A) ist die Folgerung 1 bewiesen.

Folgerung 2: $P(\emptyset) = 0$.

Beweis: Das Komplement der leeren Menge $\emptyset$ (des unmöglichen Ereignisses) ist der Ereignisraum E (das sichere Ereignis), so daß nach Folgerung 1 und Axiom 2 gilt

$$P(\emptyset) = 1 - P(E) = 1 - 1 = 0.$$

<u>Folgerung 3:</u> Für zwei nicht notwendigerweise disjunkte Ereignisse A_1 und A_2 gilt

$$P(A_1 - A_2) = P(A_1) - P(A_1 \cap A_2).$$

<u>Beweis:</u> Die Menge A_1 läßt sich in die disjunkten Mengen $A_1 - A_2$ (Differenz) und $A_1 \cap A_2$ (Durchschnitt) zerlegen, d.h. es gilt $(A_1 - A_2) \cap (A_1 \cap A_2) = \emptyset$ (Man veranschauliche sich das mit Fig. 6.8. und Fig. 6.3. für eine Zerlegung der Menge A).
Da die Differenz $A_1 - A_2$ und der Durchschnitt $A_1 \cap A_2$ die Menge A_1 ganz ausfüllen, gilt $(A_1 - A_2) \cup (A_1 \cap A_2) = A_1$ (Dies gilt trivialerweise auch für zwei disjunkte Ereignisse A_1 und A_2).
Nach Axiom 3 erhalten wir dann

$$P(A_1) = P(A_1 - A_2) + P(A_1 \cap A_2),$$

was, nach $P(A_1 - A_2)$ aufgelöst, die Folgerung 3 beweist.

<u>Folgerung 4:</u> Für zwei nicht notwendigerweise disjunkte Ereignisse A_1 und A_2 gilt

$$P(A_1 \cup A_2) = P(A_1) + P(A_2) - P(A_1 \cap A_2).$$

<u>Beweis:</u> Die Vereinigung $A_1 \cup A_2$ läßt sich in die disjunkten Mengen A_2 und $A_1 - A_2$ zerlegen, es gilt also: $A_2 \cap (A_1 - A_2) = \emptyset$ sowie $A_2 \cup (A_1 - A_2) = A_1 \cup A_2$ (Man veranschauliche sich das mit Fig. 6.8. für die Zerlegung der Vereinigung der Mengen A und B). Dann erhalten wir mit Axiom 3

$$P(A_1 \cup A_2) = P(A_2) + P(A_1 - A_2).$$

Nun ersetzen wir $P(A_1 - A_2)$ aufgrund Folgerung 3 durch $P(A_1) - P(A_1 \cap A_2)$ und erhalten

$$P(A_1 \cup A_2) = P(A_2) + P(A_1) - P(A_1 \cap A_2),$$

womit Folgerung 4 bewiesen ist.

Sind A_1 und A_2 disjunkt, gilt also $P(A_1 \cap A_2) = 0$, so kommen wir mit Folgerung 4 zum gleichen Ergebnis wie mit Axiom 3.

Durch die Wahrscheinlichkeit P erhalten wir aus einem meßbaren Raum (Ω, S) einen Wahrscheinlichkeitsraum:

Definition: Ein Wahrscheinlichkeitsraum ist ein Tripel (Ω, S, P), wobei die Wahrscheinlichkeit auf der σ-Algebra S definiert ist.

Beispiel: Für den einmaligen Würfelwurf ist der Raum Ω der Ereignisraum $E = \{1, 2, 3, 4, 5, 6\}$, auf dem die mit den Elementarereignissen $\{1\}, \ldots, \{6\}$ gebildete σ-Algebra $\mathfrak{P}(E)$, die 64 Ereignisse enthält, definiert ist. Die Wahrscheinlichkeit P, die auf dieser σ-Algebra definiert ist, lautet $P(j) = \frac{1}{6}$ für $j = 1, 2, \ldots, 6$, d.h. jeder der Zahlen von 1 bis 6, die ein Ereignis involviert, wird eine Wahrscheinlichkeit von $\frac{1}{6}$ zugerechnet. Die Wahrscheinlichkeit etwa für das Ereignis $A = \{1, 3, 5, 6\}$ ist dann $\frac{4}{6} = \frac{2}{3}$.

6.6. Bedingte Wahrscheinlichkeiten

Wie geht man vor, wenn man Abhängigkeiten zwischen den Ereignissen kennt? Hierzu betrachten wir für den einmaligen Würfelwurf die Ereignisse $A = \{3\}$ und $B = \{1, 3, 5\}$ des aus den Elementarereignissen $\{1\}, \{2\}, \{3\}, \{4\}, \{5\}$ und $\{6\}$ gebildeten Ereignisraumes $E = \{1, 2, 3, 4, 5, 6\}$. In diesem Ereignisraum E beträgt die Wahrscheinlichkeit für das Eintreten des Ereignisses A, wie wir wissen, $P(A) = \frac{1}{6}$. Wie verändert sich nun die Wahrscheinlichkeit für die Augenzahl 3, wenn man erfährt, daß die gewürfelte Zahl ungerade ist? Durch diese Information wird der ursprüngliche Ereignisraum E eingeschränkt auf einen kleineren Ereignisraum, der mit der Menge B übereinstimmt.

Wir bezeichnen nun mit $A|B$ das bedingte Ereignis, daß das Ereignis A eintritt, wenn die Bedingung erfüllt ist, daß zuvor das Ereignis B beobachtet wurde. In unserem Würfelwurfbeispiel ist die Wahrscheinlichkeit für dieses bedingte Ereignis, also $P(A|B) = \frac{1}{3}$, denn die Augenzahl 3 ist eine von drei ungeraden Augenzahlen, die nach unserer Information zur Verfügung stehen. Formal haben wir hierbei auf unserem neuen Ereignisraum B die Wahrscheinlichkeit $P_B(j) = \frac{1}{3}$ für $j = 1, 3, 5$ definiert. Wir können die Wahrscheinlichkeit für das bedingte Ereignis aber auch auf dem Ereignisraum E definieren. Dazu müssen wir die Wahrscheinlichkeit für das gemeinsame Auftreten von A und B normieren mit der Wahrscheinlichkeit der Bedingung B.

Definition: Für die bedingte Wahrscheinlichkeit $P(A|B)$ gilt

(6.5) $$P(A|B) = \frac{P(A \cap B)}{P(B)} \quad \text{mit } P(B) > 0.$$

In unserem Beispiel ist $P(A \cap B) = P(A)$, da $A \subset B$. Normiert man $P(A) = \frac{1}{6}$ mit $P(B) = \frac{3}{6} = \frac{1}{2}$, so erhält man wieder $P(A|B) = \frac{1}{3}$. Durch die Kenntnis der Bedingung B verdoppelt sich also die Wahrscheinlichkeit für das Ereignis A von $\frac{1}{6}$ auf $\frac{1}{3}$. Die Information B hat die Anzahl der gleichmöglichen Augenzahlen auf die Hälfte reduziert.

Wir betrachten an einem weiteren Beispiel den Fall, daß sich die den Ereignissen A und B entsprechenden Mengen überlappen, das Ereignis B also nicht immer vorliegt, wenn Ereignis A eintritt.

Beispiel: In einem Skatspiel bezeichne A das Ereignis, daß ein As gezogen wird, während B das Ereignis bezeichnet, wenn eine Herzkarte gezogen wird. Wie groß ist dann die Wahrscheinlichkeit, ein As zu ziehen, wenn man erfährt, daß die gezogene Karte eine Herzkarte ist(deren Wert man nicht wissen durfte)? Ohne diese Information ist die Wahrscheinlichkeit für das Ziehen der Herz As $P(A \cap B) = \frac{1}{32}$. Mit dieser Information (daß die gezogene Karte eine Herzkarte ist) erhöht sich die Wahrscheinlichkeit für das Ziehen der Herz As auf $P(A|B) = \frac{1}{8}$. Die ursprüngliche Wahrscheinlichkeit für das Ziehen der Herz As beträgt nur $\frac{1}{4}$ der Wahrscheinlichkeit für das Ziehen der Herz As, wenn man die Bedingung B kennt. Setzen wir also in die Definition der bedingten Wahrscheinlichkeit ein, so erhalten wir in diesem Beispiel

$$P(A|B) = \frac{\frac{1}{32}}{\frac{8}{32}} = \frac{1}{8},$$

da mit der Wahrscheinlichkeit der Bedingung $P(B) = \frac{8}{32} = \frac{1}{4}$ zu normieren ist.

Auch für die bedingte Wahrscheinlichkeit gilt die Axiomatik von Kolmogoroff. Damit ist der Wahrscheinlichkeitsraum der bedingten Wahrscheinlichkeit $P(A|B)$ das Tripel $(B, \wp(B), P_B)$, wobei B der Ereignisraum ist, auf dem die Potenzmenge $\wp(B)$ als σ-Algebra definiert ist, für deren Mengen (Ereignisse) sich Wahrscheinlichkeiten angeben lassen. So ist die Menge $A \cap B$ Teilmenge des Ereignisraums B und damit Element der σ-Algebra $\wp(B)$ und ihre Wahrscheinlichkeit ist gegeben durch

$$P_B(A) = \frac{P(A \cap B)}{P(B)} = P(A|B),$$

d.h. man betrachtet nur den Teil von A, der im Ereignisraum B liegt.

Aus der Definition der bedingten Wahrscheinlichkeit $P(A|B)$ erhält man durch Multiplikation beider Seiten der Gleichung mit $P(B)$

(6.6) $$P(A \cap B) = P(A|B) \cdot P(B) \; .$$

Vertauscht man in dem Ereignisraum E die Ereignisse A und B derart, daß nun das Ereignis A den Status der Bedingung annimmt, so ist die Wahrscheinlichkeit für das bedingte Ereignis $B|A$ entsprechend zu definieren als

(6.7) $$P(B|A) = \frac{P(A \cap B)}{P(A)} \quad \text{mit } P(A) > 0.$$

Die Wahrscheinlichkeit des gemeinsamen Ereignisses $A \cap B$ ist somit mit der Wahrscheinlichkeit der Bedingung A zu dividieren. Durch Multiplikation beider Seiten dieser Gleichung mit $P(A)$ erhalten wir dann

(6.8) $$P(A \cap B) = P(B|A) \cdot P(A) \; .$$

Wie zuvor für B gezeigt, läßt sich diesmal auch die Bedingung A als neuer Ereignisraum mit σ-Algebra $\wp(A)$ und Wahrscheinlichkeit P_A betrachten mit Wahrscheinlichkeitsraum $(A, \wp(A), P_A)$, wobei $P_A(B) = P(B|A)$.

6.7. Unabhängige Ereignisse

Definition: Ein Ereignis A ist unabhängig vom Ereignis B, wenn die (unbedingte) Wahrscheinlichkeit für das Ereignis A, P(A), übereinstimmt mit der bedingten Wahrscheinlichkeit P(A|B), wenn also gilt

(6.9) $$P(A) = P(A|B).$$

Setzt man (6.5) in (6.9) ein, so gilt (nur bei Unabhängigkeit der beiden Ereignisse A und B)

(6.10) $$P(A) = \frac{P(A \cap B)}{P(B)}.$$

Multiplizieren wir beide Seiten von (6.10) mit P(B), so erhalten wir eine zu (6.9) äquivalente Bedingung für die Unabhängigkeit der beiden Ereignisse A und B:

(6.11) $$P(A \cap B) = P(A) \cdot P(B).$$

Vergleicht man (6.11) mit (6.8), so erhält man eine weitere zu (6.9) und (6.11) äquivalente Bedingung für die Unabhängigkeit der beiden Ereignisse A und B:

(6.12) $$P(B) = P(B|A).$$

Beispiel: Mit einem "idealen" Würfel (für den jede der Augenzahlen von 1 bis 6 die gleiche Chance hat, sich zu realisieren), der zweimal geworfen wird, ist das Ereignis A "Augenzahl 4 beim ersten Wurf" unabhängig vom Ereignis B "Augenzahl 5 beim zweiten Wurf". Wir betrachten hierzu den zweidimensionalen Ereignisraum E × E in Fig. 6.10., der aus 36 Elementar-

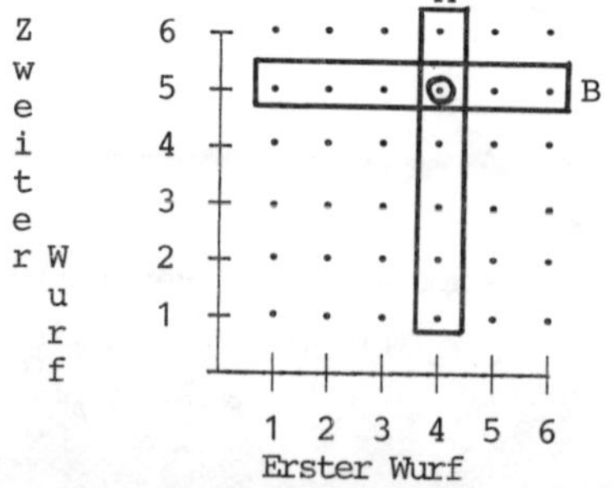

Fig. 6.10. Zweidimensionaler Ereignisraum (Würfelwurf)

ereignissen (Punkten) besteht. 6 dieser Elementarereignisse sind günstig für das Ereignis A, nämlich alle Paare mit der Augenzahl 4 für den ersten Wurf: (4, 1), (4, 2), (4, 3), (4, 4), (4, 5) und (4, 6). Damit erhalten wir als Wahrscheinlichkeit für das Ereignis A

$$P(A) = \frac{6}{36} = \frac{1}{6} \, .$$

Ebenfalls 6 der 36 Elementarereignisse sind günstig für das Ereignis B, nämlich alle Paare mit der Augenzahl 5 für den zweiten Wurf: (1, 5), (2, 5), (3, 5), (4, 5), (5, 5) und (6, 5). Damit erhalten wir als Wahrscheinlichkeit für das Ereignis B

$$P(B) = \frac{6}{36} = \frac{1}{6} \, .$$

Für das Ereignis $A \cap B$, nämlich Augenzahl 4 im ersten Wurf und Augenzahl 5 im zweiten Wurf ist von 36 Elementarereignissen nur eines günstig, nämlich das Paar (4, 5). Damit erhalten wir als Wahrscheinlichkeit für das Ereignis $A \cap B$ (das in Fig. 6.10 eingekreist wurde)

$$P(A \cap B) = \frac{1}{36} \, .$$

Setzt man diese Wahrscheinlichkeiten in Gleichung (6.11) ein, so wird die behauptete Unabhängigkeit der Ereignisse A und B bestätigt, da $\frac{1}{36} = \frac{1}{6} \cdot \frac{1}{6}$, also die Wahrscheinlichkeit des gemeinsamen Ereignisses als Produkt der (unbedingten) Wahrscheinlichkeiten der individuellen Ereignisse darstellbar ist.

Wäre der Würfel nicht ideal, z.B. in der Weise, daß im zweiten Wurf sich stets die gleiche Augenzahl realisieren würde wie im ersten Wurf (wobei im ersten Wurf die Augenzahlen von 1 bis 6 gleiche Chancen hätten), so blieben zwar $P(A) = \frac{1}{6}$ und $P(B) = \frac{1}{6}$ erhalten, das Ereignis $A \cap B$ wäre jedoch ein unmögliches Ereignis mit Wahrscheinlichkeit 0, da in diesem Mechanismus aus einer 4 im ersten Wurf stets auch eine 4 im zweiten Wurf resultieren würde. Da in diesem Fall die Gleichung (6.11) nicht erfüllt ist, liegt Abhängigkeit der Ereignisse A und B vor.

6.8. Gemeinsame und marginale Wahrscheinlichkeiten

Definition: Die Wahrscheinlichkeit für das gemeinsame Auftreten der Ereignisse A und B bezeichnen wir als gemeinsame Wahrscheinlichkeit $P(A \cap B)$ der Ereignisse A und B.

Diese gemeinsame Wahrscheinlichkeit wurde bereits in der Gleichung (6.6) für abhängige und in der Gleichung (6.11) für unabhängige Ereignisse A und B bestimmt.

Wir wollen nun das gleichzeitige Auftreten der Modalitäten zweier Merkmale betrachten. Sei A_i, i=1, ..., r, die i-te Modalität eines Merkmals A und sei B_j, j=1, ..., s, die j-te Modalität eines Merkmals B, so bezeichnen wir mit der gemeinsamen Wahrscheinlichkeit $p_{ij} = P(A_i \cap B_j)$ die Wahrscheinlichkeit des gemeinsamen Auftretens der Modalitäten A_i und B_j.

Beispiel: Ein "idealer" Würfel werde zweimal geworfen. A_i=i, i=1,..., 6 bezeichne die Augenzahl des ersten Wurfes, B_j=j, j=1,..., 6 bezeichne die Augenzahl des zweiten Wurfes. Dann gilt für die gemeinsamen Wahrscheinlichkeiten

$P(A_i \cap B_j) = p_{ij} = \frac{1}{36}$ für i,j=1,..., 6.

Wenn sichergestellt ist, daß jede erfaßte Einheit einer Untersuchung nur eine Modalität eines Merkmals erfüllen kann (und nicht mehrere Modalitäten desselben Merkmals), ergibt die Summe der gemeinsamen Wahrscheinlichkeiten aller Modalitätenpaare zweier Merkmale den Wert 1, d.h. es gilt

$$(6.13) \quad \sum_{i=1}^{r} \sum_{j=1}^{s} P(A_i \cap B_j) = \sum_{i=1}^{r} \sum_{j=1}^{s} p_{ij} = 1 .$$

So ergibt im Beispiel des zweifachen Werfens eines "idealen" Würfels mit r=s=6 die Summe der 36 gemeinsamen Wahrscheinlichkeiten $p_{ij} = \frac{1}{36}$ den Wert 1. Auch für einen fehlerhaften Würfel muß im Falle des zweimaligen Werfens die Summe der 36 gemeinsamen Wahrscheinlichkeiten p_{ij} (die mehr oder weniger von $\frac{1}{36}$ abweichen und empirisch, d.h. durch längeres Würfeln ermittelt werden müssen) stets den Wert 1 ergeben. Dagegen wird in einer Fragebogenaktion, in der eine Frage(Merkmal) zugleich mehrere Antworten zuläßt(z.B. Mehrfachnennungen bei der Frage nach dem Beruf),bereits die Summe der Antwortenhäufigkeiten dieser Frage den Stichprobenumfang n überschreiten, so daß im Zusammenhang mit einer weiteren Frage(Merkmal) die Bildung gemeinsamer Wahrscheinlichkeiten wenig Sinn hat und (6.13) nicht gilt.

Die Bestimmung gemeinsamer Wahrscheinlichkeiten für die Modalitäten zweier Merkmale soll nun an einem praktischen Beispiel veranschaulicht werden. Mit den Angaben des Statistischen Jahrbuchs [1978] für die Bundesrepublik Deutschland wurde die Wohnbevölkerung der BRD am 31.12.1976 nach Altersgruppen und Ländern (Hauptwohnsitz) aufgegliedert (Tabelle 6.1).

Tabelle 6.1. Wohnbevölkerung der BRD am 31.12.1976 nach Altersgruppen und Ländern

(in 1000)

	unter 15 Jahren	15 bis unter 65 Jahren	65 Jahre und mehr	Insgesamt
Schleswig-Holstein	556	1 620	407	2 583
Hamburg	279	1 102	318	1 699
Niedersachsen	1 586	4 540	1 101	7 227
Bremen	135	457	118	710
Nordrhein-Westfalen	3 511	11 160	2 402	17 073
Hessen	1 095	3 610	833	5 538
Rheinland-Pfalz	765	2 340	544	3 649
Baden-Württemberg	1 969	5 911	1 239	9 119
Bayern	2 241	6 988	1 575	10 804
Saarland	219	719	151	1 089
Berlin (West)	308	1 199	444	1 951
Insgesamt	12 664	39 646	9 132	61 442

Quelle: Statistisches Jahrbuch [1978] für die Bundesrepublik Deutschland, S. 60.

Die gemeinsamen Wahrscheinlichkeiten p_{ij} erhalten wir, wenn wir alle im Innenteil der Tabelle 6.1 ausgewiesenen Realisationen jeweils durch die Gesamtzahl der Einheiten dividieren. So war nach Tabelle 6.1 für die BRD der Anteil der Wohnbevölkerung unter 15 Jahren mit Hauptwohnsitz in Baden-Württemberg am 31.12.1976 gleich $\frac{1\ 969\ 000}{61\ 442\ 000} \cong 3{,}2\%$, d.h. die gemeinsame Wahrscheinlichkeit, daß eine zu diesem Zeitpunkt zufällig aus der Wohnbevölkerung der Bundesrepublik Deutschland ausgewählte Person die beiden Merkmalsmodalitäten unter 15 Jahren und Wohnsitz in Baden-Württemberg zugleich erfüllte, war ungefähr gleich 3,2%.

Eine allgemeinere Tabellierung der Realisationen n_{ij} solcher Modalitätenpaare findet man im Innenteil der Tabelle 6.2 (n_{ij} bezeichnet also die Anzahl der untersuchten Einheiten, auf die beim 1. Merkmal die Modalität i und beim 2. Merkmal die Modalität j zutrifft, gibt somit die absolute Häufigkeit dieser Modalitätenpaare an) (vgl. auch Menges [1972], S. 100).

Tabelle 6.2. Gewinnung marginaler Wahrscheinlichkeiten aus den Realisationen n_{ij}

		Modalitäten von Merkmal 2 1 ... j ... s	$\sum_j$	marginale Wahrscheinlichkeiten (Merkmal 1)
Modalitäten von Merkmal 1	1	n_{11} ... n_{1j} ... n_{1s}	$n_{1.}$	$p_{1.} = n_{1.}/n$
	:	: : :	:	:
	i	n_{i1} ... n_{ij} ... n_{is}	$n_{i.}$	$p_{i.} = n_{i.}/n$
	:	: : :	:	:
	r	n_{r1} ... n_{rj} ... n_{rs}	$n_{r.}$	$p_{r.} = n_{r.}/n$
$\sum_i$		$n_{.1}$ ... $n_{.j}$ ... $n_{.s}$	n	
marginale Wahrscheinlichkeiten (Merkmal 2)		$p_{.1} = \frac{n_{.1}}{n}$ ... $p_{.j} = \frac{n_{.j}}{n}$ ... $p_{.s} = \frac{n_{.s}}{n}$		1

Zählt man alle Einheiten zusammen, auf die die 1. Modalität des 1. Merkmals zutrifft (im Beispiel: Schleswig-Holstein), so erhält man als deren Anzahl $n_{1.}$

$$n_{1.} = \sum_{j=1}^{s} n_{1j}$$

Allgemein erhält man die Anzahl der Einheiten, auf die die i-te Modalität des 1. Merkmals zutrifft, durch

$$n_{i.} = \sum_{j=1}^{s} n_{ij} \quad \text{für } i = 1, \ldots, r.$$

Zählt man alle Einheiten zusammen, auf die die 1. Modalität des 2. Merkmals zutrifft (im Beispiel: unter 15 Jahren), so erhält man $n_{.1}$

$$n_{.1} = \sum_{i=1}^{r} n_{i1}$$

Allgemein erhält man die Anzahl der Einheiten, auf die die j-te Modalität des 2. Merkmals zutrifft, durch

$$n_{.j} = \sum_{i=1}^{r} n_{ij} \quad \text{für } j = 1, \ldots, s.$$

Wenn wir die Doppelsumme über alle Modalitäten bilden, erhalten wir die Anzahl der untersuchten Einheiten:

$$\sum_{i=1}^{r} \sum_{j=1}^{s} n_{ij} = n$$

Die relativen Häufigkeiten der einzelnen Modalitäten, die wir am Rand der Tabelle aus den Summen berechnen können, indem wir diese Summen durch n dividieren, heißen Randwahrscheinlichkeiten oder marginale Wahrscheinlichkeiten. So ist $p_{1.} = n_{1.}/n$ die marginale Wahrscheinlichkeit der 1. Modalität des 1. Merkmals(Sie beträgt im Beispiel $\frac{2\,583\,000}{61\,442\,000} \cong 4{,}2\%$, d.h. die Wahrscheinlichkeit, daß eine zufällig aus der Wohnbevölkerung der BRD ausgewählte Person ihren Hauptwohnsitz am 31.12.1976 in Schleswig-Holstein hatte, war ungefähr gleich 4,2%. Man beachte, daß,durch die über alle Altersgruppen erfolgte Summierung,die marginale Wahrscheinlichkeit $p_{1.}$ nur noch eine Aussage über ein Merkmal, nämlich das Land, hier:Schleswig-Holstein, treffen kann. Die marginale Wahrscheinlichkeit hat also eine kleinere Dimension(hier: eindimensional) als die gemeinsame Wahrscheinlichkeit (hier: zweidimensional)). Entsprechend ist $p_{.3} = n_{.3}/n$ die marginale Wahrscheinlichkeit der 3. Modalität des 2. Merkmals(Sie beträgt im Beispiel $\frac{9\,132\,000}{61\,442\,000} \cong 14{,}9\%$, d.h. die Wahrscheinlichkeit, daß eine zufällig aus der Wohnbevölkerung der Bundesrepublik Deutschland ausgewählte Person am 31.12.1976 65 Jahre und älter war, belief sich auf ungefähr 14,9%).

6.9. Das Theorem von Bayes

Mit Hilfe des von Thomas Bayes(im Jahre 1763 posthum publiziert) formulierten Theorems können a-priori-Wahrscheinlichkeiten $P(A_i)$ von Ereignissen A_i , i=1,..., n, in a-posteriori-Wahrscheinlichkeiten $P(A_i|B)$ umgerechnet werden, in denen die in einer Beobachtung B enthaltene Information berücksichtigt werden kann.

Wir betrachten hierzu paarweise disjunkte Ereignisse $A_1, \ldots, A_n$, die einen Ereignisraum E ausfüllen, d.h. es gilt

$$A_i \subset E \,, \quad i=1, \ldots, n,$$

$$(6.14) \qquad \bigcup_{i=1}^{n} A_i = E \text{ und}$$

$$A_i \cap A_j = \emptyset \,, \quad i,j=1,\ldots,n \quad (i \neq j)$$

sowie ein weiteres Ereignis B mit $B \subset E$ und $B \neq \emptyset$ desselben Ereignisraums(siehe Fig. 6.10.). Dann gilt

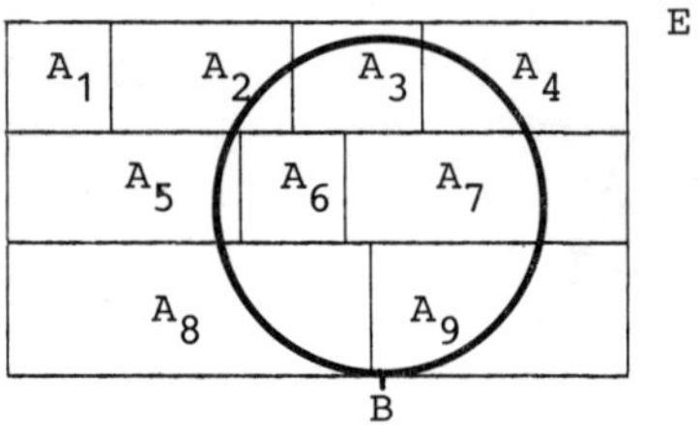

Fig. 6.10. Ereignisse $A_1, \ldots, A_9$ und B in Ereignisraum E

Satz(Bayes): Unter den Voraussetzungen (6.14) gilt für die durch B bedingte Wahrscheinlichkeit des Ereignisses A_i

$$(6.15) \qquad P(A_i|B) = \frac{P(B|A_i) \cdot P(A_i)}{\sum_{i=1}^{n} P(B|A_i) \cdot P(A_i)} \,, \qquad i=1, \ldots, n.$$

<u>Beweis:</u> Wegen (6.5) gilt für die durch B bedingte Wahrscheinlichkeit des Ereignisses A_i

$$(6.16) \qquad P(A_i|B) = \frac{P(A_i \cap B)}{P(B)}, \quad i=1,\ldots,n$$

und nach (6.8) können wir für $P(A_i \cap B)$ in (6.16) einsetzen

$$(6.17) \qquad P(A_i \cap B) = P(B|A_i) \cdot P(A_i), \quad i=1,\ldots,n$$

und erhalten dadurch

$$(6.18) \qquad P(A_i|B) = \frac{P(B|A_i) \cdot P(A_i)}{P(B)}, \quad i=1,\ldots,n$$

Es ist nun noch zu zeigen, daß der Nenner von (6.18) mit dem Nenner von (6.15) übereinstimmt. Da $B \subset E$, gilt wegen (6.14)

$$(6.19) \qquad B = E \cap B = (A_1 \cup A_2 \cup \ldots \cup A_n) \cap B$$
$$= (A_1 \cap B) \cup (A_2 \cap B) \cup \ldots \cup (A_n \cap B).$$

Die letzte Gleichheit veranschauliche man sich mit Fig. 6.10. (wobei n=9), wo man feststellt, daß B aus den Durchschnitten $A_i \cap B$ für i=1,...,9 erstellt werden kann, alle diese disjunkten Durchschnitte also B ausfüllen. Da somit die Voraussetzungen von Axiom 3 gegeben sind, gilt

$$(6.20) \qquad P(B) = P(A_1 \cap B) + P(A_2 \cap B) + \ldots + P(A_n \cap B).$$

Wir setzen nun (6.17) in (6.20) ein und erhalten

$$(6.21) \qquad P(B) = P(B|A_1) \cdot P(A_1) + P(B|A_2) \cdot P(A_2) + \ldots$$
$$+ P(B|A_n) \cdot P(A_n)$$
$$= \sum_{i=1}^{n} P(B|A_i) \cdot P(A_i),$$

womit die behauptete Übereinstimmung der Nenner von (6.15) und (6.18) bewiesen ist. (6.21) wird auch als <u>Satz von der totalen Wahrscheinlichkeit</u> bezeichnet.

Beispiel: Für drei Filialen eines Einzelhandelsunternehmens wurde festgestellt, daß in Filiale A Diebstähle in Höhe von 2% des Umsatzes, in Filiale B Diebstähle in Höhe von 3% des Umsatzes und in Filiale C Diebstähle in Höhe von 5% des Umsatzes stattfinden. Die Umsatzanteile betragen für Filiale A 50%, für Filiale B 40% und für Filiale C 10%. Mit welcher Wahrscheinlichkeit wird sich ein der Unternehmensleitung gemeldeter Diebstahl in Filiale C ereignet haben?
Nach dem Theorem von Bayes erhalten wir die bedingte Wahrscheinlichkeit $P(C|D)$, daß von einem Diebstahl D die Filiale C betroffen ist, durch

$$P(C|D) = \frac{P(D|C) \cdot P(C)}{P(D|A) \cdot P(A) + P(D|B) \cdot P(B) + P(D|C) \cdot P(C)}$$

(vgl. mit (6.15)). Das Einfügen der Angaben des Beispiels ergibt

$$P(C|D) = \frac{\frac{5}{100} \cdot \frac{10}{100}}{\frac{2}{100} \cdot \frac{50}{100} + \frac{3}{100} \cdot \frac{40}{100} + \frac{5}{100} \cdot \frac{10}{100}} = \frac{50}{100 + 120 + 50} = \frac{50}{270} \cong 18{,}5\%.$$

Der Nenner beziffert mit $\frac{270}{10\,000} = 2{,}7\%$ die Wahrscheinlichkeit $P(D)$ eines Diebstahls für das Einzelhandelsunternehmens, gemessen als Wert der Diebstähle bezogen auf den Umsatz in der Form eines gewogenen arithmetischen Mittels der entsprechenden Ziffern der Filialen (2%, 3% und 5%), die mit den Umsatzanteilen der Filialen (50%, 40% und 10%) gewichtet werden.
Wäre in allen Filialen der Wert der Diebstähle am Umsatz der Filiale identisch gewesen, d.h. $P(D|A) = P(D|B) = P(D|C)$, so hätten wir für $P(C|D)$ einen Wert von 10% erhalten (entsprechend dem Umsatzanteil der Filiale C).
Wären dagegen die Umsatzanteile der Filialen identisch gewesen, d.h. $P(A) = P(B) = P(C) = \frac{1}{3}$, so hätten wir für $P(C|D)$ einen Wert von 50% erhalten (man veranschauliche sich auch dies durch Einsetzen in die Formel des Theorems von Bayes).

Übungsaufgaben

6.1. Vier Studenten A, B, C, D und zwei Studentinnen E und F wählen eine Dreiergruppe, die ihre Interessen an der Universität vertreten soll, aus ihrer Mitte. Bestimmen Sie die folgenden Ereignisse:

X = {Die Studentinnen bilden die Mehrheit in der Dreiergruppe},

Y = {In der Dreiergruppe ist keine Studentin} und

Z = {In der Dreiergruppe ist kein Student}.

6.2. Beim einmaligen Werfen eines Würfels sei
X = {Augenzahl ist ungerade} und
Y = {Augenzahl ist kleiner als 3}.

Bestimmen Sie die Ereignisse $\overline{X}$, $\overline{Y}$, $X \cup Y$, $X \cap Y$, $\overline{X \cup Y}$, $\overline{X} \cup \overline{Y}$, $\overline{X \cap Y}$, $\overline{X} \cap \overline{Y}$, $X - Y$, $Y - X$, wobei der Querstrich das Komplement bezeichnet.

6.3. Bestimmen Sie den Ereignisraum für das einmalige Werfen eines Würfels. Wie lauten die Elementarereignisse? Wieviele Ereignisse lassen sich in diesem Ereignisraum bilden?

6.4. Bestimmen Sie den Ereignisraum und die Potenzmenge des einmaligen Werfens einer Münze mit den Elementarereignissen K = {Kopf liegt oben} und W = {Wappen liegt oben}.

6.5. $\overline{A}$ sei das zu A komplementäre Ereignis. Zeigen Sie, daß $P(\overline{A}) = 1 - P(A)$.

6.6. Ein fünfstelliges Zahlenschloß soll durch Probieren geöffnet werden. Wie verändert sich die Wahrscheinlichkeit, beim nächsten Probieren die richtige Zahlenkombination zu erhalten, wenn man die Information berücksichtigt, daß in der gegenwärtigen Zahlenkombination die drei letzten Ziffern richtig sind? Verwenden Sie die Definition der bedingten Wahrscheinlichkeit.

6.7. Eine Befragung in einer Schulklasse ergab: $\frac{1}{6}$ der Schüler spielte Fußball und Handball, $\frac{1}{3}$ nur Fußball, $\frac{1}{6}$ nur Handball und $\frac{1}{3}$ weder Fußball noch Handball. Sind in diesem Fall die Ereignisse {Fußball} und {Handball} unabhängig oder nicht?

6.8. Eine Stereokompaktanlage bestehe aus getrennt hergestellten Plattenspieler, Cassettengerät und Receiverteil. 1% der Plattenspieler, 2% der Cassettengeräte und 5% der Receiverteile weisen technische Mängel auf und werden ungeprüft zusammengebaut. Wie groß ist dann bei der Endprüfung die Wahrscheinlichkeit,
a) daß eine fehlerfreie Kompaktanlage hergestellt wurde,
b) daß genau eines der drei Teile der Kompaktanlage fehlerhaft ist,
c) daß mindestens zwei der drei Teile der Kompaktanlage fehlerhaft sind?

6.9. Berechnen Sie mit den Angaben von Tabelle 6.1. die Wahrscheinlichkeit, daß eine am 31.12.1976 zufällig aus der Wohnbevölkerung der Bundesrepublik Deutschland ausgewählte Person
a) ihren Hauptwohnsitz im Saarland hatte,
b) im Alter von 15 bis unter 65 Jahren war,
c) ihren Hauptwohnsitz im Saarland hatte und im Alter von 15 bis unter 65 Jahren war.

6.10. Richard, Bastian und Karl haben sich das Rasenmähen auf dem elterlichen Grundstück im Verhältnis 2:2:1 aufgeteilt. Während Karl jedesmal eine Blume mitmäht, schont Richard die Blumen an 9 von 10 Tagen und Bastian an 8 von 10 Tagen, wenn sie den Rasen mähen. Eines Tages bemerkt ihr Vater nach der Heimkehr von einer Dienstreise, daß eine seiner schönsten Blumen abgemäht wurde. Mit welcher Wahrscheinlichkeit könnte das Unglück (U) auf Karl zurückzuführen sein? Wie würde sich diese Wahrscheinlichkeit verändern, wenn der Vater nicht wüßte, in welchem Verhältnis sich die Söhne das Rasenmähen aufgeteilt haben?

Weiterführende Literatur

Oberhofer [1979]
Rutsch [1974]
Menges [1972]
Bamberg-Baur [1980]
Fisz [1973]
Rutsch-Schriever [1974]

7. Kapitel
Die Verteilung einer Zufallsvariablen

Im 2. Kapitel haben wir uns bereits mit der Stichprobenverteilung beschäftigt, die uns Informationen darüber vermittelt, wie eine ganz bestimmte Stichprobe ausgefallen ist. In diesem Kapitel setzen wir uns mit der Verteilung einer Grundgesamtheit auseinander. So können wir anstelle der Verteilung der Körpergröße in einer kleinen Stichprobe die Verteilung der Körpergröße in der Grundgesamtheit der Wohnbevölkerung der Bundesrepublik Deutschland (oder anderer Grundgesamtheiten) betrachten. Wie schon in der Stichprobe bemerkt, variiert das Merkmal Körpergröße beträchtlich von Einheit zu Einheit, so daß man von einer statistischen Variablen sprechen kann, deren tatsächliche Ausprägung mehr oder weniger Zufallseinflüssen ausgesetzt ist. Besondere Regelmäßigkeiten dieser Zufallseinflüsse lassen sich deutlicher in einer großen Grundgesamtheit verfolgen, wobei mit dem Konzept der Zufallsvariablen beachtliche theoretische Erkenntnisse gewonnen werden können, die in Form von Wahrscheinlichkeitsmodellen praktisch genutzt werden.

7.1. Zufallsvariablen

Zunächst läßt sich eine Zufallsvariable (englisch: random variable) umschreiben als eine Variable, die zufällig verschiedene Werte annehmen kann. Typisch für das Verständnis der Zufallsvariablen ist also ein Zufallsvorgang, dessen Resultat zuvor nicht mit Bestimmtheit vorhergesagt werden kann. Beispielsweise kann die Brenndauer einer Neonröhre, die genaue Ankunftszeit des Briefträgers, die Zahl der eine Brücke passierenden Fahrzeuge ebenso eine Zufallsvariable sein wie das Ausziehen bzw. Nichtausziehen von Gummistiefeln seitens meiner Kinder und ihrer Freunde beim Betreten unserer Wohnung, die Teilnahme bzw. Nichtteilnahme an einer Wahl, das Eintreten bzw. Nichteintreten von Katastrophen(Sturmfluten, Erdbeben, Vulkanausbrüche, Lawinen usw.). Aus dieser Sicht ist es schwieriger, im empirischen Bereich deterministische Situationen (Aus A folgt B mit Sicherheit) zu finden, als praktische Situationen als Zufallsvorgänge aufzufassen.

Kennt man die Wahrscheinlichkeiten für die möglichen Ergebnisse eines solchen Zufallsvorgangs, so lassen sich brauchbare statistische Aussagen treffen. Die formale Behandlung von Zufallsvorgängen wird erleichtert (insbesondere beim Vergleich mit anderen Zufallsvorgängen), wenn die möglichen Ergebnisse quantifiziert werden, ihnen also bestimmte Zahlenwerte zugeordnet werden können. So läßt sich etwa dem qualitativen Ergebnis, daß in einem bestimmten Gebiet in einem bestimmten Zeitraum sich ein Erdbeben ereignet, der Zahlenwert 1 zuordnen und dem Nichteintreten eines solchen Erdbebens der Zahlenwert 0 zuordnen. Hierbei sind genaue Abgrenzungen erforderlich(Was ist ein Erdbeben, was ist noch nicht als Erdbeben zu werten?), wie dies auch bei einer feineren Skalierung(Richter-Skala) geschieht.

Wir knüpfen nun an die im vorhergehenden Kapitel entwickelten Begriffe an und bezeichnen den Ereignisraum unseres Zufallsvorgangs mit E, wobei die Ergebnisse des Zufallsvorgangs als Ereignisse zu verstehen sind.

Definition: Eine Zufallsvariable X ist eine Funktion, die den Ereignisraum E in die Menge $\mathbb{R}$ der reellen Zahlen abbildet:

$$X : E \longrightarrow \mathbb{R}$$

Existiert die inverse Abbildung

$$X^{-1} : \mathbb{R} \longrightarrow E,$$

so lassen sich für beliebige Intervalle der reellen Zahlenachse die zugehörigen Ereignisse des Ereignisraums bestimmen.

Wir bemerken, daß die Zufallsvariable X alle Elemente e des Ereignisraums E in die Menge der reellen Zahlen abbildet, wofür wir schreiben können:

Für $e \in E$ gilt $X(e) = x$ mit $x \in \mathbb{R}$.

e ist also das Urbild und die Realisation x ist das Bild dieser Funktion(die genauere Bezeichnung Zufallsfunktion für Zufallsvariable hat sich nicht im Sprachgebrauch durchgesetzt). Als Funktion ist die Zufallsvariable eine eindeutige Abbildung, d.h. zu jedem Element e des Ereignisraums existiert nur eine Realisation x. Existiert die inverse Abbildung X^{-1}, so ist die Abbildung eineindeutig, d.h. dann läßt sich auch eine beliebige Realisation x auf ein einziges Element e des Ereignisraums zurückführen. Man beachte, daß eine eindeutige Abbildung nicht ausschließt, daß verschiedene Elemente des Ereignisraums(als Urbildbereich) die gleiche Realisation x im Bildbereich der reellen Zahlen besitzen können.

Beispiel: Es wird folgendes Spiel angeboten: Eine Münze wird zweimal geworfen. Liegt "Kopf" oben, erhält man jedesmal 1,- DM, liegt dagegen "Wappen" oben, so muß man jedesmal 1,- DM zahlen. Von den vier Möglichkeiten

1. Wurf	2. Wurf	
K	K	$\longmapsto 2$
K	W	$\longmapsto 0$
W	K	$\longmapsto 0$
W	W	$\longmapsto -2$

lassen sich hinsichtlich der Zahlung die beiden Möglichkeiten K,W und W,K nicht unterscheiden, so daß es sich hier um eine eindeutige Abbildung handelt, die jedem Ereignis des zweidimensionalen Ereignisraums eine reelle Zahl zuordnet. Die inverse Abbildung der Menge der reellen Zahlen in den zweidimensionalen Ereignisraum ist hier also für die Zahl 0 nicht eindeutig.

Beispiel: Bezahlt man einen Spieleinsatz von 7,- DM, so darf man an folgendem Spiel teilnehmen: Ein Würfel wird einmal geworfen und man erhält als Auszahlung das Doppelte der gewürfelten Augenzahl in DM. Die Zufallsvariable X bildet hierbei die Augenzahlen des Ereignisraums eineindeutig in die Menge der reellen Zahlen ab. So kann aus einer reellen Zahl(z.B. der Zahl 10) auf das zugehörige Element des Ereignisraums(die Augenzahl 5) zurückgeschlossen werden.

Jedem Elementarereignis unseres Ereignisraums wird also in diesem Beispiel eine Realisation (Auszahlung) zugewiesen und umgekehrt:

Augenzahl		Auszahlung (DM)
1	$\longmapsto$	2
2	$\longmapsto$	4
3	$\longmapsto$	6
4	$\longmapsto$	8
5	$\longmapsto$	10
6	$\longmapsto$	12

Mit der Information, daß zwischen 8 und 12 DM ausgezahlt wurden, weiß man daher sofort, daß eine der Augenzahlen 4, 5 oder 6 vorlagen, d.h. jedem Intervall der reellen Zahlenachse lassen sich bei einer eineindeutigen Abbildung bestimmte Ereignisse des Ereignisraums E zuordnen.
Handelt es sich um einen idealen Würfel, so ist der Spieleinsatz von DM 7,- in jeder Spielrunde gerecht, d.h. auf die Dauer und im Durchschnitt werden pro Spielrunde DM 7,- ausgezahlt(man summiere die obigen Auszahlungen und dividiere durch 6, die Anzahl der Möglichkeiten).

7.2. Die Verteilungsfunktion

Dadurch, daß die Zufallsvariable X den Ereignisraum E in die Menge $\mathbb{R}$ der reellen Zahlen eindeutig abbildet, lassen sich die Wahrscheinlichkeitsbetrachtungen, die wir zuvor auf der Grundlage des Ereignisraums angestellt haben, nun auf der Grundlage der Menge der reellen Zahlen fortsetzen. Anstelle der Potenzmenge $\mathfrak{P}(E)$ des Ereignisraums läßt sich mit der Menge aller halboffenen Intervalle (a, b] auf der reellen Zahlenachse eine σ-Algebra S konstruieren, auf der nun die Wahrscheinlichkeit definiert wird. Die in der Definition der σ-Algebra (siehe Abschnitt 6.3.) genannten Bedingungen sind erfüllt, da

(1) $\mathbb{R} \in S$,

(2) Aus $[-\infty, b] \in S$ folgt $(b, \infty] \in S$ und

(3) S abgeschlossen ist gegenüber der mengentheoretischen Vereinigung aller halboffenen Intervalle.

Definition: Wir bezeichnen die Funktion F(x), die die Wahrscheinlichkeit dafür angibt, daß die Zufallsvariable X eine Realisation im Intervall $[-\infty, x]$ annimmmt

$$F(x) = P(X \leq x) = P(X(e) \in [-\infty, x])$$

als Verteilungsfunktion, wenn sie folgende Bedingungen erfüllt:

(1) $0 \leq F(x) \leq 1$ für alle $x \in [-\infty, \infty]$,

(2) $\lim\limits_{x \to -\infty} F(x) = 0$,

(3) $\lim\limits_{x \to \infty} F(x) = 1$,

(4) $F(x)$ ist monoton nicht-fallend und

(5) $F(x)$ ist rechtsseitig stetig.

Wie wir schon am Beispiel unserer Stichprobenverteilung erkannt haben, kann also eine Verteilungsfunktion nur Werte zwischen 0 und 1 annehmen. Liegt x, die obere Intervallgrenze des Realisationsbereichs $[-\infty, x]$ bei $+\infty$, wird also der gesamte Urbildbereich erfaßt, so nimmt die Verteilungsfunktion den Wert 1 an, d.h. in dem Intervall $[-\infty, \infty]$ werden mit Sicherheit alle Realisationen erfaßt. Liegt x, die obere Intervallgrenze des Realisationsbereichs $[-\infty, x]$ bei $-\infty$, so degeneriert das Intervall zu einem Punkt ohne Wahrscheinlichkeitsmasse, d.h. die Verteilungsfunktion nimmt den Wert 0 an. Nimmt das Argument x der Verteilungsfunktion F(x) zu, d.h. wird der Realisationsbereich $[-\infty, x]$ größer, so kann der Wert der Verteilungsfunktion nicht abnehmen, da die bisher erfaßte Wahrscheinlichkeitsmasse erhalten bleibt oder vergrößert wird. Besitzt eine Verteilungsfunktion Unstetigkeitsstellen (Sprungstellen), so erhält man den Funktionswert eines Arguments x, wenn man $F(x+\varepsilon)$ mit $\varepsilon>0$ für $\varepsilon \to 0$ betrachtet, d.h. dem Funktionsverlauf von rechts folgt. Natürlich ist auch eine stetige Verteilungsfunktion rechtsseitig stetig.

Wir wollen die Gewinnung der Verteilungsfunktion getrennt für eine diskrete und für eine stetige Zufallsvariable betrachten.

Für eine diskrete Zufallsvariable X gibt es auf der reellen Zahlenachse eine endliche bzw. abzählbare Menge von Realisationen $x_1, \ldots, x_i, \ldots, x_n$ bzw. $x_1, \ldots, x_i, \ldots$ mit von Null verschiedenen Wahrscheinlichkeiten $P(X=x_i) = p_i$, die die Wahrscheinlichkeitsverteilung der Zufallsvariablen X darstellen.

Beispiel: Wir betrachten das in Abschnitt 7.2. betrachtete Würfelspiel, in dem beim einmaligen Werfen eines Würfels pro Augenzahl DM 2,- ausgezahlt werden. Die Wahrscheinlichkeitsverteilung der Zufallsvariablen X (ausgezahlte Summe) wird dann angegeben durch:

x_i	2	4	6	8	10	12
$P(X=x_i)=p_i$	$\frac{1}{6}$	$\frac{1}{6}$	$\frac{1}{6}$	$\frac{1}{6}$	$\frac{1}{6}$	$\frac{1}{6}$

Die Verteilungsfunktion unserer Zufallsvariablen X erhalten wir wegen $F(x) = P(X \leq x)$ kumuliert bis zur letzten Sprungstelle x_j, für die noch gilt $x_j \leq x$, mit:

x_j	2	4	6	8	10	12
$P(X \leq x_j)$	$\frac{1}{6}$	$\frac{1}{3}$	$\frac{1}{2}$	$\frac{2}{3}$	$\frac{5}{6}$	1

Die Verteilungsfunktion dieser Zufallsvariablen ist in Fig. 7.1. graphisch dargestellt.

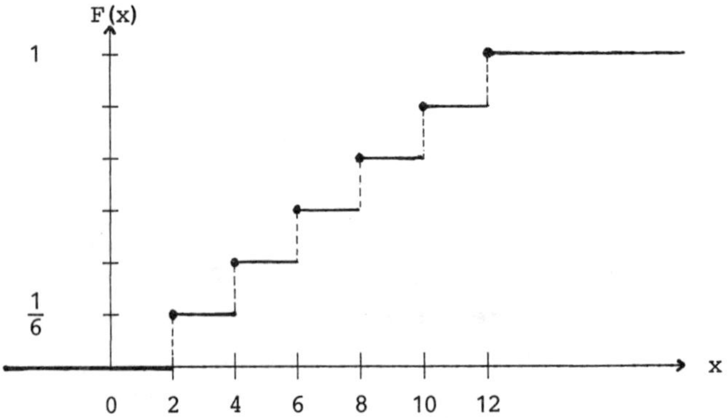

Fig. 7.1. Verteilungsfunktion einer diskreten Zufallsvariablen

Es gilt also für unsere diskrete Zufallsvariable X

$$(7.1) \qquad F(x) = \sum_{i=1}^{j} P(X=x_i) \quad \text{mit } x_j \leq x,$$

wobei der Graph der Verteilungsfunktion der diskreten Zufallsvariablen eine Treppenfunktion ist.

Aus Fig. 7.1. können wir also z.B. ablesen, daß $F(1) = 0$, d.h. die Wahrscheinlichkeit, daß mir in diesem Spiel eine DM oder weniger ausgezahlt wird, ist gleich Null. Entsprechend besagt $F(9) = \frac{4}{6} = \frac{2}{3}$, daß die Wahrscheinlichkeit, daß mir in diesem Spiel 9 DM oder weniger ausgezahlt werden, gleich $\frac{2}{3}$ ist. F(13,5) = 1 würde bedeuten, daß mit Sicherheit in diesem Spiel eine Auszahlung von DM 13,50 oder weniger stattfindet (natürlich ist die höchstmögliche Auszahlung pro Spiel DM 12,-).

In Fig. 7.2. ist die Wahrscheinlichkeitsverteilung unserer diskreten Zufallsvariablen X (ausgezahlte Summe) graphisch dargestellt.

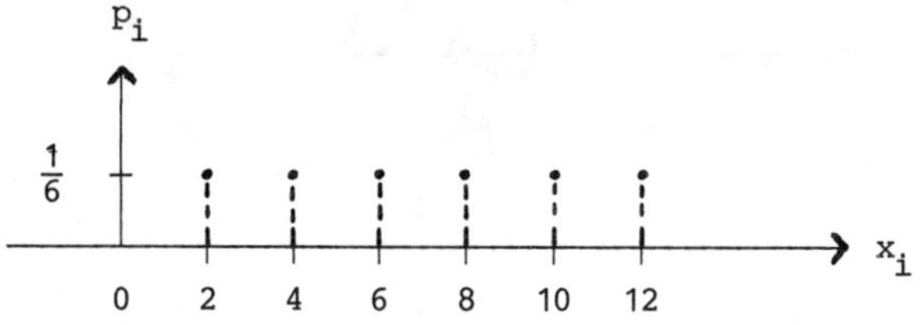

Fig. 7.2. Wahrscheinlichkeitsverteilung einer diskreten Zufallsvariablen

Im Unterschied zur Verteilungsfunktion besteht der Graph der Wahrscheinlichkeitsverteilung nur aus Punkten, die veranschaulichen, welche Wahrscheinlichkeitsmasse auf die Punkte der reellen Zahlenachse verteilt wird. In unserem Beispiel erhalten sechs Punkte der reellen Zahlenachse jeweils die gleiche Wahrscheinlichkeit $\frac{1}{6}$, wobei die gestrichelten Linien die Zuordnung der Wahrscheinlichkeiten verdeutlichen sollen.

Wir bemerken, daß man auch die Wahrscheinlichkeitsverteilung aus der zugehörigen Verteilungsfunktion herleiten kann, indem man die Sprunghöhe an den Sprungstellen betrachtet (gewissermaßen die Höhe der einzelnen Treppenstufen). In unserem Beispiel sind die Zuwächse der Verteilungsfunktion an den einzelnen Unstetigkeitsstellen gleich, so daß die in Fig. 7.2. dargestellte diskrete Gleichverteilung resultiert.

Für eine stetige Zufallsvariable X ist als Realisation x jeder beliebige Wert der reellen Zahlenachse denkbar. Analog zu (7.1) ist die Verteilungsfunktion F(x) einer stetigen Zufallsvariablen X nunmehr darstellbar durch ein Integral, nämlich

$$(7.2) \qquad F(x) = \int_{-\infty}^{x} f(s)\, ds \ ,$$

wobei f(x), die 1. Ableitung der Verteilungsfunktion bezüglich x als Dichtefunktion der Zufallsvariablen X bezeichnet wird. Es gilt also

(7.3) $$\frac{d\,F(x)}{dx} = f(x).$$

Mit Hilfe der Dichtefunktion läßt sich angeben, mit welcher Wahrscheinlichkeit die Zufallsvariable X eine Realisation x aus einem Intervall der reellen Zahlenachse annimmt, denn die Dichtefunktion ordnet jeder Realisation x ihren Wert f(x) zu, wobei nur nicht-negative Werte der Dichtefunktion zulässig sind, d.h.

(7.4) $$f(x) \geq 0 .$$

Mit $P(X \leq x) = P(X(e) \in [-\infty, x]) = F(x)$ beantwortet (7.2) die Frage, mit welcher Wahrscheinlichkeit die stetige Zufallsvariable X eine Realisation aus dem Intervall $[-\infty, x]$ der reellen Zahlenachse annehmen wird. Dehnt man nun die Obergrenze x dieses Intervalls aus bis $+\infty$, so umfaßt dieses Intervall mit Sicherheit den Bereich, in dem die Realisation der Zufallsvariablen liegen wird, d.h. aus (7.2) folgt

(7.5) $$1 = \lim_{x\to\infty} F(x) = \lim_{x\to\infty} \int_{-\infty}^{x} f(s)\, ds ,$$

so daß

(7.6) $$\int_{-\infty}^{\infty} f(x)\, dx = 1 .$$

Das Integral über die Dichtefunktion ergibt also den Wert 1, wenn der gesamte Realisationsbereich(hier: die reelle Zahlenachse) der Zufallsvariablen X erfaßt wird.
Funktionen mit den Eigenschaften (7.4) und (7.6) sind also Dichtefunktionen.
Das Argument der Dichtefunktion ist die Realisation x, doch verwenden wir stattdessen das Symbol s, wenn - wie in (7.2) und (7.5) - x als Obergrenze des Intervalls $[-\infty, x]$ zugleich Argument der Verteilungsfunktion F(x) ist.

Beispiel: Die Wahrscheinlichkeit, daß eine Drachenschnur von 100 m Länge reißt, soll an jeder beliebigen Stelle der Drachenschnur gleichgroß sein. Damit hat die Zufallsvariable X (Rißstelle) folgende Dichtefunktion

$$f(x) = \begin{cases} \frac{1}{100} & \text{für } 0 < x \leq 100 \\ 0 & \text{sonst.} \end{cases}$$

Diese Dichtefunktion ist in Fig. 7.3. graphisch dargestellt.

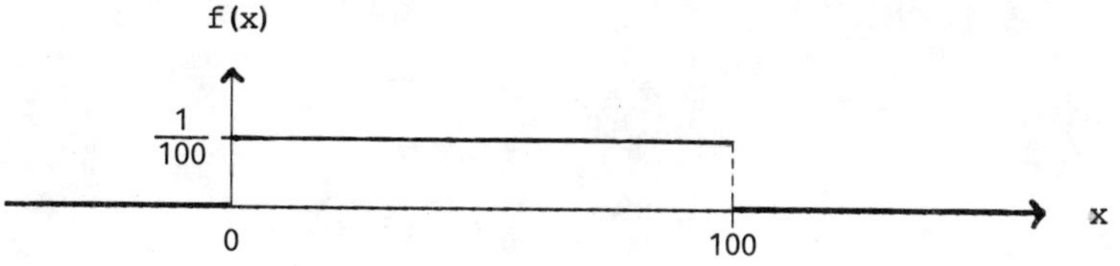

Fig. 7.3. Dichtefunktion einer stetigen Zufallsvariablen

Man erkennt, daß die Fläche des Rechtecks, dessen Begrenzungslinien die Abszisse, die Dichtefunktion sowie die Geraden x=0 und x=100 sind, gleich 1 ist, womit die Bedingung (7.6) erfüllt ist. Es gilt nämlich

$$\int_{-\infty}^{\infty} f(x)\,dx = \int_{-\infty}^{0} 0\,dx + \int_{0}^{100} \frac{1}{100}\,dx + \int_{100}^{\infty} 0\,dx$$

$$= 0 + \left[\frac{x}{100}\right]_0^{100} + 0$$

$$= \frac{100}{100} - \frac{0}{100} = 1\,,$$

denn das Integral über dem Intervall $[-\infty, \infty]$ läßt sich zerlegen in die Integrale über den Intervallen $[-\infty, 0]$, $(0, 100]$ und $(100, \infty]$, wobei die Integrale über den beiden äußeren Intervallen den Wert Null ergeben, da die Dichtefunktion dort gleich Null ist. Die Integration von $\frac{1}{100}$ bezüglich x ergibt $\frac{x}{100}$. Einsetzen der oberen Integrationsgrenze x=100 ergibt den Wert $\frac{100}{100} = 1$. Davon ist der Wert 0 zu subtrahieren, den man erhält, wenn man die untere Integrationsgrenze x=0 in $\frac{x}{100}$ einsetzt.

Wie groß ist nun die Wahrscheinlichkeit, daß die Drachenschnur im Bereich von 0 bis 40 m reißt? Diese Wahrscheinlichkeit würde in Fig. 7.3. angegeben durch die Fläche des Rechtecks, das begrenzt wird durch die Abszisse x, die Dichtefunktion f(x) und die beiden Geraden x=0 und x=40. Die Fläche dieses Rechtecks beträgt $\frac{1}{100} \cdot 40$, d.h. die gesuchte Wahrscheinlichkeit beträgt 0,4. Wir können diesen Wert jedoch auch direkt der Verteilungsfunktion entnehmen. Hierzu berechnen wir die Verteilungsfunktion unserer Zufallsvariablen X (Rißstelle), indem wir in (7.2) die Dichtefunktion dieser Zufallsvariablen einsetzen.

Dann gilt für $x \in [-\infty, 0]$ für die Verteilungsfunktion $F(x) = 0$ und für $x \in (0, 100]$

$$F(x) = \int_{-\infty}^{x} f(s)\, ds = \int_{-\infty}^{0} 0\, ds + \int_{0}^{x} \frac{1}{100}\, ds$$

$$= 0 + \left[\frac{s}{100} \right]_0^x$$

$$= \frac{x}{100} - \frac{0}{100} = \frac{x}{100}\,.$$

An der Stelle x=100 erreicht die Verteilungsfunktion also bereits den Wert $F(100) = \frac{100}{100} = 1$, den sie im Intervall $(100, \infty]$ beibehält. Die Verteilungsfunktion unserer Zufallsvariablen lautet somit:

$$F(x) = \begin{cases} 0 & \text{für } -\infty \leq x \leq 0 \\ \frac{x}{100} & \text{für } 0 < x \leq 100 \\ 1 & \text{für } 100 < x \leq \infty\,. \end{cases}$$

Diese Verteilungsfunktion ist in Fig. 7.4. graphisch dargestellt.

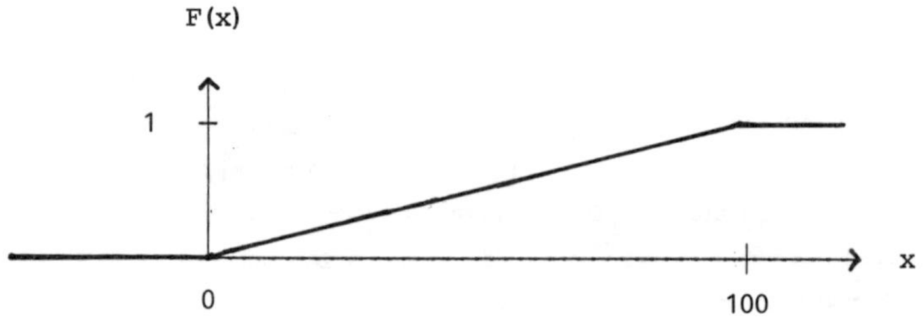

Fig. 7.4. Verteilungsfunktion einer stetigen Zufallsvariablen

Die Wahrscheinlichkeit, daß die Drachenschnur im Bereich von 0 bis 40 m reißt, erhalten wir direkt durch $F(40) = \frac{40}{100} = 0{,}4$.

Die Wahrscheinlichkeit, daß eine stetige Zufallsvariable Werte aus einem Intervall $[-\infty, b]$ annimmt, bestimmt sich also aus der Fläche, die in diesem Intervall unter der Dichtefunktion $f(x)$ liegt. Die Größe dieser Fläche läßt sich direkt durch den Wert der Verteilungsfunktion $F(x)$ an der Stelle b angeben, ist also $F(b)$.

Wie groß ist dann die Wahrscheinlichkeit, daß die stetige Zufallsvariable

Werte aus dem Intervall (a, b] annimmt? In unserem Beispiel wäre diese Wahrscheinlichkeit gleich der Fläche, die in Fig. 7.3. eingegrenzt wird durch die Abszisse, die Dichtefunktion und die beiden Geraden x=a und x=b. Die Wahrscheinlichkeit, daß eine stetige Zufallsvariable Werte aus einem Intervall annimmt, ist also ganz allgemein gleich der Fläche, die in diesem Intervall unter der Dichtefunktion f(x) liegt.

Genauso, wie man das Intervall [-∞, b] zerlegen kann in die disjunkten Intervalle [-∞, a] und (a, b] für $a \leq b$, kann man auch die Fläche über dem Intervall [-∞, b], die durch die Dichtefunktion nach oben begrenzt ist, zerlegen in die entsprechenden Flächen über den Intervallen [-∞, a] und (a, b). Da alle diese Flächen Wahrscheinlichkeiten unserer stetigen Zufallsvariablen entsprechen, gilt

$$\begin{aligned} F(b) = P(X(e) \in [-\infty, b]) &= P(X \leq b) \\ &= P(X(e) \in [-\infty, a]) + P(X(e) \in (a, b]) \\ &= P(X \leq a) + P(a < X \leq b) \\ &= F(a) + P(a < X \leq b). \end{aligned}$$

Durch Subtraktion von F(a) erhalten wir die gesuchte Wahrscheinlichkeit, daß die Zufallsvariable Werte aus dem Intervall (a, b] annimmt, durch

$$P(a < X \leq b) = F(b) - F(a) \ . \qquad (7.7)$$

In unserem Beispiel erhalten wir die Wahrscheinlichkeit, daß die Drachenschnur im Bereich von 5,65 m bis 32,81 m reißt, durch

$$\begin{aligned} P(5{,}65 < X \leq 32{,}81) &= F(32{,}81) - F(5{,}65) \\ &= \frac{32{,}81}{100} - \frac{5{,}65}{100} \\ &= 0{,}3281 - 0{,}0565 \\ &= 0{,}2716. \end{aligned}$$

Wir bemerken, daß die Wahrscheinlichkeit, daß eine stetige Zufallsvariable einen ganz bestimmten Wert auf der reellen Zahlenachse annimmt (und nur diesen), gleich Null ist, da dann das Realisationsintervall der Zufallsvariablen auf einen Punkt degeneriert und die zu betrachtende Fläche unter der Dichtefunktion sich auf die Senkrechte über diesem Punkt reduziert. Argumentiert man mit der Verteilungsfunktion, so gilt für einen solchen Punkt c wegen (7.7), daß $P(X=c) = F(c) - F(c) = 0$. So gesehen, stimmen für eine stetige Zufallsvariable (nicht also für eine diskrete Zufallsvariable) die Wahrscheinlichkeiten, daß die Zufallsvariable Werte aus den Intervallen

$[a, b]$, (a, b), $[a, b)$ oder $(a, b]$

annimmt, vollkommen überein. Während also im Falle der diskreten Zufallsvariablen nur für eine endliche bzw. abzählbare Anzahl von Punkten Wahrscheinlichkeiten bestehen, ist für eine stetige Zufallsvariable die Wahrscheinlichkeit eines Punktes gleich Null, da mit der Dichtefunktion nur für Intervalle Wahrscheinlichkeiten angegeben werden können.

Für ein weiteres Beispiel wollen wir mittels (7.3) aus einer Verteilungsfunktion die zugehörige Dichtefunktion berechnen.

Beispiel: Eine Zufallsvariable X besitze folgende Verteilungsfunktion:

$$F(x) = \begin{cases} 0 & \text{für} \quad x \leq -5 \\ \frac{1}{2} - \frac{x^2}{50} & \text{für} \quad -5 < x \leq 0 \\ \frac{1}{2} + \frac{x^2}{50} & \text{für} \quad 0 < x \leq 5 \\ 1 & \text{für} \quad x > 5 \end{cases}$$

Durch Differentiation der Verteilungsfunktion in den jeweiligen Intervallen erhalten wir die Dichtefunktion der Zufallsvariablen X:

$$f(x) = \begin{cases} 0 & \text{für} \quad x \leq -5 \\ -\frac{x}{25} & \text{für} \quad -5 < x \leq 0 \\ \frac{x}{25} & \text{für} \quad 0 < x \leq 5 \\ 0 & \text{für} \quad x > 5 \end{cases}$$

Diese Dichtefunktion ist also linear in x, sie fällt von $f(x) = \frac{1}{5}$ bei $x=-5$ auf $f(x) = 0$ bei $x=0$ und steigt dann wieder auf $f(x) = \frac{1}{5}$ bei $x=5$, während sie sonst den Wert Null annimmt. Man veranschauliche sich diese Dichtefunktion graphisch.

Will man umgekehrt aus einer solchen geknickten Dichtefunktion die zugehörige Verteilungsfunktion herleiten, so genügt es nicht, wenn man nur in den jeweiligen Intervallen die Dichtefunktion integriert, da man sonst die Wahrscheinlichkeitsmasse vorhergehender Intervalle vernachlässigt. So gewinnt man in diesem Beispiel aus der Dichtefunktion $f(x)$ die Verteilungsfunktion im Intervall $0 < x \leq 5$ durch

$$F(x) = \int_{-\infty}^{x} f(s)\, ds = \int_{-\infty}^{-5} 0\, ds + \int_{-5}^{0} (-\frac{s}{25})\, ds + \int_{0}^{x} \frac{s}{25}\, ds$$

$$= \quad 0 \quad + \left[-\frac{s^2}{50}\right]_{-5}^{0} \quad + \left[\frac{s^2}{50}\right]_{0}^{x}$$

$$= \quad 0 + \frac{25}{50} \quad + \frac{x^2}{50} - 0$$

$$= \frac{1}{2} + \frac{x^2}{50} .$$

Man versuche selbst, aus der geknickten Dichtefunktion für alle Intervalle die Verteilungsfunktion zurückzugewinnen durch Integration.

7.3. Die Momente einer Zufallsvariablen

Die Verteilung einer Zufallsvariablen läßt sich vermittels der Angabe von Verteilungsparametern, der sogenannten Momente der Zufallsvariablen, beschreiben.

7.3.1. Der Erwartungswert einer Zufallsvariablen

Definition: Der Erwartungswert einer diskreten Zufallsvariablen X, die die Realisationen $x_1, x_2, \ldots, x_n$ mit ihren Wahrscheinlichkeiten $p_1, p_2, \ldots, p_n$ annimmt, lautet

(7.8) $$E(X) = \sum_{i=1}^{n} x_i \cdot p_i$$

Beispiel: Im Würfelbeispiel von Abschnitt 7.1. war für jede der sechs Realisationen (Auszahlungen) $x_1=2$, $x_2=4$, $x_3=6$, $x_4=8$, $x_5=10$ und $x_6=12$ die Wahrscheinlichkeit gegeben durch $p_i=1/6$ mit $i=1, \ldots, 6$. Damit erhalten wir als Erwartungswert der ausgezahlten Summe einer Spielrunde

$$E(X) = 2\cdot\frac{1}{6} + 4\cdot\frac{1}{6} + 6\cdot\frac{1}{6} + 8\cdot\frac{1}{6} + 10\cdot\frac{1}{6} + 12\cdot\frac{1}{6}$$

$$= \frac{1}{6}\cdot(2 + 4 + 6 + 8 + 10 + 12) = \frac{42}{6} = 7.$$

Da der Erwartungswert der Auszahlung mit dem Spieleinsatz von 7,-DM übereinstimmt, handelt es sich um ein faires Spiel.

Würde bei gleichem Spieleinsatz in jeder Spielrunde pro gewürfelte Augenzahl nur 1,-DM ausgezahlt, so wäre der Erwartungswert dieser Zufallsvariablen

$$E(X) = \frac{1}{6}\cdot(1 + 2 + 3 + 4 + 5 + 6) = \frac{21}{6} = 3{,}5 \;,$$

d.h. in diesem Fall würde der Spielveranstalter auf die Dauer und im Durchschnitt pro Spielrunde einen Gewinn von DM 3,50 machen(der faire Spieleinsatz wäre hier also DM 3,50).

Definition: Der Erwartungswert einer stetigen Zufallsvariablen X mit Dichtefunktion f(x) lautet

$$(7.9) \qquad E(X) = \int_{-\infty}^{\infty} x\cdot f(x)\; dx$$

Beispiel: Im Drachenschnurbeipiel von Abschnitt 7.2. erhalten wir als Erwartungswert der Zufallsvariablen X(Rißstelle)

$$E(X) = \int_{-\infty}^{0} x\cdot 0\; dx + \int_{0}^{100} x\cdot\frac{1}{100}\; dx + \int_{100}^{\infty} x\cdot 0\; dx$$

$$= \quad 0 \quad + \left[\frac{x^2}{200}\right]_0^{100} + \quad 0$$

$$= \frac{10\,000}{200} - 0$$

$$= 50 \;,$$

d.h. der Erwartungswert der Rißstelle liegt bei 50 m, also genau in der Mitte der Drachenschnur. Das darf natürlich nicht zur Interpretation verleiten, daß diese Drachenschnur bzw. Drachenschnüre aus dieser Produktion auf die Dauer und im Durchschnitt genau in der Mitte reißen. Die angegebene Dichtefunktion weist gleichlangen Intervallen der Drachenschnur gleiche Wahrscheinlichkeiten (des Reißens) zu, so daß die Drachenschnur mit Wahrscheinlichkeit 0,5 unterhalb(bzw. oberhalb) von 50 m reißt.

Definition: Der Erwartungswert einer Zufallsvariablen Y, die eine Funktion h(X) der Zufallsvariablen X ist, lautet

$$(7.10) \qquad E(Y) = \begin{cases} \sum_{i=1}^{n} h(x_i)\cdot p_i & \text{im diskreten Fall} \\ \int_{-\infty}^{\infty} h(x)\cdot f(x)\; dx & \text{im stetigen Fall,} \end{cases}$$

wobei mit $p_i = P(X=x_i)$, i=1, ..., n die Wahrscheinlichkeitsverteilung bzw. mit f(x) die Dichtefunktion der Zufallsvariablen X angegeben wird.

Ist Y eine lineare Funktion von X, gilt also

$$Y = h(X) = a + b\cdot X$$

mit reellen Konstanten a und b, so erhalten wir

(7.11) $$E(Y) = E(a + b\cdot X) = E(a) + E(b\cdot X) = a + b\cdot E(X).$$

Im diskreten Fall gilt nämlich

$$E(Y) = \sum_{i=1}^{n} (a + b\cdot x_i)\cdot p_i = \sum_{i=1}^{n} a\cdot p_i + \sum_{i=1}^{n} b\cdot x_i\cdot p_i$$

$$= a\cdot\sum_{i=1}^{n} p_i + b\cdot\sum_{i=1}^{n} x_i\cdot p_i$$

$$= a\cdot 1 + b\cdot E(X),$$

wobei die reellen Konstanten a und b vor die Summe gezogen werden und außer (7.8) berücksichtigt wird, daß die Summe aller Wahrscheinlichkeiten p_i Eins ergeben muß.

Im stetigen Fall beweist man (7.11) wie folgt:

$$E(Y) = \int_{-\infty}^{\infty}(a + b\cdot x)\cdot f(x)\,dx$$

$$= \int_{-\infty}^{\infty} a\cdot f(x)\,dx + \int_{-\infty}^{\infty} b\cdot x\cdot f(x)\,dx$$

$$= a\cdot\int_{-\infty}^{\infty} f(x)\,dx + b\cdot\int_{-\infty}^{\infty} x\cdot f(x)\,dx$$

$$= a\cdot 1 + b\cdot E(X),$$

wobei die reellen Konstanten a und b vor das Integral gezogen werden und von (7.6) und (7.9) Gebrauch gemacht wurde.

Setzt man in (7.11) a=0 und $b=c^2$, so folgt für eine Konstante c

(7.12) $$E(c^2X) = c^2\cdot E(X).$$

Sei Y die Summe von zwei Zufallsvariablen X und Z, für die eine gemeinsame Wahrscheinlichkeitsverteilung $p_{ij} = P(X=x_i, Z=z_j)$, $i=1,\dots,n$, $j=1,\dots,m$ existiert. Dann gilt

(7.11') $\quad E(Y) = E(X + Z) = E(X) + E(Z)$,

denn

$$\begin{aligned} E(X+Z) &= \sum_{i=1}^{n} \sum_{j=1}^{m} (x_i + z_j) \cdot p_{ij} \\ &= \sum_{i=1}^{n} \sum_{j=1}^{m} x_i \cdot p_{ij} + \sum_{i=1}^{n} \sum_{j=1}^{m} z_j \cdot p_{ij} \\ &= \sum_{i=1}^{n} x_i \sum_{j=1}^{m} p_{ij} + \sum_{j=1}^{m} z_j \sum_{i=1}^{n} p_{ij} \\ &= \sum_{i=1}^{n} x_i \cdot p_{i.} + \sum_{j=1}^{m} z_j \cdot p_{.j} \\ &= \sum_{i=1}^{n} x_i \cdot P(X=x_i) + \sum_{j=1}^{m} z_j \cdot P(Z=z_j) \\ &= E(X) + E(Z), \end{aligned}$$

wobei die marginalen Wahrscheinlichkeitsverteilungen $p_{i.}$, $i=1,\dots,n$ bzw. $p_{.j}$, $j=1,\dots m$ der Zufallsvariablen X bzw. Z aus der gemeinsamen Wahrscheinlichkeitsverteilung gewonnen werden, indem die Wahrscheinlichkeiten zusammengefaßt werden, die das gleiche x_i bzw. z_j betreffen.

Beispiel: Für zwei Zufallsvariablen X und Z bestehe folgende gemeinsame Wahrscheinlichkeitsverteilung (n=2, m=3):

p_{ij}	$z_1=1$	$z_2=2$	$z_3=3$	
$x_1=4$	$p_{11}=\frac{1}{4}$	$p_{12}=\frac{1}{4}$	$p_{13}=\frac{1}{4}$	$p_{1.}=\frac{3}{4}$
$x_2=5$	$p_{21}=\frac{1}{8}$	$p_{22}=\frac{1}{8}$	$p_{23}=0$	$p_{2.}=\frac{1}{4}$
	$p_{.1}=\frac{3}{8}$	$p_{.2}=\frac{3}{8}$	$p_{.3}=\frac{2}{8}$	1

Wir berechnen

$$E(X + Z) = 5\cdot\frac{1}{4} + 6\cdot\frac{1}{4} + 7\cdot\frac{1}{4} + 6\cdot\frac{1}{8} + 7\cdot\frac{1}{8} + 8\cdot 0 = \frac{49}{8}$$

$$E(X) = 4\cdot\frac{3}{4} + 5\cdot\frac{1}{4} = \frac{17}{4}, \qquad E(Z) = 1\cdot\frac{3}{8} + 2\cdot\frac{3}{8} + 3\cdot\frac{2}{8} = \frac{15}{8}.$$

(7.11') gilt auch, wenn eine gemeinsame Dichtefunktion für X und Z existiert.

Der Erwartungswert kann als Durchschnittswert interpretiert werden, wobei die Realisationen einer Zufallsvariablen mit ihren Wahrscheinlichkeiten gewichtet werden. Für die Interpretation einer Verteilung kommt dem Erwartungswert eine dominierende Bedeutung zu. Er repräsentiert gewissermaßen den typischen Wert der Verteilung und wird auch als Mittelwert der Zufallsvariablen mit dieser Verteilung bezeichnet. Als Mittelwert der Grundgesamtheit darf er nicht mit dem Stichprobenmittelwert verwechselt werden. Wie wir in Teil 3 sehen werden, kann man jedoch mit dem Stichprobenmittelwert, also dem arithmetischen Mittel der Realisationen einer Stichprobe, den Erwartungswert der Zufallsvariablen in der Grundgesamtheit schätzen.

7.3.2. Die Varianz einer Zufallsvariablen

Definition: Die Varianz einer diskreten Zufallsvariablen X, die die Realisationen $x_1, x_2, \ldots, x_n$ mit ihren Wahrscheinlichkeiten $p_1, p_2, \ldots, p_n$ annimmt, lautet

$$(7.13) \qquad V(X) = \sum_{i=1}^{n} [x_i - E(X)]^2 \cdot p_i$$

Beispiel: Wir berechnen die Varianz der ausgezahlten Summe einer Spielrunde für das Würfelbeispiel aus Abschnitt 7.1. In Abschnitt 7.3.1. hatten wir bereits aus den sechs Realisationen (Auszahlungen) $x_1=2, \ldots, x_6=12$ mit Wahrscheinlichkeiten $p_i=1/6$ für $i=1,\ldots,6$ den Erwartungswert $E(X)=7$ berechnet. Mit (7.13) erhalten wir dann die Varianz

$$\begin{aligned} V(X) &= (2-7)^2\cdot\frac{1}{6} + (4-7)^2\cdot\frac{1}{6} + (6-7)^2\cdot\frac{1}{6} + (8-7)^2\cdot\frac{1}{6} + (10-7)^2\cdot\frac{1}{6} \\ &\quad + (12-7)^2\cdot\frac{1}{6} \\ &= \frac{1}{6}(25 + 9 + 1 + 1 + 9 + 25) = \frac{70}{6} = 11,\overline{6} \end{aligned}$$

Für die Modifikation dieses Spiels, in der in jeder Spielrunde pro gewürfelte Augenzahl nur 1,-DM ausgezahlt werden, d.h. für Realisationen $x_1=1, \ldots, x_6=6$, hatten wir den Erwartungswert $E(X)=3,5$ berechnet. Dies veranschaulicht auch (7.11) für $a=0$ und $b=\frac{1}{2}$, denn die Halbierung aller Auszahlungen (Realisationen der Zufallsvariablen) halbiert den Erwartungswert der Zufallsvariablen. Gilt dies entsprechend für die Varianz? Wir berechnen

$$\begin{aligned} V(X) &= (1-3,5)^2\cdot\frac{1}{6} + (2-3,5)^2\cdot\frac{1}{6} + (3-3,5)^2\cdot\frac{1}{6} + (4-3,5)^2\cdot\frac{1}{6} \\ &\quad + (5-3,5)^2\cdot\frac{1}{6} + (6-3,5)^2\cdot\frac{1}{6} \end{aligned}$$

$$= \frac{1}{6}(6{,}25 + 2{,}25 + 0{,}25 + 0{,}25 + 2{,}25 + 6{,}25) = \frac{17{,}5}{6}$$

$$= \frac{70}{24} = 2{,}91\overline{6},$$

d.h. durch die Halbierung aller Auszahlungen (Realisationen der Zufallsvariablen) wurde die Varianz der Zufallsvariablen auf den vierten Teil reduziert. Hier macht sich bemerkbar, daß die Varianz von quadratischer Dimension ist. Eine Verdopplung der Zufallsvariablen vervierfacht also deren Varianz.

Definition: Die Varianz einer stetigen Zufallsvariablen X mit Dichtefunktion f(x) lautet

$$\text{(7.14)} \qquad V(X) = \int_{-\infty}^{\infty} [x - E(X)]^2 \cdot f(x)\, dx$$

Beispiel: Für das Drachenschnurbeispiel von Abschnitt 7.2. haben wir in Abschnitt 7.3.1. den Erwartungswert E(X) = 50 berechnet. Mit (7.14) erhalten wir dann die Varianz der Zufallsvariablen (Rißstelle)

$$V(X) = \int_{-\infty}^{0} (x-50)^2 \cdot 0\, dx + \int_{0}^{100} (x-50)^2 \cdot \frac{1}{100}\, dx + \int_{100}^{\infty} (x-50)^2 \cdot 0\, dx$$

$$= \quad 0 \quad + \frac{1}{100} \int_{0}^{100} (x^2 - 100x + 2500)\, dx + \quad 0$$

$$= \frac{1}{100} \left[\frac{x^3}{3} - 50x^2 + 2500x \right]_{0}^{100}$$

$$= \frac{1}{100}(333\,333{,}\overline{3} - 500\,000 + 250\,000)$$

$$= 833{,}\overline{3}$$

Die Dimension der Varianz ist gleich dem Quadrat der Dimension der Zufallsvariablen, hier also m². Wie bei der Stichprobenvarianz (3.15) erhält man vermittels der positiven Quadratwurzel eine Standardabweichung, die wieder die Dimension der Zufallsvariablen aufweist. In diesem Beispiel erhält man die Standardabweichung der Zufallsvariablen X mit

$$\sigma_X = +\sqrt{833{,}\overline{3}} \approx 28{,}9 \,,$$

d.h. die Standardabweichung in der Grundgesamtheit als Streuungsmaß der Zufallsvariablen beträgt rd. 29 m. Dagegen errechnet man für die durchschnittliche Abweichung d_1 (vgl. 3.12)) im vorliegenden stetigen Fall

$$d_1 = \int_{-\infty}^{\infty} |x - E(X)| f(x)\, dx = \int_0^{100} |x - 50| \cdot \frac{1}{100}\, dx$$

$$= \int_0^{50} (50 - x) \cdot \frac{1}{100}\, dx + \int_{50}^{100} (x - 50) \cdot \frac{1}{100}\, dx$$

$$= 25,$$

also einen Wert von 25m, wie man durch Nachrechnen bestätigt, wobei σ_X als quadratisches Mittel dieser positiven Abweichungen größer ist als d_1. Der Wert von d_1 ist plausibler als Mittelwert der Abweichungen um den Erwartungswert von 50 m für die Rißstelle, wenn man überlegt, daß die kleinste Abweichung bei 0 m und die größte Abweichung bei 50m liegen wird. Wie man aber schon an diesem Beispiel erkennt, ist die Rechnerei mit Beträgen mühsamer, da man in einen positiven und in einen negativen Fall unterscheiden muß.

Wir wollen nun die Varianz einer Zufallsvariablen allgemein (diskreter und stetiger Fall) definieren.

Definition: Die Varianz einer Zufallsvariablen X lautet

$$V(X) = E\{[X - E(X)]^2\}, \tag{7.15}$$

d.h. die Varianz einer Zufallsvariablen X ist der Erwartungswert der quadrierten Abweichungen der Realisationen von deren Erwartungswert E(X).

Wir rechnen nun das Binom innerhalb der geschweiften Klammern von (7.15) aus und erhalten

$$\begin{aligned} V(X) &= E\{X^2 - 2 \cdot X \cdot E(X) + [E(X)]^2\} \\ &= E(X^2) - E[2 \cdot X \cdot E(X)] + [E(X)]^2 \\ &= E(X^2) - 2 \cdot E(X) \cdot E(X) + [E(X)]^2 \\ &= E(X^2) - 2\,[E(X)]^2 + [E(X)]^2 \\ &= E(X^2) - [E(X)]^2. \end{aligned} \tag{7.16}$$

Bei der Herleitung dieser Zerlegungsregel haben wir in der zweiten Gleichung den Erwartungswert auf die Summanden der geschweiften Klammer bezogen, wobei der letzte Summand $[E(X)]^2$ bereits eine Konstante ist, nämlich das Quadrat unseres Erwartungswerts und wegen $E(a)=a$ (siehe (7.11)) der Erwartungswert der Konstanten gleich der Konstanten ist. In der dritten Gleichung wird im mittleren Ausdruck wegen $E(b \cdot X) = b \cdot E(X)$ (siehe 7.11)) die Konstante $b=2 \cdot E(X)$ vor den Erwartungsoperator E gezogen, der dann nur noch X erfaßt. Dieser mittlere Ausdruck ist doppelt so groß wie der letzte Ausdruck $[E(X)]^2$, jedoch im Unterschied zu diesem negativ, so daß von $E(X^2)$ das Quadrat des Erwartungswerts E(X) abzuziehen ist. $E(X^2)$ ist hierbei der Erwartungswert der quadrierten Zufallsvariablen X.

In dem Würfelbeispiel zu Beginn dieses Abschnitts haben wir bemerkt, daß die Verdopplung der Zufallsvariablen deren Varianz (anders als beim Erwartungswert) nicht etwa verdoppelt, sondern vervierfacht. Wir betrachten nun allgemein die Varianz einer Zufallsvariablen, wobei letztere mit einer Konstanten a multipliziert wird (im Beispiel war also a=2):

$$(7.17) \qquad \begin{aligned} V(a \cdot X) &= E\{[a \cdot X - E(a \cdot X)]^2\} \\ &= E\{[a \cdot X - a \cdot E(X)]^2\} \\ &= E\{a^2 \cdot [X - E(X)]^2\} \\ &= a^2 \cdot E\{[X - E(X)]^2\} \\ &= a^2 \cdot V(X), \end{aligned}$$

wobei wir $a \cdot X$ für X in die allgemeine Definition der Varianz (7.15) eingesetzt haben, in der zweiten Gleichung von (7.11) in der Form $E(a \cdot X) = a \cdot E(X)$ Gebrauch machen, in der dritten Gleichung wegen $[a \cdot X - a \cdot E(X)]^2 = \{a \cdot [X - E(X)]\}^2 = a^2 \cdot [X - E(X)]^2$ das a^2 ausklammern und in der vierten Gleichung diese Konstante a^2 entsprechend (7.12) vor den ersten Erwartungsoperator ziehen, womit wir nach (7.15) das a^2-fache der Varianz V(X) erhalten. Somit haben wir bewiesen, daß die Steigerung einer Zufallsvariablen auf das a-fache die Varianz auf das a^2-fache erhöht.

Degeneriert die Zufallsvariable X zu einer Konstanten a, d.h. wird mit Wahrscheinlichkeit 1 stets der Wert a realisiert, so verschwindet die Streuung; formal gilt für die Varianz einer Konstanten a

(7.18) $V(a) = E\{[a - E(a)]^2\} = E[(a - a)^2] = E(0) = 0,$

wenn man (7.11) verwendet. Da die Varianz einer diskreten Zufallsvariablen (siehe (7.13)) bzw. einer stetigen Zufallsvariablen (siehe (7.14)) die Summe bzw. das Integral nicht-negativer Größen ist, gilt für die Varianz einer Zufallsvariablen V(X) stets

(7.19) $V(X) \geq 0$

bzw. wenn man den Fall, das die Zufallsvariable zu einer Konstanten degeneriert, mit Sicherheit ausschließen kann, sogar $V(X) > 0$.

Für b=0 können wir aus (7.11) herleiten, daß sich der Erwartungswert einer Zufallsvariablen X um a Einheiten erhöht, wenn alle Realisationen der Zufallsvariablen um a Einheiten erhöht werden, da $E(X \pm a) = E(X) \pm a$. Wie verändert sich nun die Varianz einer Zufallsvariablen, wenn alle Einheiten der Zufallsvariablen um a Einheiten erhöht werden. Wir berechnen

$$\begin{aligned} V(X+a) &= E\{[X+a - E(X+a)]^2\} \\ &= E\{[X+a - E(X)-a]^2\} \\ &= E\{[X - E(X)]^2\} \\ &= V(X) \end{aligned}$$

und da für negatives a auch gilt $V(X-a) = V(X)$, also

(7.20) $V(X \pm a) = V(X),$

verändert sich die Varianz einer Zufallsvariablen nicht, wenn man alle Realisationen um den gleichen Betrag verändert.

Beispiel: In unserem Würfelbeispiel haben wir für eine Auszahlung von 1,-DM je Augenzahl einen Erwartungswert von 3,50 DM und eine Varianz von $2{,}91\overline{6}$ [Dimension: DM²] errechnet. Wird nun zusätzlich jede Auszahlung um 1,- DM erhöht, so errechnen sich aus den Realisationen $x_1 = 2$, $x_2 = 3$, ... $x_6 = 7$ für unsere Zufallsvariable X

$$E(X) = \frac{1}{6}(2 + 3 + 4 + 5 + 6 + 7) = \frac{27}{6} = 4{,}5 \quad \text{und}$$

$$V(X) = \frac{1}{6}[(2-4{,}5)^2 + (3-4{,}5)^2 + (4-4{,}5)^2 + (5-4{,}5)^2 + (6-4{,}5)^2]$$

$$= \frac{1}{6}(6{,}25 + 2{,}25 + 0{,}25 + 0{,}25 + 6{,}25) = \frac{17{,}5}{6}$$

$$= \frac{35}{12} = 2{,}91\overline{6}.$$

Der Erwartungswert liegt also um die zusätzliche 1,- DM je Auszahlung höher als vorher, während sich die Varianz nicht durch die Addition dieser Konstanten verändert hat.

7.3.3. Gewöhnliche Momente einer Zufallsvariablen

Definition: Das k-te gewöhnliche Moment einer Zufallsvariablen X lautet(für k = 1, 2, ...)

$$(7.21) \qquad \mu_k = E(X^k) = \begin{cases} \sum\limits_{i=1}^{n} x_i^k \cdot p_i & \text{im diskreten Fall,} \\ \int\limits_{-\infty}^{\infty} x^k \cdot f(x)\,dx & \text{im stetigen Fall.} \end{cases}$$

Das k-te gewöhnliche Moment ist somit der Erwartungswert der k-ten Potenz einer Zufallsvariablen, wobei k eine natürliche Zahl ist. Da die k-te Potenz der Zufallsvariablen eine Funktion dieser Zufallsvariablen ist, stellt (7.21) einen Anwendungsfall von (7.10) dar.

Wir bemerken, daß k=1 uns den Erwartungswert der Zufallsvariablen X liefert, d.h. der Erwartungswert E(X) der Zufallsvariablen X ist das erste gewöhnliche Moment dieser Zufallsvariablen. Statt μ_1 verwendet man oft der Einfachheit halber nur μ als Symbol für den Erwartungswert einer Zufallsvariablen, bzw. bei mehreren Zufallsvariablen μ_X zur Identifikation dieser Zufallsvariablen X.

Obwohl eine Zufallsvariable unendlich viele gewöhnliche Momente besitzt, interessiert man sich zumeist nur für die ersten vier gewöhnlichen Momente einer Zufallsvariablen. Das zweite gewöhnliche Moment $\mu_2 = E(X^2)$ haben wir schon in der Zerlegungsregel (7.16) kennengelernt. Die größte Bedeutung kommt jedoch dem

Erwartungswert $\mu = E(X)$ zu, der zur Konstruktion der zentralen Momente einer Zufallsvariablen benötigt wird.

7.3.4. Zentrale Momente einer Zufallsvariablen

<u>Definition:</u> Das k-te zentrale Moment einer Zufallsvariablen X lautet(für k = 1, 2, ...)

$$(7.22) \qquad m_k = E[(X-\mu)^k] = \begin{cases} \sum_{i=1}^{n} (x_i-\mu)^k \cdot p_i & \text{im diskreten Fall,} \\ \int_{-\infty}^{\infty} (x-\mu)^k \cdot f(x)\, dx & \text{im stetigen Fall.} \end{cases}$$

Das zentrale Moment wird also mit den Abweichungen der Realisationen der Zufallsvariablen vom Erwartungswert μ gebildet. Hat die Zufallsvariable X den Erwartungswert $\mu = 0$, so stimmen gewöhnliches und zentrales Moment gleicher Ordnung k der Zufallsvariablen überein, d.h. es gilt dann $m_k = \mu_k$ für festes k.

Das erste zentrale Moment einer Zufallsvariablen ist stets gleich Null, denn es gilt

$$m_1 = E[(X-\mu)^1] = E(X) - E(\mu) = \mu - \mu = 0,$$

denn der Erwartungswert $E(X) = \mu$ einer Zufallsvariablen X ist eine Konstante und nach (7.11) ist der Erwartungswert $E(\mu)$ einer Konstanten μ diese Konstante. Da das erste zentrale Moment für jede Zufallsvariable gleich Null ist, kommt ihm lediglich formale Bedeutung im System der zentralen Momente zu.

Das bedeutendste zentrale Moment ist das 2. zentrale Moment, $m_2 = E[(X-\mu)^2] = E\{[X - E(X)]^2\} = V(X)$, die Varianz der Zufallsvariablen X, für die auch die Notationen σ^2 oder $\sigma_X{}^2$ gebräuchlich sind. Nach der Zerlegungsregel (7.16) besteht somit folgender Zusammenhang

$$(7.23) \qquad m_2 = \mu_2 - \mu_1{}^2 ,$$

d.h. das zweite zentrale Moment stimmt mit der Differenz aus zweitem gewöhnlichen Moment und quadriertem ersten gewöhnlichen

Moment überein. Eine Umformung ergibt

$$\mu_2 = m_2 + \mu^2,$$

d.h. die Varianz(m_2) kann nicht größer sein als das zweite gewöhnliche Moment(μ_2).

Für die positive Quadratwurzel aus der Varianz der Zufallsvariablen X, die die Standardabweichung der Zufallsvariablen ergibt, sind die Notationen σ oder σ_X gebräuchlich.

Gelegentlich wird die Zufallsvariable X standardisiert, d.h. man betrachtet die standardisierte Zufallsvariable Y mit

(7.24) $$Y = \frac{X - \mu_X}{\sigma_X},$$

die eine lineare Funktion der Zufallsvariablen X ist. Aus (7.11) folgt dann für $a = -\mu_X/\sigma_X$ und $b = 1/\sigma_X$, daß

$$E(Y) = -\frac{\mu_X}{\sigma_X} + \frac{1}{\sigma_X}\cdot E(X) = -\frac{\mu_X}{\sigma_X} + \frac{\mu_X}{\sigma_X} = 0 = \mu_Y$$

und aus (7.17) und (7.20) folgt

$$V(Y) = V(a + b\cdot X) = b^2\cdot V(X) = \frac{1}{\sigma_X^2}\cdot\sigma_X^2 = 1 = \sigma_Y^2.$$

Durch die Standardisierung (7.24) erreicht man somit, daß die standardisierte Zufallsvariable Y den Erwartungswert Null und die Varianz Eins (damit ist auch die Standardabweichung gleich Eins) aufweist, was für weitere Rechnungen Vereinfachungen bringt.

Verteilungen, die auf einer um den Erwartungswert μ symmetrischen Wahrscheinlichkeitsverteilung bzw. Dichtefunktion beruhen, bewirken, daß in (7.22) negative Abweichungen vom Erwartungswert μ das gleiche Gewicht erhalten wie positive Abweichungen vom Erwartungswert μ. Die k-ten Potenzen der Abweichungen haben dann das entgegengesetzte Vorzeichen, wenn k ungerade ist, und gleiches Gewicht, d.h. zu jeder negativen k-ten Potenz einer Abweichung existiert eine gleichstarke positive k-te Potenz der symmetrisch um μ gelegenen Abweichung. Die Summe bzw.

das Integral der mit der Wahrscheinlichkeitsmasse gewogenen k-ten Potenzen der Abweichungen ergibt somit den Wert Null, wenn k ungerade ist. Für symmetrische Verteilungen sind damit die zentralen Momente ungerader Ordnung, also m_1, m_3, m_5, ... stets gleich Null. Da m_1, wie wir gesehen haben, für jede Verteilung gleich Null ist, erkennt man eine symmetrische Verteilung daran, daß $m_3 = 0$.

Beispiel: Für das Drachenschnurbeispiel von Abschnitt 7.2. berechnen wir das 3. zentrale Moment. Es gilt für μ=50 nach (7.22)

$$m_3 = \int_{-\infty}^{\infty}(x-50)^3\cdot f(x)\ dx = \int_{-\infty}^{0}(x-50)^3\cdot 0\ dx + \int_{0}^{100}(x-50)^3\cdot\frac{1}{100}dx + \int_{100}^{\infty}(x-50)^3\cdot 0dx$$

$$= 0 + \frac{1}{100}\cdot\int_{0}^{100}(x^3-150x^2+7.500x-125.000)dx + 0$$

$$= \frac{1}{100}\cdot\left[\frac{x^4}{4} - 50\ x^3 + 3.750\ x^2 - 125.000\ x\right]_0^{100}$$

$$= \frac{1}{100}(25.000.000 - 50.000.000 + 37.500.000 - 12.500.000) = 0,$$

womit die Symmetrie um die Symmetrieachse $x = 50 = \mu$, die aus Fig. 7.3. ersichtlich ist, mit dem 3. zentralen Moment nachgewiesen ist. Im übrigen ergibt die Integration von $(x-50)^3/100$ in den Grenzen von 0 bis 50 den Wert -15.625 und in den Grenzen von 50 bis 100 den Wert 15.625.

Die asymmetrischen Verteilungen lassen sich unterteilen in linkssteile(rechtsschiefe) Verteilungen und rechtssteile (linksschiefe) Verteilungen. Für linkssteile Verteilungen ist $m_3 > 0$, für rechtssteile Verteilungen ist $m_3 < 0$. Anstelle von m_3 kann man auch das normierte Maß

(7.25) $$\gamma_1 = \frac{m_3}{\sigma^3}$$

zur Messung der Schiefe einer Verteilung verwenden. Für linkssteile(rechtsschiefe) Verteilungen ist $\gamma_1 > 0$, für rechtssteile(linksschiefe) Verteilungen ist $\gamma_1 < 0$, für symmetrische Verteilungen ist $\gamma_1 = 0$. Der Begriff "Verteilung" ist hierbei für eine diskrete Zufallsvariable zu interpretieren als Wahrscheinlichkeitsverteilung bzw. für eine stetige Zufallsvariable als Dichtefunktion, jedoch in keinem Falle als Verteilungsfunktion. In Fig. 7.5. sind eine symmetrische, eine linkssteile und eine rechtssteile Verteilung für stetige Zufallsvariablen(Dichtefunktion) dargestellt.

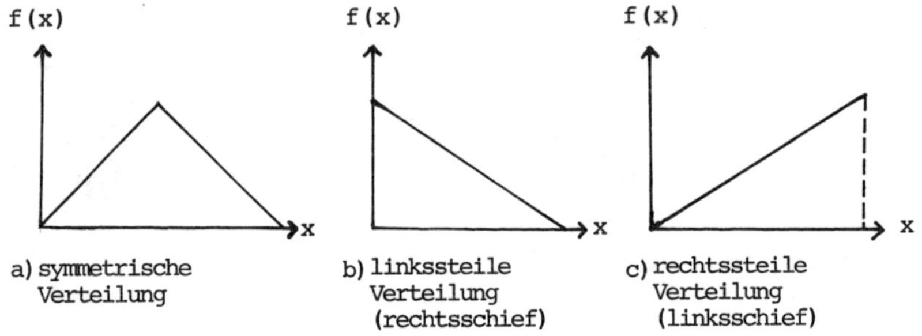

Fig. 7.5. Schiefe von Verteilungen

Wie die Varianz läßt sich auch das 3. zentrale Moment m_3 mit Hilfe von gewöhnlichen Momenten berechnen. Es gilt nämlich

(7.26) $$m_3 = \mu_3 - 3\mu_2\mu_1 + 2\mu_1^3$$

wegen

$$\begin{aligned} m_3 &= E(X-\mu)^3 = E(X^3 - 3X^2\mu + 3X\mu^2 - \mu^3) \\ &= E(X^3) - 3\mu E(X^2) + 3\mu^2 E(X) - \mu^3 \\ &= \mu_3 - 3\mu_1\mu_2 + 3\mu_1^2\mu_1 - \mu_1^3 \\ &= \mu_3 - 3\mu_1\mu_2 + 3\mu_1^3 - \mu_1^3. \end{aligned}$$

Beispiel: Die Zufallsvariable X habe folgende Dichtefunktion

$$f(x) = \begin{cases} 1 - \frac{x}{2} & \text{für} \quad 0 \le x \le 2 \\ 0 & \text{sonst.} \end{cases}$$

Diese Dichtefunktion ist offensichtlich vom Typ b) der Fig. 7.5. mit $f(0) = 1$ und $f(2) = 0$. Wir berechnen die Momente

$$\mu_1 = E(X) = \int_0^2 x(1 - \frac{x}{2})\,dx = \int_0^2 (x - \frac{x^2}{2})\,dx = [\frac{x^2}{2} - \frac{x^3}{6}]_0^2 = 2 - \frac{4}{3} = \frac{2}{3}$$

$$\mu_2 = \int_0^2 x^2(1 - \frac{x}{2})\,dx = \int_0^2 (x^2 - \frac{x^3}{2})\,dx = [\frac{x^3}{3} - \frac{x^4}{8}]_0^2 = \frac{8}{3} - 2 = \frac{2}{3}$$

(Hieraus folgt: $V(X) = m_2 = \mu_2 - \mu_1^2 = \frac{2}{3} - \frac{4}{9} = \frac{2}{9}$.)

$$\mu_3 = \int_0^2 x^3(1 - \frac{x}{2})\,dx = \int_0^2 (x^3 - \frac{x^4}{2})\,dx = [\frac{x^4}{4} - \frac{x^5}{10}]_0^2 = 4 - \frac{16}{5} = \frac{4}{5}$$

Mit (7.26) erhalten wir dann

$$m_3 = \frac{4}{5} - 3\cdot\frac{2}{3}\cdot\frac{2}{3} + 2\cdot\left(\frac{2}{3}\right)^3 = \frac{4}{5} - \frac{4}{3} + \frac{16}{27} = \frac{108 - 180 + 80}{135} = \frac{8}{135} > 0$$

sowie

$$\gamma_1 = \frac{m_3}{\sigma^3} = \frac{\frac{8}{135}}{\left(\sqrt{\frac{2}{9}}\right)^3} = \frac{54}{135}\cdot\sqrt{2} > 0 \text{ (linkssteil, rechtsschief).}$$

Die Berechnung des 4. zentralen Momentes m_4 aus gewöhnlichen Momenten erfolgt mit

(7.27) $$m_4 = \mu_4 - 4\mu_3\mu_1 + 6\mu_2\mu_1^2 - 3\mu_1^4 ,$$

denn

$$\begin{aligned} m_4 &= E(X-\mu)^4 = E(X^4-4X^3\mu+6X^2\mu^2-4X\mu^3+\mu^4) \\ &= E(X^4) - 4\mu E(X^3) + 6\mu^2 E(X^2) - 4\mu^3 E(X) + \mu^4 \\ &= \mu_4 - 4\mu_1\mu_3 + 6\mu_1^2 u_2 - 4\mu_1^3\mu_1 + \mu_1^4 \\ &= \mu_4 - 4\mu_3\mu_1 + 6\mu_2\mu_1^2 - 4\mu_1^4 + \mu_1^4 . \end{aligned}$$

Mit m_4 wird das normierte Maß

(7.28) $$\gamma_2 = \frac{m_4}{\sigma^4} - 3$$

gebildet, das die Wölbung(Steilheit, Exzeß, engl.:kurtosis) einer Verteilung(gemeint ist wieder die Wahrscheinlichkeitsverteilung im diskreten Fall bzw. die Dichtefunktion im stetigen Fall) mißt. Für $\gamma_2 = 0$ ist die Wölbung einer Verteilung normal, für $\gamma_2 > 0$ ist die Wölbung stärker, es handelt sich also um eine steilere Verteilung. Für $\gamma_2 < 0$ ist die Wölbung schwächer, es handelt sich also um eine flachere Verteilung. Das Maß (7.28) orientiert sich an der sogenannten Normalverteilung(die im nächsten Kapitel behandelt wird), für die gilt $m_4 = 3\sigma^4$ und somit $\gamma_2=0$.

Beispiele: Für das vorangehende Beispiel mit linkssteiler Verteilung berechnen wir

$$\mu_4 = \int_0^2 x^4(1 - \frac{x}{2})\,dx = \int_0^2 (x^4 - \frac{x^5}{2})\,dx = \left[\frac{x^5}{5} - \frac{x^6}{12}\right]_0^2 = \frac{32}{5} - \frac{16}{3} = \frac{16}{15} ,$$

woraus wir mit (7.27) erhalten

$$m_4 = \frac{16}{5} - 4\cdot\frac{4}{5}\cdot\frac{2}{3} + 6\cdot\frac{2}{3}\cdot\left(\frac{2}{3}\right)^2 - 3\cdot\left(\frac{2}{3}\right)^4$$

$$= \frac{16}{5} - \frac{32}{15} + \frac{16}{9} - \frac{16}{27} = \frac{432 - 288 + 240 - 80}{135} = \frac{304}{135},$$

was nun in (7.28) eingesetzt werden kann mit $\sigma^4 = [V(X)]^2 = \frac{4}{81}$, so daß $\gamma_2 = 42\frac{3}{5} > 0$ anzeigt, daß die Wölbung größer ist als bei der Normalverteilung.

Im Drachenschnurbeispiel (Gleichverteilung) erhalten wir für m_4 den Wert $m_4 = 1.250.000$, der bei einer Varianz $\sigma^2 = 833,\overline{3}$ zu einem Wert des Wölbungsmaßes von $\gamma_2 \cong -1,2 < 0$ führt, womit die Wölbung geringer ist als bei der Normalverteilung (und natürlich auch geringer als im vorangehenden Beispiel).

7.4. Unkorreliertheit und Unabhängigkeit von Zufallsvariablen

Wir betrachten zunächst die Kovarianz zweier Zufallsvariablen X und Z, für die eine **gemeinsame** Wahrscheinlichkeitsverteilung (bzw. Dichtefunktion) existiert (vgl. hierzu (7.11')).

7.4.1. Die Kovarianz zweier Zufallsvariablen

Definition: Die Kovarianz zweier Zufallsvariablen X und Z mit $E(X) = \mu_X$ und $E(Z) = \mu_Z$

(7.29) $$Cov(X, Z) = E[(X - \mu_X)(Z - \mu_Z)]$$

lautet im diskreten Fall, wenn eine gemeinsame Wahrscheinlichkeitsverteilung $p_{ij} = P(X=x_i, Z=z_j)$, $i=1,\ldots,n$, $j=1,\ldots,m$ existiert:

(7.29') $$Cov(X, Z) = \sum_{i=1}^{n} \sum_{j=1}^{m} (x_i - \mu_X)\cdot(z_j - \mu_Z)\cdot p_{ij}$$

bzw. im stetigen Fall, wenn eine gemeinsame Dichtefunktion $f(x, z)$ existiert:

(7.29") $$Cov(X, Z) = \int_{-\infty}^{\infty} \int_{-\infty}^{\infty} (x - \mu_X)\cdot(z - \mu_Z)\cdot f(x, z)\, dx\, dz .$$

Im diskreten Fall berechnet man die Erwartungswerte $E(X) = \mu_X$ und $E(Z) = \mu_Z$ wie in (7.11'), im stetigen Fall gilt für diese Erwartungswerte

(7.30) $$\mu_X = \int_{-\infty}^{\infty} x \cdot f(x)\, dx \quad \text{und} \quad \mu_Z = \int_{-\infty}^{\infty} z \cdot f(z)\, dz,$$

wobei

(7.31) $$f(x) = \int_{-\infty}^{\infty} f(x, z)\, dz \quad \text{und} \quad f(z) = \int_{-\infty}^{\infty} f(x, z)\, dx$$

die marginalen Dichtefunktionen sind (dies sind gewöhnliche, eindimensionale Dichtefunktionen), die man aus der(zweidimensionalen)gemeinsamen Dichtefunktion gewinnt, indem die andere Zufallsvariable herausintegriert wird.

Beispiel: Für das Beispiel im Anschluß an Gleichung (7.11') hatten wir bereits die Erwartungswerte $\mu_X = \frac{17}{4}$ und $\mu_Z = \frac{15}{8}$ berechnet und erhalten daher für die Kovarianz der beiden Zufallsvariablen X und Z

$$\begin{aligned} \text{Cov}(X, Z) = {} & (4 - \tfrac{17}{4}) \cdot (1 - \tfrac{15}{8}) \cdot \tfrac{1}{4} + (4 - \tfrac{17}{4}) \cdot (2 - \tfrac{15}{8}) \cdot \tfrac{1}{4} \\ & + (4 - \tfrac{17}{4}) \cdot (3 - \tfrac{15}{8}) \cdot \tfrac{1}{4} + (5 - \tfrac{17}{4}) \cdot (1 - \tfrac{15}{8}) \cdot \tfrac{1}{8} \\ & + (5 - \tfrac{17}{4}) \cdot (2 - \tfrac{15}{8}) \cdot \tfrac{1}{8} + 0 \\ = {} & (-\tfrac{1}{4}) \cdot (-\tfrac{7}{8}) \cdot \tfrac{1}{4} + (-\tfrac{1}{4}) \cdot \tfrac{1}{8} \cdot \tfrac{1}{4} + (-\tfrac{1}{4}) \cdot \tfrac{9}{8} \cdot \tfrac{1}{4} \\ & + \tfrac{3}{4} \cdot (-\tfrac{7}{8}) \cdot \tfrac{1}{8} + \tfrac{3}{4} \cdot \tfrac{1}{8} \cdot \tfrac{1}{8} \\ = {} & \frac{7 - 1 - 9}{128} - \frac{21 - 3}{256} = -\frac{3}{32}. \end{aligned}$$

Beispiel: Die gemeinsame Dichtefunktion zweier Zufallsvariablen X und Z sei

$$f(x, z) = \begin{cases} \frac{x}{4} + \frac{z}{2} & \text{für } 0 \leq z \leq 1 \text{ und } 0 \leq x \leq 2 \\ 0 & \text{sonst.} \end{cases}$$

Mit (7.31) erhält man

$f(x) = \frac{1}{4} + \frac{x}{4}$ für $0 \leq x \leq 2$ sowie $f(z) = \frac{1}{2} + z$ für $0 \leq z \leq 1$,

mit (7.30) errechnet man $\mu_X = \frac{7}{6}$ sowie $\mu_Z = \frac{7}{12}$ und erhält dann für die Kovarianz der beiden Zufallsvariablen X und Z

$$\text{Cov}(X, Z) = \int_0^1 \{ \int_0^2 (x - \tfrac{7}{6}) \cdot (z - \tfrac{7}{12}) \cdot (\tfrac{x}{4} + \tfrac{z}{2})\, dx \}\, dz,$$

was nach einiger Rechnerei den Wert $Cov(X, Z) = -\frac{59}{36}$ ergibt.

Auf der Grundlage von (7.29) erhält man als Zerlegung der Kovarianz

(7.32) $$Cov(X, Z) = E(X \cdot Z) - \mu_X \cdot \mu_Z ,$$

da
$$\begin{aligned} E[(X - \mu_X) \cdot (Z - \mu_Z)] &= E(X \cdot Z) - E(X \cdot \mu_Z) - E(\mu_X \cdot Z) \\ &\quad + E(\mu_X \cdot \mu_Z) \\ &= E(X \cdot Z) - \mu_Z \cdot E(X) - \mu_X \cdot E(Z) \\ &\quad + \mu_X \cdot \mu_Z \\ &= E(X \cdot Z) - \mu_Z \cdot \mu_X - \mu_X \cdot \mu_Z + \mu_Z \cdot \mu_X . \end{aligned}$$

Mit (7.29) können wir auch die Varianz der Summe zweier Zufallsvariablen X und Z zerlegen:

(7.33) $$V(X + Z) = V(X) + V(Z) + 2 \cdot Cov(X, Z),$$

denn es gilt
$$\begin{aligned} V(X + Z) &= E\{[(X + Z) - E(X + Z)]^2\} \\ &= E\{[X - E(X) \quad + \quad Z - E(Z)]^2\} \\ &= E\{[X - E(X)]^2 + 2 \cdot [X - E(X)] \cdot [Z - E(Z)] \\ &\quad + [Z - E(Z)]^2\} \\ &= E[(X - \mu_X)^2] + E[(Z - \mu_Z)^2] \\ &\quad + 2 \cdot E[(X - \mu_X) \cdot (Z - \mu_Z)], \end{aligned}$$

wobei zunächst innerhalb der eckigen Klammern umgruppiert, sodann das Binom innerhalb der geschweiften Klammern ausgerechnet und schließlich der Erwartungsoperator auf die einzelnen Ausdrücke bezogen wurde.

Wie die Stichprobenkovarianz (siehe Abschnitt 5.2.) ist die Kovarianz in der Grundgesamtheit abhängig von der Dimension der beteiligten Zufallsvariablen X und (hier) Z, so daß ein dimensionsloses Maß für den Zusammenhang der Zufallsvariablen X und Z vorzuziehen ist.

Definition: Die Korrelation zweier Zufallsvariablen X und Z mit Standardabweichungen σ_X und σ_Z lautet

(7.34) $$\rho_{XZ} = \frac{Cov(X, Z)}{\sigma_X \cdot \sigma_Z} .$$

Somit gilt

$$\rho_{XZ} = \frac{E[(X - \mu_X)(Z - \mu_Z)]}{\sqrt{E[(X-\mu_X)^2] \cdot E[(Z-\mu_Z)^2]}}$$

und mit der Schwarzschen Ungleichung

(7.35) $$[E(X \cdot Z)]^2 \leq E(X^2) \cdot E(Y^2)$$

kann man beweisen(siehe Rutsch-Schriever[1976], S. 129), daß

$$-1 \leq \rho_{XZ} \leq 1.$$

Die Zufallsvariablen X und Z sind unkorreliert, wenn Cov(X, Z) = 0 und somit $\rho_{XZ} = 0$.
Ist Y eine lineare Funktion von X

(7.36) $$Y = a + b \cdot X \quad \text{mit } b > 0 \text{ (positive Abhängigkeit)}$$

so gilt $\rho_{XY} = 1$, wie man durch Einsetzen in (7.34) zeigen kann. Ist in (7.36) $b < 0$ (negative Abhängigkeit), so gilt $\rho_{XY} = -1$.

Für unkorrelierte Zufallsvariablen X und Z gilt

(7.37) $$E(X \cdot Z) = E(X) \cdot E(Z),$$

was man direkt aus (7.32) mit Cov(X, Z) = 0 und $E(X) = \mu_X$ bzw. $E(Z) = \mu_Z$ erhält.

Die Varianz der Summe zweier unkorrelierter Zufallsvariablen X und Z ist gleich der Summe der Varianzen dieser Zufallsvariablen:

(7.38) $$V(X + Z) = V(X) + V(Z) \quad \text{für } Cov(X, Z) = 0,$$

wie man mit (7.33) erkennt.

Für n Zufallsvariablen $X_1, X_2, \ldots, X_n$ kann man analog zu (7.33) herleiten

$$(7.39) \qquad V\left(\sum_{i=1}^{n} X_i\right) = \sum_{i=1}^{n} V(X_i) + \sum_{\substack{i=1 \\ i \neq j}}^{n} \sum_{j=1}^{n} \mathrm{Cov}(X_i, X_j).$$

Wir bemerken daher, daß in Verallgemeinerung von (7.38) gilt, daß die Varianz der Summe unkorrelierter Zufallsvariablen gleich der Summe der Varianzen dieser Zufallsvariablen ist:

$$(7.40) \qquad V\left(\sum_{i=1}^{n} X_i\right) = \sum_{i=1}^{n} V(X_i), \text{ wenn } \mathrm{Cov}(X_i, X_j) = 0 \text{ für alle } i \text{ und } j,\ i,j = 1,\ldots,n \text{ mit } i \neq j.$$

7.4.2. Unabhängigkeit zweier Zufallsvariablen

Definition: Zwei Zufallsvariablen X und Z mit gemeinsamer Verteilungsfunktion $F(x, z) = P(X \leq x, Z \leq z)$ sind unabhängig, wenn gilt

$$(7.41) \qquad F(x, z) = F(x) \cdot F(z),$$

d.h. wenn die gemeinsame Verteilungsfunktion gleich dem Produkt der marginalen Verteilungsfunktionen $F(x) = P(X \leq x)$ und $F(z) = P(Z \leq z)$ ist.

Für stetige Zufallsvariablen X und Z gilt (7.41) dann und nur dann, wenn

$$(7.42) \qquad f(x, z) = f(x) \cdot f(z),$$

d.h. wenn die gemeinsame Dichtefunktion $f(x, z)$ gleich dem Produkt der marginalen Dichtefunktionen $f(x)$ und $f(z)$ ist:

Einerseits gilt nämlich

$$f(x, z) = \frac{\partial^2 F(x, z)}{\partial x\, \partial z} = \frac{\partial^2 F(x) \cdot F(z)}{\partial x \quad \partial z} = \frac{\partial F(x)}{\partial x} \cdot \frac{\partial F(z)}{\partial z} = f(x) \cdot f(z),$$

wobei (7.41) verwendet und von der Differenzierbarkeit der gemeinsamen Verteilungsfunktion bezüglich der beiden stetigen Variablen Gebrauch gemacht wurde. Andererseits gilt

$$F(x,\ z) = \int_{-\infty}^{x}\{\int_{-\infty}^{z} f(s,\ u)\ du\}\ ds = \int_{-\infty}^{x}\{\int_{-\infty}^{z} f(s)\cdot f(u)\ du\}\ ds$$

$$= \int_{-\infty}^{x} f(s)\{\int_{-\infty}^{z} f(u)\ du\}\ ds = \int_{-\infty}^{x} f(s)\cdot F(z)\ ds$$

$$= F(z)\cdot \int_{-\infty}^{x} f(s)\ ds = F(z)\cdot F(x),$$

wobei (7.42) verwendet wurde und Konstanten vor das jeweilige Integral gezogen werden konnten.

Die Unabhängigkeit zweier Zufallsvariablen X und Z impliziert deren Unkorreliertheit(jedoch sind unkorrelierte Zufallsvariablen nicht immer unabhängig). Dies soll für zwei stetige Zufallsvariablen X und Z gezeigt werden. Aus (7.29") gewinnen wir durch Einsetzen der Unabhängigkeitsbedingung (7.42)

(7.43) $$\mathrm{Cov}(X,\ Z) = \int_{-\infty}^{\infty}\int_{-\infty}^{\infty} (x - \mu_X)\cdot(z - \mu_Z)\cdot f(x)\cdot f(z)\ dx\ dz$$

$$= \{\int_{-\infty}^{\infty}(x - \mu_X)\cdot f(x)\ dx\}\cdot\{\int_{\infty}^{\infty}(z - \mu_Z)\cdot f(z)\ dz\}$$

$$= 0,$$

da $\int_{-\infty}^{\infty}(x - \mu_X)\cdot f(x)\ dx = \int_{-\infty}^{\infty} x\cdot f(x)\ dx - \mu_X\cdot\int_{-\infty}^{\infty} f(x)\ dx = \mu_X - \mu_X = 0.$

Da somit unabhängige Zufallsvariablen stets unkorreliert sind, gilt für unabhängige Zufallsvariablen X und Z ebenfalls

(7.37) $E(X\cdot Z) = E(X)\cdot E(Z)$

und

(7.38) $V(X + Z) = V(X) + V(Z)$

bzw. für n unabhängige Zufallsvariablen $X_1,\ X_2,\ \ldots,\ X_n$

(7.40) $$V(\sum_{i=1}^{n} X_i) = \sum_{i=1}^{n} V(X_i),$$

d.h. die Varianz der Summe unabhängiger Zufallsvariablen mit

(7.41') $F(x_1,\ x_2,\ \ldots,\ x_n) = F(x_1)\cdot F(x_2)\cdot\ \ldots\ \cdot F(x_n)$

ist gleich der Summe der Varianzen dieser Zufallsvariablen.

Übungsaufgaben

7.1. Welche Eigenschaften charakterisieren eine Verteilungsfunktion?

7.2. Nennen Sie die beiden Eigenschaften, die für Dichtefunktionen charakteristisch sind. Welches sind die entsprechenden Eigenschaften für Wahrscheinlichkeitsverteilungen?

7.3. Eine Zufallsvariable X nimmt die Werte 2, 5, 6 mit den Wahrscheinlichkeiten 1/6, 1/3, 1/2 an.
a) Berechnen Sie das erste, zweite und dritte gewöhnliche Moment von X.
b) Berechnen Sie das erste, zweite und dritte zentrale Moment von X.

7.4. Eine Zufallsvariable X habe folgende Dichtefunktion:

$$f(x) = \begin{cases} \frac{x}{4} & \text{für } 0 \leq x \leq 2 \\ \frac{1}{2} & \text{für } 2 < x \leq 3 \\ 0 & \text{sonst.} \end{cases}$$

a) Zeichnen Sie diese Dichtefunktion.
b) Berechnen Sie den Erwartungswert der Zufallsvariablen X.
c) Bestimmen Sie die Verteilungsfunktion der Zufallsvariablen X.

7.5. Eine Zufallsvariable X habe folgende Verteilungsfunktion:

$$F(x) = \begin{cases} 0 & \text{für } x \leq -1 \\ \frac{1}{2} + x + \frac{x^2}{2} & \text{für } -1 < x \leq 0 \\ \frac{1}{2} + x - \frac{x^2}{2} & \text{für } 0 < x \leq 1 \\ 1 & \text{für } x > 1 \end{cases}$$

a) Bestimmen Sie die Dichtefunktion der Zufallsvariablen X.
b) Zeichnen Sie die Dichtefunktion der Zufallsvariablen X.
c) Berechnen Sie den Erwartungswert und die Varianz der Zufallsvariablen X.

Weiterführende Literatur

Fisz [1973]
Menges [1972]
Rutsch-Schriever [1976]
Oberhofer [1979]
Bamberg-Baur [1980]
Kendall-Stuart [1963]
Sachs [1974]

8. Kapitel
Einige Verteilungstypen

In diesem Kapitel sollen die für die Anwendung bedeutsamsten Verteilungstypen vorgestellt werden. Für den ökonomischen Anwendungsbereich dominieren hierbei Wahrscheinlichkeitsmodelle diskreter Zufallsvariablen, die somit die Herleitung einer bestimmten Wahrscheinlichkeitsverteilung dieser Zufallsvariablen gestatten. Aus diesen Wahrscheinlichkeitsverteilungen(bzw. im stetigen Fall: Dichtefunktionen) lassen sich dann die Momente der betreffenden Zufallsvariablen bestimmen, was insbesondere für den Erwartungswert und die Varianz veranschaulicht werden soll.

8.1. Die Null-Eins-Verteilung

Wir betrachten eine diskrete Zufallsvariable X, die nur die Werte $x_0 = 1$ bzw. $x_1 = 0$ annehmen kann. Mit einer solchen zweiwertigen Zufallsvariablen kann man etwa festhalten, ob ein zufälliges Ereignis eintritt(Erfolg) oder nicht(Mißerfolg), z.B. ob es heute regnet(Erfolg, d.h. $x_0 = 1$) oder nicht(Mißerfolg, d.h. $x_1 = 0$). Die Anwendungsmöglichkeiten solcher dichotomer Zufallsvariablen sind vielfach.

Wir bezeichnen nun die Wahrscheinlichkeit, daß unsere Zufallsvariable X einen Erfolg registriert, d.h. $X = x_0 = 1$, mit p. Die Erfolgswahrscheinlichkeit p (Bernoulliparameter,nach Jakob Bernoulli(1654-1705)) ist also definiert durch

(8.1) $$P(X = x_0 = 1) = p \; .$$

Die komplementäre Wahrscheinlichkeit ist dann die Wahrscheinlichkeit, daß unsere Zufallsvariable X einen Mißerfolg registriert, d.h. für $X = x_1 = 0$ gilt

(8.2) $$P(X = x_1 = 0) = 1 - p = q \, .$$

Erfolgswahrscheinlichkeit p und Mißerfolgswahrscheinlichkeit q addieren sich also zu 1.

(8.1) ist zugleich die Wahrscheinlichkeitsverteilung der Null-Eins-Verteilung, d.h. die Verteilung einer Zufallsvariablen X, die einen einzigen Erfolg mißt. Als Erwartungswert dieser Zufallsvariablen erhält man, da nur Erfolg x_0 mit Wahrscheinlichkeit p und Mißerfolg x_1 mit Wahrscheinlichkeit q eintreten können,

(8.3) $$\begin{aligned} E(X) &= x_0 \cdot P(X=x_0) + x_1 \cdot P(X=x_1) \\ &= 1 \cdot p + 0 \cdot q \\ &= p \end{aligned}$$

(Zum Vergleich: In (7.8) ist zu setzen i = 0, 1, so daß $p_0 = p$ und $p_1 = q$).

Die Varianz der null-eins-verteilten Zufallsvariablen X gewinnt man durch sinngemäße Anwendung von (7.13) als

(8.4) $$\begin{aligned} V(X) &= [x_0 - E(X)]^2 \cdot P(X=x_0) + [x_1 - E(X)]^2 \cdot P(X=x_1) \\ &= (1 - p)^2 \cdot p + (0 - p)^2 \cdot q \\ &= q^2 \cdot p + p^2 \cdot q = p \cdot q(q + p) \\ &= p \cdot q, \end{aligned}$$

da q + p = 1.

8.2. Die Binomialverteilung

Das Wahrscheinlichkeitsmodell der Null-Eins-Verteilung läßt sich verallgemeinern mit dem Konzept der Bernoullifolge, das der ebenfalls von Jakob Bernoulli entwickelten Binomialverteilung und anderen Verteilungstypen zugrundeliegt.

Definition: Unter einer Bernoullifolge versteht man eine Folge von Zufallsvariablen (Zufallsexperimenten), die identisch und unabhängig verteilt sind, wobei jede dieser Zufallsvariablen nur die Werte $x_0 = 1$ (Erfolg) bzw. $x_1 = 0$ (Mißerfolg) annehmen kann.

Man kann die Bernoullifolge also verstehen als eine Aufeinanderfolge von Zufallsexperimenten, wobei der Ausgang eines solchen Zufallsexperiments eine Zufallsvariable ist, die nur zwei Werte annehmen kann, und die Experimente unter vergleichbaren Bedingungen, ansonsten aber unabhängig voneinander durchgeführt werden. So könnte man an einer Reihe von Tagen feststellen, ob es geregnet hat oder nicht, wobei durch die Forderung der identischen und unabhängigen Verteilung die Auswahl geeigneter Tage vorzunehmen wäre. Das gängige Beispiel zur Veranschaulichung einer Bernoullifolge besteht in einer Folge von Münzwürfen, da in jedem Wurf die Münze entweder mit Kopf oder mit Wappen nach oben zu liegen kommt, jeder Wurf also identisch null-eins-verteilt ist und Unabhängigkeit der Münzwürfe vorausgesetzt werden kann. In diesem Beispiel nimmt der Bernoulliparameter p in jedem Wurf den Wert 0,5 an. Wie groß ist dann die Wahrscheinlichkeit, daß man in 4 Würfen zuerst zweimal Erfolg und danach zweimal Mißerfolg hat, wenn "Kopf" als Erfolg (x_0) gewertet wird? Offenkundig entspricht das der Folge x_0, x_0, x_1, x_1 mit zugehörigen Wahrscheinlichkeiten pro Wurf von p, p, q, q. Da Unabhängigkeit der einzelnen Würfe vorausgesetzt werden kann, ist die Wahrscheinlichkeit des Auftretens gerade dieser Folge, $P(X_1=x_0,\ X_2=x_0,\ X_3=x_1\ X_4=x_1)$, wobei die null-eins-verteilten Zufallsvariablen X_i, $i=1,\ldots,4$, den Würfen 1 bis 4 zugeordnet werden, gleich dem Produkt der Wahrscheinlichkeiten der einzelnen Würfe. Es gilt also

$$\begin{aligned} P(X_1=x_0,\ X_2=x_0,\ X_3=x_1,\ X_4=x_1) &= P(X_1=x_0)\cdot P(X_2=x_0)\cdot \\ &\quad \cdot P(X_3=x_1)\cdot P(X_4=x_1) \\ &= p\cdot p\cdot q\cdot q \\ &= p^2\cdot q^2 , \end{aligned}$$

d.h. für $p=q=\frac{1}{2}$ ist die gesuchte Wahrscheinlichkeit gleich $\frac{1}{16}$.

Da jeder Wurf aus zwei Modalitäten ("Kopf" oder "Wappen") besteht, gibt es in 4 Würfen 2^4 verschiedene Folgen von 4 Elementen, so daß die Folge x_0, x_0, x_1, x_1 eine von 16 gleichmöglichen Folgen ist.

Wie groß ist nun die Wahrscheinlichkeit, daß in 4 Würfen 2 Erfolge auftreten? Auch hier ist nach dem Auftreten von 2 Erfolgen(zweimal Kopf) und 2 Mißerfolgen(zweimal Wappen) gefragt, doch ist im Unterschied zur vorher beantworteten Frage die Reihenfolge des Auftretens von 2 Erfolgen und zwei Mißerfolgen beliebig. Unter 16 gleichmöglichen Folgen sind jetzt 6 Folgen günstig im Sinne der Fragestellung, nämlich die Folgen

$$x_0, x_0, x_1, x_1$$

$$x_0, x_1, x_0, x_1$$

$$x_0, x_1, x_1, x_0$$

$$x_1, x_0, x_0, x_1$$

$$x_1, x_0, x_1, x_0 \text{ und}$$

$$x_1, x_1, x_0, x_0 \,.$$

Mit Wahrscheinlichkeit $\frac{6}{16} = \frac{3}{8}$ werden also in 4 Würfen 2 Erfolge (genau zweimal "Kopf") auftreten, wenn das Auftreten von "Kopf" und "Wappen" im einzelnen Wurf gleichwahrscheinlich ist.

Allgemein interessiert uns die Anzahl von k Erfolgen in n Versuchen mit Erfolgswahrscheinlichkeit p in jedem der Versuche. Die Anzahl von k Erfolgen in n Versuchen erhalten wir durch die binomischen Koeffizienten(Binomialkoeffizienten) $\binom{n}{k}$ (Sprechweise: n über k).

Definition: Die binomischen Koeffizienten $\binom{n}{k}$ des Binoms $(a + b)^n$ erhält man durch

(8.5) $$\binom{n}{k} = \frac{n!}{k!(n-k)!} \qquad k = 0, 1, \ldots, n,$$

wobei für n!(Sprechweise: n Fakultät) gilt

(8.6) $$n! = 1 \cdot 2 \cdot \ldots \cdot n \quad \text{für natürliche Zahlen n und}$$
$$0! = 1.$$

Durch Einsetzen von (8.6) in (8.5) erhalten wir

$$\binom{n}{k} = \frac{1\cdot 2\cdot\ \ldots\ \cdot(n-k)\cdot(n-k+1)\cdot\ldots\cdot n}{1\cdot 2\cdot\ \ldots\ \cdot k\ \cdot\ 1\cdot 2\cdot\ \ldots\ \cdot(n-k)}$$

und nach Kürzen der Faktoren 1, 2, ...,(n-k) und Umordnen

$$(8.7)\qquad \binom{n}{k} = \frac{n\cdot(n-1)\cdot\ldots\cdot(n-k+1)}{k!}\ ,$$

d.h. man erhält nach (8.7) den binomischen Koeffizienten $\binom{n}{k}$, indem man im Zähler, ausgehend von n,einen Faktor aus dem vorhergehenden durch Subtraktion von 1 erhält und beachtet, daß im Zähler und im Nenner gleichviele Faktoren, nämlich k Faktoren, stehen.

Beispiel: Für das Binom $(a + b)^2 = 1\cdot a^2 + 2\cdot ab + 1\cdot b^2$ sind 1, 2 und 1 die binomischen Koeffizienten, die man erhält(n=2) als $\binom{2}{0} = \frac{2!}{0!2!} = \frac{2!}{2!} = 1$, $\binom{2}{1} = \frac{2}{1} = 2$ und $\binom{2}{2} = \frac{2!}{2!0!} = \frac{2!}{2!} = 1$.

Für das Binom $(a + b)^3 = 1\cdot a^3 + 3\cdot a^2b + 3\cdot ab^2 + 1\cdot b^3$ erhält man die binomischen Koeffizienten (n=3) für k = 0, 1, 2, 3: $\binom{3}{0} = 1$, $\binom{3}{1} = 3$, $\binom{3}{2} = \frac{3\cdot 2}{1\cdot 2} = 3$ und $\binom{3}{3} = 1$.

Mit dem Pascalschen Dreieck lassen sich die binomischen Koeffizienten anordnen(Fig. 8.1).

								k=0					
n=0						1			k=1				
n=1					1		1			k=2			
n=2				1		2		1			k=3		
n=3			1		3		3		1			k=4	
n=4		1		4		6		4		1			k=5
n=5	1		5		10		10		5		1		.
.	.										.		.
.	1	$\binom{n}{1}$	.	.	.	.	.	$\binom{n}{n-1}$	1				

Fig. 8.1. Pascalsches Dreieck

Am Rand dieses gleichschenkligen Dreiecks stehen Einser, eine neue Zeile im Innern des Dreiecks wird gebildet, indem jeweils zwei benachbarte Werte der vorangehenden Zeile summiert werden.

Für das Binom $(a + b)^n$ können wir also mittels der binomischen Koeffizienten schreiben

$$(a + b)^n = \binom{n}{0} \cdot a^n + \binom{n}{1} \cdot a^{n-1}b + \ldots + \binom{n}{n-1} \cdot ab^{n-1} + \binom{n}{n} \cdot b^n .$$

Ordnen wir die Summanden in der umgekehrten Reihenfolge an, so gilt

$$(a + b)^n = \binom{n}{n} \cdot b^n + \binom{n}{n-1} \cdot ab^{n-1} + \ldots + \binom{n}{0} \cdot a^n$$

$$= \sum_{k=0}^{n} \binom{n}{n-k} \cdot a^k \cdot b^{n-k} .$$

Hieraus erhalten wir infolge der Symmetrie der binomischen Koeffizienten

$$\binom{n}{k} = \frac{n!}{k!(n-k)!} = \frac{n!}{(n-k)!k!} = \binom{n}{n-k}$$

nunmehr

(8.8) $$(a + b)^n = \sum_{k=0}^{n} \binom{n}{k} \cdot a^k \cdot b^{n-k}$$

(zur Veranschaulichung sei nochmals das letzte Beispiel mit n=2 bzw. n=3 empfohlen).

In unserem viermaligen Münzwurf(n=4) bestimmt uns der binomische Koeffizient $\binom{n}{k}$ die Anzahl von k Erfolgen in n Versuchen, so daß wir mit $\binom{4}{2} = \frac{4 \cdot 3}{1 \cdot 2} = \frac{12}{2} = 6$ die Anzahl der Folgen erhalten, die aus 4 Elementen bestehen, von denen zwei Erfolge ("Kopf", x_0) sind. Die Wahrscheinlichkeit für das Auftreten einer jeden dieser 6 Folgen ist gleich $p^2 \cdot q^2$, da in irgendeiner Reihenfolge genau 2 Erfolge und 2 Mißerfolge unabhängig voneinander eintreten. Mithin kann man die Wahrscheinlichkeit für 2 Erfolge in 4 Versuchen auch mit $\binom{4}{2} p^2 q^2$ bestimmen, woraus man für $p=q= \frac{1}{2}$ wieder den Wert $\frac{3}{8}$ errechnen kann.

Allgemein erhält man die Wahrscheinlichkeit für k Erfolge in n unabhängigen Versuchen mit Erfolgswahrscheinlichkeit p durch

$$\binom{n}{k} p^k q^{n-k} .$$

Wir sind nun in der Lage, in einer Bernoullifolge mit n identisch und unabhängig null-eins-verteilten Zufallsvariablen

$X_1, X_2, \ldots, X_n$ mit der Summenvariablen

$$X = X_1+X_2+ \ldots + X_n$$

die Anzahl k der Erfolge in n Versuchen zu registrieren und die zugehörige Wahrscheinlichkeit anzugeben.

Definition: Die Wahrscheinlichkeitsverteilung der Binomialverteilung für eine Bernoullifolge von n Versuchen

$$(8.9) \qquad P(X = k; n, p) = \binom{n}{k} p^k q^{n-k}, \qquad k = 0, 1, \ldots, n$$

bestimmt die Wahrscheinlichkeit, daß die Zufallsvariable X, die die Anzahl der Erfolge mißt, die in n Versuchen eintreten, den Wert k annimmt, wenn in jedem Einzelversuch die Erfolgswahrscheinlichkeit gleich p(Bernoulliparameter) ist.

Die Parameter der Binomialverteilung sind also n und p, die in (8.9) durch Semikolon von der Zufallsvariablen X(Anzahl der Erfolge) getrennt aufgeführt sind. Die Wahrscheinlichkeitsverteilung der Null-Eins-Verteilung

$$(8.1) \qquad P(X = 1;p) = p$$

ist also ein Spezialfall der Binomialverteilung für n=1 und k=1.

Berücksichtigt man, daß die Zufallsvariable X die Summe von n identisch und unabhängig null-eins-verteilten Zufallsvariablen X_i, i=1,...,n ist, wobei jede dieser Zufallsvariablen den Erwartungswert $E(X_i) = p$ und die Varianz $V(X_i) = p \cdot q$ besitzt, so folgt nach (7.11') für den Erwartungswert der Summenvariablen X

$$(8.10) \qquad E(X) = E\left(\sum_{i=1}^{n} X_i\right) = \sum_{i=1}^{n} E(X_i)$$

(d.h. der Erwartungswert einer Summe ist gleich der Summe der Erwartungswerte, wenn eine gemeinsame Wahrscheinlichkeitsverteilung bzw. gemeinsame Dichtefunktion existiert), daß

$$(8.11) \qquad E(X) = \sum_{i=1}^{n} E(X_i) = \sum_{i=1}^{n} p = n \cdot p$$

(anzumerken ist, daß in (8.10) und (8.11) die Annahme der Unabhängigkeit entbehrlich ist); weiter folgt mit (7.40) für die Varianz der Summenvariablen X (wegen der Unabhängigkeit der X_i)

$$(8.12) \qquad V(X) = V(\sum_{i=1}^{n} X_i) = \sum_{i=1}^{n} V(X_i) = \sum_{i=1}^{n} p \cdot q = n \cdot p \cdot q \ ,$$

weil auch hier n-mal eine Konstante($p \cdot q$) aufsummiert wird.

In n Versuchen mit konstanter Erfolgswahrscheinlichkeit p ist also auf die Dauer und im Durchschnitt mit $n \cdot p$ Erfolgen zu rechnen(Erwartungswert der binomialverteilten Zufallsvariablen X). Aufgrund der Parameter n und p der Binomialverteilung errechnet man sodann die Varianz der binomialverteilten Zufallsvariablen mit $n \cdot p \cdot (1-p)$. Da das Produkt $p \cdot q$ maximal ist für $p=q= \frac{1}{2}$, überschreitet die Varianz einer binomialverteilten Zufallsvariablen X nicht den Wert $\frac{n}{4}$.

In der statistischen Praxis interessiert man sich öfters nicht so sehr für die absolute Anzahl k der Erfolge, sondern vielmehr für die relative Anzahl $\frac{k}{n}$ der Erfolge. Die Zufallsvariable $\frac{X}{n}$, die die relative Anzahl $\frac{k}{n}$ der Erfolge in n Versuchen mißt, die einer Bernoullifolge mit Bernoulliparameter p angehören, gehorcht ebenfalls der Binomialverteilung

$$(8.9') \qquad P(\frac{X}{n} = \frac{k}{n};\ n,\ p) = \binom{n}{k} p^k q^{n-k}, \qquad k = 0, 1, \ldots, n$$

mit Erwartungswert(siehe Gleichung (7.11))

$$(8.13) \qquad E(\frac{X}{n}) = \frac{1}{n} \cdot E(X) = \frac{1}{n} \cdot n \cdot p = p$$

und Varianz(siehe Gleichung (7.17))

$$(8.14) \qquad V(\frac{X}{n}) = \frac{1}{n^2} \cdot V(X) = \frac{1}{n^2} \cdot n \cdot p \cdot q = \frac{p \cdot q}{n} \ .$$

Der Erwartungswert dieser empirischen Erfolgsquote ist also die theoretische Erfolgsquote p, wobei die Varianz der empirischen Erfolgsquote $\frac{k}{n}$ den Wert $\frac{1}{4 \cdot n}$ nicht übersteigt und n als Stichprobenumfang interpretiert werden kann.

Da die meisten Daten aus dem ökonomischen Bereich entweder diskreter Natur sind oder diskret gemessen werden, gehört die

Binomialverteilung für die statistische Praxis ökonomischer Untersuchungen zu den wichtigsten Verteilungstypen.

Beispiel: Eine Münze wird zehnmal geworfen. Die Binomialverteilung gestattet es uns dann, die Wahrscheinlichkeit für das Auftreten von k-mal "Kopf" (Erfolge) zu berechnen. Hierbei ist das Auftreten von 10-mal "Kopf"(10 Erfolge) mit $\frac{1}{1024}$ genauso wahrscheinlich wie das Auftreten von 10-mal "Wappen"(Kein Erfolg), liegt also bei rd. 1 Promille. Es ergeben sich folgende Wahrscheinlichkeiten für die Anzahl k der Erfolge(k = 0, 1, ..., 10):

k	0	1	2	3	4	5	6	7
P(X=k)	0,001	0,010	0,044	0,117	0,205	0,246	0,205	0,117

k	8	9	10
P(X=k)	0,044	0,010	0,001

Da es sich um eine Wahrscheinlichkeitsverteilung handelt, muß die Summe dieser Wahrscheinlichkeiten 1 ergeben. Die größte dieser Wahrscheinlichkeiten ist die für das Auftreten von 5-mal "Kopf"(und damit 5-mal "Wappen") mit einem Wert von rd. 24,6%. Die Symmetrie ergibt sich hier durch $p=q=\frac{1}{2}$. Daß die Binomialverteilung auch asymmetrisch sein kann, sehen wir im folgenden Beispiel:

Ein Würfel wird sechsmal geworfen. Das Auftreten einer "Sechs" wird als Erfolg gewertet. Die Wahrscheinlichkeit für das Auftreten von 6 Sechsern ist dann mit $\frac{1}{46656} \cong 0{,}00002$ sehr klein, während die Wahrscheinlichkeit, daß keine der sechs Zahlen eine "Sechs" ist, mit 0,33490 recht groß ist. Im einzelnen ergeben sich folgende Wahrscheinlichkeiten für die Anzahl k der Erfolge(k = 0, 1, ..., 6):

k	0	1	2	3	4	5	6
P(X=k)	0,33490	0,40188	0,20094	0,05358	0,00804	0,00064	0,00002

Die größte dieser Wahrscheinlichkeiten ist die für das Auftreten genau einer "Sechs" in 6 Würfen mit einem Wert von rd. 40,2%. Dies ist wiederum plausibel angesichts $p = \frac{1}{6}$.

8.3. Die Poissonverteilung

Die Summenvariable X der Binomialverteilung, die die Anzahl der Erfolge in n Versuchen mißt, hatte den Erwartungswert $E(X) = n \cdot p$. Bleibt nun dieser Erwartungswert eine Konstante λ, wenn man die Anzahl n der Versuche über alle Grenzen wachsen läßt, so bedeutet dies wegen $\lambda = n \cdot p$, daß zugleich p immer kleiner werden muß. Auf die Dauer und im Durchschnitt erhält man also auch in einer großen Stichprobe nur dann eine konstante Anzahl von Erfolgen, wenn die Erfolgswahrscheinlichkeit entsprechend klein ausfällt.

Wir berechnen nun den Grenzwert der Wahrscheinlichkeitsverteilung (8.9) der Binomialverteilung für über alle Grenzen wachsendes n. Durch Einsetzen von $p = \frac{\lambda}{n}$ und somit $q = 1 - \frac{\lambda}{n}$ in (8.9) und mittels (8.7) können wir zunächst einmal

$\binom{n}{k} p^k q^{n-k}$ umformen zu

$$\frac{n \cdot (n-1) \cdot \ldots \cdot (n-k+1)}{1 \cdot 2 \cdot \ldots \cdot k} \cdot \left(\frac{\lambda}{n}\right)^k \cdot \left(1 - \frac{\lambda}{n}\right)^{n-k}.$$

Diese Faktoren können umgruppiert werden zu

$$(8.15) \qquad \frac{n}{n} \cdot \frac{n-1}{n} \cdot \ldots \cdot \frac{n-k+1}{n} \cdot \frac{\lambda^k}{k!} \cdot \left(1 - \frac{\lambda}{n}\right)^n \cdot \left(1 - \frac{\lambda}{n}\right)^{-k}.$$

Für $n \to \infty$ bleibt die Konstante $\frac{\lambda^k}{k!}$ erhalten und es gilt

$$(8.16) \qquad \lim_{n \to \infty} \left(1 - \frac{\lambda}{n}\right)^n = e^{-\lambda},$$

wobei e die Basis der natürlichen Logarithmen ist, während alle anderen Faktoren von (8.15) gegen 1 streben. Damit erhalten wir als Grenzwert der Wahrscheinlichkeitsverteilung (8.9) der Binomialverteilung für über alle Grenzen wachsendes n schließlich die Poissonverteilung:

Definition: Die Wahrscheinlichkeitsverteilung der Poissonverteilung

$$(8.17) \qquad P(X = k; \lambda) = \frac{\lambda^k}{k!} \cdot e^{-\lambda}, \quad k = 0, 1, \ldots$$

bestimmt die Wahrscheinlichkeit, daß die Zufallsvariable X, die die Anzahl der Erfolge mißt, den Wert k annimmt, wenn für den Erwartungswert dieser Zufallsvariablen in einer unendlichen Bernoullifolge gilt $E(X) = \lambda$. (λ ist der Poissonparameter)

Daß der Erwartungswert der Summenvariablen X in einer unendlichen Bernoullifolge gleich λ ist, soll nun gezeigt werden. Den Erwartungswert der diskreten Zufallsvariablen X erhält man, wenn man die abzählbaren Realisationen k, k=0, 1, ... mit ihren Wahrscheinlichkeiten (8.17) multipliziert und sodann aufsummiert:

$$\begin{aligned} E(X) &= \sum_{k=0}^{\infty} k\cdot \frac{\lambda^k}{k!}\cdot e^{-\lambda} \\ &= \sum_{k=1}^{\infty} k\cdot\frac{\lambda^k}{k!}\cdot e^{-\lambda} \quad \text{(wegen des Faktors k=0)} \\ &= e^{-\lambda}\cdot \sum_{k=1}^{\infty} \frac{k}{k!}\cdot\lambda^k \quad (e^{-\lambda} \text{ ist eine Konstante}) \\ &= \lambda\cdot e^{-\lambda}\cdot \sum_{k-1=0}^{\infty} \frac{\lambda^{k-1}}{(k-1)!} \end{aligned}$$

da wir λ^k in das Produkt $\lambda\cdot\lambda^{k-1}$ zerlegen und die Konstante λ vor die Summe ziehen können und k sich wegkürzt wegen $k\cdot(k-1)! = k!$ Für die Untergrenze der Summation folgt aus der Gleichung $k = 1$ die Gleichung $k - 1 = 0$, so daß wir nun überall k-1 durch l substituieren können. Es folgt also weiter

$$\text{(8.18)} \qquad E(X) = \lambda\cdot e^{-\lambda} \sum_{l=0}^{\infty} \frac{\lambda^l}{l!} = \lambda\cdot e^{-\lambda}\cdot e^{\lambda} = \lambda\cdot e^{\lambda-\lambda} = \lambda\cdot e^0 = \lambda,$$

da

$$\text{(8.19)} \qquad e^{\lambda} = \frac{\lambda^0}{0!} + \frac{\lambda^1}{1!} + \frac{\lambda^2}{2!} + \frac{\lambda^3}{3!} + \ldots$$

die Potenzreihenentwicklung von e^{λ} ist.

Zur Berechnung der Varianz V(X) der Summenvariablen X kann man die Zerlegungsregel (7.16) verwenden, für die dann noch das zweite gewöhnliche Moment $E(X^2)$ zu berechnen ist. Durch ähnliche Umformungen wie bei der Herleitung von (8.18) bestimmen wir nun

$$E(X^2) = \sum_{k=0}^{\infty} k^2 \cdot \frac{\lambda^k}{k!} \cdot e^{-\lambda}$$
$$= \lambda \cdot e^{-\lambda} \cdot \sum_{k=1}^{\infty} k \cdot \frac{\lambda^{k-1}}{(k-1)!} \;.$$

Wir substituieren nun k-1 durch l (und damit k durch l+1) und erhalten weiter

(8.20)
$$E(X^2) = \lambda \cdot e^{-\lambda} \cdot \sum_{l=0}^{\infty} (l+1) \cdot \frac{\lambda^l}{l!} \quad \text{(was wir nun zerlegen)}$$
$$= \lambda \cdot \sum_{l=0}^{\infty} l \cdot \frac{\lambda^l}{l!} \cdot e^{-\lambda} + \lambda \cdot e^{-\lambda} \cdot \sum_{l=0}^{\infty} \frac{\lambda^l}{l!}$$
$$= \lambda \cdot E(X) + \lambda \cdot e^{-\lambda} \cdot e^{\lambda}$$
$$= \lambda \cdot \lambda + \lambda \cdot e^0$$
$$= \lambda^2 + \lambda .$$

Somit erhält man für die Varianz der Poissonverteilung

(8.21)
$$V(X) = E(X^2) - [E(X)]^2$$
$$= \lambda^2 + \lambda - \lambda^2 = \lambda ,$$

d.h. für die Poissonverteilung stimmen Erwartungswert und Varianz überein.

Beispiel: Wie groß ist die Wahrscheinlichkeit, daß von 730 Personen mindestens zwei am Johannistag (das ist der 24. Juni) Geburtstag haben? Natürlich ist die Wahrscheinlichkeit, daß eine beliebige Person am 24.6. Geburtstag hat, gleich $\frac{1}{365}$, wenn wir Schaltjahre nicht berücksichtigen. Unser p ist also recht klein. Es ist offensichtlich einfacher, die komplementäre Wahrscheinlichkeit zu P(X=0)+P(X=1) zu berechnen, als direkt die erfragten Wahrscheinlichkeiten P(X=2), P(X=3), P(X=4), ... zu berechnen und deren Summe zu bilden. Weiter erweist sich in diesem Beispiel die Binomialverteilung zur Berechnung von P(X=0) und P(X=1) als unhandlich, da man dann $\binom{730}{0} \cdot (\frac{1}{365})^0 \cdot (\frac{364}{365})^{730}$ und $\binom{730}{1} \cdot (\frac{1}{365})^1 \cdot (\frac{364}{365})^{729}$ berechnen müßte. Wir lösen dieses Geburtstagsproblem, das nicht mit dem bekannteren "Geburtstagproblem" (nämlich: Wie groß ist die Wahrscheinlichkeit, daß in einer Gruppe mindestens zwei Personen an einem beliebigen Tag zugleich Geburtstag haben) verwechselt werden sollte, mit der Poissonverteilung. Aus $p = \frac{1}{365}$ und n = 730 erhalten wir den Poissonparameter $\lambda = n \cdot p = 2$.

Für die gesuchte Wahrscheinlichkeit gilt dann

$$P(X \geq 2) = 1 - P(X < 2) = 1 - P(X=0) - P(X=1)$$

$$= 1 - \frac{2^0}{0!} \cdot e^{-2} - \frac{2^1}{1!} \cdot e^{-2}$$

$$= 1 - \frac{1}{e^2} \qquad - \frac{2}{e^2}$$

$$\cong 1 - \frac{3}{2{,}718^2}$$

$$\cong 59{,}4\% \ .$$

Zum Vergleich überlegen wir, daß im bekannteren "Geburtstagsproblem" die Wahrscheinlichkeit, daß zwei Personen nicht am gleichen Tag Geburtstag haben, in einem zweidimensionalen Ereignisraum aus allen Punkten besteht, die nicht auf der Hauptdiagonalen liegen: Dies sind $365 \cdot 364$ von 365^2 Punkten. Allgemein berechnet man für eine Gruppe von n Personen die Wahrscheinlichkeit, daß zwei oder mehr Personen nicht am gleichen Tag Geburtstag haben, mit

$$\frac{365 \cdot 364 \cdot \ \ldots \ \cdot (365-n+1)}{365^n}$$

und erhält die gesuchte Wahrscheinlichkeit als Komplement dieser Wahrscheinlichkeit. Für eine Gruppe von 730 Personen ist dann die Wahrscheinlichkeit, daß mindestens zwei von ihnen am gleichen Tag (also an einem beliebigen Tag) Geburtstag haben, praktisch gleich 1, da $\frac{365!}{365^{365}}$ bereits für eine Gruppe von 365 Personen praktisch gleich 0 ist.

Die Poissonverteilung eignet sich besonders für die Untersuchung der Wahrscheinlichkeit des Eintretens bzw. Nichteintretens von Ereignissen in zeitlicher Aufeinanderfolge, wobei die Wahrscheinlichkeit des Eintretens einzelner Ereignisse gering sein soll. Man bezeichnet solche Ereignisfolgen als Poissonströme. So können mit der Poissonverteilung Wahrscheinlichkeitsmodelle für das Entstehen von Warteschlangen und deren Auflösung entwickelt werden. Diese Wahrscheinlichkeitsmodelle sind gerade für die ökonomische Anwendung von großer Bedeutung, da viele Vorgänge im Produktionsprozeß als Warteschlange interpretiert werden können. Zugleich dient die Poissonverteilung oft als leicht berechenbare Approximation der Binomialverteilung.

Beispiel: In Abschnitt 8.2. hatten wir im letzten Beispiel die Wahrscheinlichkeit für das Auftreten von "Sechsern" in 6 Würfen mit der Binomialverteilung berechnet. Zum Vergleich berechnen wir die gleichen Wahrscheinlichkeiten approximativ mit der Poissonverteilung und erhalten wegen $p=\frac{1}{6}$ und $n=6$ den Poissonparameter $\lambda=1$ und damit die folgenden approximativen Wahrscheinlichkeiten für $k = 0, 1, \ldots, 6$: (Poissonverteilung)

k	0	1	2	3	4	5	6
P(X=k)	0,368	0,368	0,184	0,061	0,015	0,003	0,0005

Wie wir durch Vergleich erkennen, sind diese Approximationen noch recht grob.

Wenn wir unser Beispiel so modifizieren, daß jeweils mit zwei Würfeln gespielt wird und in einer Spielrunde das gleichzeitige Auftreten eines Sechserpaares als Erfolg gewertet wird und 36 Spielrunden gespielt werden, können wir wegen $p = \frac{1}{36}$, $n = 36$ und damit $\lambda = 1$ wiederum die obigen Werte der Poissonverteilung als Approximation verwenden. Die exakten Werte der gesuchten Wahrscheinlichkeit liefert uns die Binomialverteilung, wobei wir etwa für k=0 den gerundeten Wert 0,363 erhalten mit

$e^{36\cdot\ln\frac{35}{36}}$. Die Werte sind im einzelnen für $k = 0, 1, \ldots, 6$: (Binomialverteilung)

k	0	1	2	3	4	5	6
P(X=k)	0,363	0,373	0,187	0,060	0,014	0,003	0,0004

Wir erkennen, daß diese Werte von der Poissonverteilung sehr gut approximiert werden.

Während die Erwartungswerte $E(X) = n\cdot p$ der Binomialverteilung und $E(X) = \lambda$ der Poissonverteilung übereinstimmen, gilt dies für die Varianzen der beiden Verteilungen nur dann, wenn n sehr groß ist (und damit p klein ist). Für kleine n ist die Varianz der Poissonverteilung $V(X) = \lambda$ größer als die Varianz der Binomialverteilung $V(X) = n\cdot p\cdot q = \lambda\cdot q$, da $q < 1$. Auch dies bestätigt die Anpassungsfähigkeit der Poissonverteilung an die Binomialverteilung für Stichproben mit großem Stichprobenumfang n.

8.4. Die geometrische Verteilung

In empirischen Situationen interessiert gelegentlich die Fragestellung "Wie wahrscheinlich ist es, daß genau in einem zuvor bezeichneten Versuch zum ersten Male Erfolg eintritt?".
Zur Bestimmung dieser Wahrscheinlichkeit eignet sich wiederum das Konzept einer theoretisch unendlich langen Bernoullifolge, die jedoch nach dem n-ten Versuch abgebrochen wird, wenn genau im n-ten Versuch zum ersten Male Erfolg eingetreten ist. Bei n Versuchen gehen daher diesem einen Erfolg insgesamt n-1 Mißerfolge voraus. Wird z.B. im 6. Versuch der erste Erfolg erzielt, so lautet die Bernoullifolge $x_1, x_1, x_1, x_1, x_1, x_0$. Mit Erfolgswahrscheinlichkeit p im Einzelversuch (Mißerfolgswahrscheinlichkeit = q) erhält man in diesem Beispiel die gesuchte Wahrscheinlichkeit infolge der identisch und unabhängig verteilten Zufallsvariablen der Bernoullifolge als $q^5 \cdot p$.

<u>Definition:</u> Die Wahrscheinlichkeitsverteilung der <u>geometrischen Verteilung</u>

(8.22) $$P(X = n; p) = p \cdot q^{n-1} \quad \text{mit } q=1-p \text{ und } n = 1, 2, \ldots$$

bestimmt die Wahrscheinlichkeit, daß die Zufallsvariable X, die nun die Anzahl der Versuche mißt, den Wert n annimmt, wenn im n-ten Versuch der erste Erfolg eintritt und in jedem Einzelversuch der Bernoullifolge die Erfolgswahrscheinlichkeit gleich p ist.

Wir bemerken, daß die geometrische Verteilung ein Spezialfall der Binomialverteilung ist, in dem k = 1 ist und von den $\binom{n}{1} = n$ Anordnungen von einem Erfolg in n Versuchen nur diejenige zutrifft, in der der Erfolg x_0 an letzter Stelle steht.

Der Name der Verteilung rührt daher, daß die Summe der Wahrscheinlichkeiten (8.22) eine geometrische Reihe ist, für die gilt

(8.23) $$\sum_{n=1}^{\infty} p \cdot q^{n-1} = p \cdot \sum_{n=1}^{\infty} q^{n-1} = p \cdot (1 + q + q^2 + \ldots) = p \cdot \frac{1}{1-q} = \frac{p}{p} = 1,$$

denn der Faktor q der Summanden in der runden Klammer ist kleiner als Eins, so daß man sich die Gültigkeit der dritten Gleichung in (8.23) veranschaulichen kann, indem man beide Seiten dieser Gleichung mit (1-q) multipliziert. Da (8.22) eine Wahrscheinlichkeitsverteilung ist, mußte in (8.23) die Summe aller dieser Wahrscheinlichkeiten natürlich den Wert Eins ergeben.

Der Erwartungswert der geometrischen Verteilung ist der Kehrwert der Erfolgswahrscheinlichkeit, es gilt also

(8.24) $$E(X) = \frac{1}{p}$$

(Beweis: (9.22) sowie in Menges [1972], S. 221-222). Zur Berechnung der Varianz mit geometrischen Reihen bestimmen wir wieder einmal zunächst das zweite gewöhnliche Moment und verwenden sodann die Zerlegungsregel.

(8.25) $$\begin{aligned} E(X^2) &= \sum_{n=1}^{\infty} n^2 \cdot p \cdot q^{n-1} \\ &= p \cdot \sum_{n=1}^{\infty} n^2 \cdot q^{n-1}. \end{aligned}$$

Die Summe zerlegen wir sukzessiv in geometrische Reihen:

(8.26) $$\begin{aligned} \sum_{n=1}^{\infty} n^2 \cdot q^{n-1} &= 1 + 4q + 9q^2 + 16q^3 + \ldots \\ &= 1 + q + q^2 + q^3 + \ldots \\ &\quad + 3q + 3q^2 + 3q^3 + \ldots \\ &\quad + 5q^2 + 5q^3 + \ldots \\ &\quad + 7q^3 + \ldots \\ &\quad + \ldots \\ &= \frac{1}{1-q} + \frac{3q}{1-q} + \frac{5q^2}{1-q} + \frac{7q^3}{1-q} + \ldots \\ &= \frac{1}{p}(1 + 3q + 5q^2 + 7q^3 + \ldots), \end{aligned}$$

wobei $\frac{a}{1-q}$ die Summenformel für die unendliche geometrische Reihe mit Anfangsglied a und Faktor q ist (für $q < 1$), wie man aus

(8.27) $$a + aq + aq^2 + aq^3 + \ldots = \frac{a}{1-q}$$

durch Multiplikation beider Seiten der Gleichung mit (1-q) ersehen kann. Einsetzen von (8.26) in (8.25) ergibt

$$(8.28) \qquad E(X^2) = 1 + 3q + 5q^2 + 7q^3 + \ldots$$

$$\begin{aligned} &= 1 + q + q^2 + q^3 + \ldots \\ &\quad + 2q + 2q^2 + 2q^3 + \ldots \\ &\quad + 2q^2 + 2q^3 + \ldots \\ &\quad + 2q^3 + \ldots \\ &\quad + \ldots \end{aligned}$$

$$= \frac{1}{1-q} + \frac{2q}{1-q} + \frac{2q^2}{1-q} + \frac{2q^3}{1-q} + \ldots$$

$$= \frac{1}{p} + \frac{2q}{p}(1 + q + q^2 + \ldots)$$

$$= \frac{1}{p} + \frac{2q}{p} \cdot \frac{1}{1-q}$$

$$= \frac{p + 2q}{p^2} = \frac{(p+q) + q}{p^2} = \frac{1 + q}{p^2}.$$

Dieses zweite gewöhnliche Moment der geometrischen Verteilung setzen wir nun in die Zerlegungsregel (7.16) ein und erhalten damit die Varianz der geometrischen Verteilung

$$(8.29) \qquad V(X) = \frac{1 + q}{p^2} - \frac{1}{p^2} = \frac{q}{p^2}.$$

Beispiel: Im Spiel "Mensch ärgere Dich nicht" benötigt man die Augenzahl "6" zum Anfangen. Wie lange wird man im Durchschnitt auf die erste gewürfelte "6" warten müssen?
Für $p = \frac{1}{6}$ liegt der Erwartungswert beim 6. Versuch, d.h. auf die Dauer und im Durchschnitt wird man sechsmal würfeln müssen, damit man einmal Erfolg hat. Als Varianz dieser Zufallsvariablen (Anzahl der Versuche) berechnet man einen Wert von 30.

Je kleiner der Bernoulliparameter, desto größer sind Erwartungswert und Varianz der geometrischen Verteilung.

Beispiel: Die Wahrscheinlichkeit für das Auftreten einer der Zahlen von Null bis 36 beim Roulette ist $\frac{1}{37}$. So wird man auf die Dauer und im Durchschnitt 37 Würfe warten müssen, bis der Croupier zum ersten Male eine "Null" wirft. Die Varianz dieser Zufallsvariablen (Anzahl der Versuche) berechnet man als 1332.

8.5. Die hypergeometrische Verteilung

Die bisher betrachtete Bernoullifolge läßt sich als Wahrscheinlichkeitsmodell veranschaulichen durch folgenden Ziehungsmechanismus: In einem Behälter befinden sich N Kugeln (Grundgesamtheit), von denen K weiß und N-K schwarz sind. Das Ziehen einer weißen Kugel wird als Erfolg gewertet, wobei nach jeder Ziehung die gezogene Kugel wieder in den Behälter zurückgelegt wird. So gilt in jeder der Ziehungen einer Bernoullifolge für die Erfolgswahrscheinlichkeit $p = \frac{K}{N}$ (Ziehen mit Zurücklegen), da jede der k weißen Kugeln der Grundgesamtheit in jeder Ziehung die gleiche Chance hat, gezogen zu werden.

In der statistischen Praxis kommt es jedoch öfters vor, daß dieselbe Einheit in einer Stichprobe vom Umfang n nicht mehrmals vertreten sein kann. Die Gründe hierfür sind teils technischer Art(z.B. kann die Lebensdauer eines Transistors nur einmal geprüft werden), teils psychologischer Natur(Niemand wird in einer Fragebogenaktion denselben Fragebogen mehrfach ausfüllen wollen). Für diese Fälle ist der folgende Ziehungsmechanismus geeignet:

In einem Behälter befinden sich wiederum N Kugeln(Grundgesamtheit), von denen K weiß(Erfolg) und N-K schwarz sind. Eine gezogene Kugel wird nicht in den Behälter zurückgelegt (<u>Ziehen ohne Zurücklegen</u>). Es gilt dann für den Stichprobenumfang: $n \leq N$ (da nach N Ziehungen der Behälter leer wäre).

Während für die Erfolgswahrscheinlichkeit in der 1. Ziehung dann noch gilt $p = \frac{K}{N}$, erhalten wir für die Erfolgswahrscheinlichkeit in der 2. Ziehung $p = \frac{K-1}{N-1}$, wenn in der 1. Ziehung ein Erfolg eintrat bzw. $p = \frac{K}{N-1}$, wenn in der 1. Ziehung ein Mißerfolg eintrat.

Die Wahrscheinlichkeit, daß in einer Stichprobe vom Umfang n zuerst k Erfolge und sodann n-k Mißerfolge erzielt werden, beträgt beim Ziehen ohne Zurücklegen, wobei implizit Unabhängigkeit der Einzelversuche angenommen wird(Multiplikation der Wahrscheinlichkeiten der Einzelversuche)

$$(8.30)\quad \frac{K}{N}\cdot\frac{K-1}{N-1}\cdot\ldots\cdot\frac{K-k+1}{N-k+1}\cdot\frac{N-K}{N-k}\cdot\frac{N-K-1}{N-k-1}\cdot\ldots\cdot\frac{N-K-n+k+1}{N-n+1}\ .$$

Auch beim Ziehen ohne Zurücklegen ist - wie beim Ziehen mit Zurücklegen (Binomialverteilung) - die Wahrscheinlichkeit, daß in einer Stichprobe vom Umfang n überhaupt k Erfolge und n-k Mißerfolge (also in beliebiger Anordnung) eintreten, um das $\binom{n}{k}$-fache größer als die soeben berechnete Wahrscheinlichkeit für feste Anordnung, da es $\binom{n}{k}$ Anordnungen von k Erfolgen in n Versuchen gibt, wobei die Faktoren von (8.30) durchaus in anderer Reihenfolge auftreten können und werden:

$$(8.31)\quad P(X=k;\ n,\ N,\ K) = \binom{n}{k} \cdot \frac{K\cdot(K-1)\cdot\ldots\cdot(K-k+1)\cdot(N-K)\cdot\ldots\cdot(N-K-n+k+1)}{N\cdot(N-1)\cdot\ldots\cdot(N-k+1)\cdot(N-k)\cdot\ldots\cdot(N-n+1)}$$

Beispiel: Wie groß ist die Wahrscheinlichkeit, daß in einem aus 8 Männern und 2 Frauen bestehenden Verein die beiden Frauen und ein Mann in den dreiköpfigen Vorstand gewählt werden? Mit (8.31) erhalten wir

$$\binom{3}{2} \cdot \frac{2}{10} \cdot \frac{1}{9} \cdot \frac{8}{8} = \frac{1}{15},$$

denn es gibt drei zulässige Reihenfolgen (FFM, FMF oder MFF), wobei in der ersten Reihenfolge FFM die Frauen eine Chance von $\frac{2}{10}$ bei der Wahl des ersten Vorstandsmitglieds haben, sodann die andere Frau mit Wahrscheinlichkeit $\frac{1}{9}$ ebenfalls Vorstandsmitglied wird und das dritte Vorstandsmitglied dann nur noch ein Mann sein kann. Den beiden anderen Reihenfolgen kommt ebenfalls die Wahrscheinlichkeit von $\frac{1}{45}$ zu, insgesamt also $\frac{1}{15}$.

Mittels (8.7) und (8.5) läßt sich (8.31) umformen zu

$$(8.32)\quad P(X=k;\ n,\ N,\ K) = \frac{n!\quad K!\quad (N-K)!\quad (N-n)!}{k!(n-k)!(K-k)!(N-K-n+k)!N!}$$

$$= \frac{\dfrac{K!}{k!(K-k)!} \cdot \dfrac{(N-K)!}{(n-k)!(N-K-n+k)!}}{\dfrac{N!}{n!(N-n)!}}$$

$$= \frac{\binom{K}{k} \cdot \binom{N-K}{n-k}}{\binom{N}{n}} .$$

Man erhält die gesuchte Wahrscheinlichkeit alternativ, wenn man berücksichtigt, daß es $\binom{N}{n}$ Möglichkeiten gibt, aus einer Grundgesamtheit von N Elementen eine Stichprobe mit n Elementen zu ziehen. Von allen diesen Stichproben sind diejenigen mit k Erfolgen und n-k Mißerfolgen günstig für die gesuchte Wahrscheinlichkeit, wobei es $\binom{K}{k}$ Möglichkeiten gibt, aus K

"Erfolgs"-Elementen der Grundgesamtheit k in die Stichprobe aufzunehmen und zugleich $\binom{N-K}{n-k}$ als binomischer Koeffizient die Anzahl der Möglichkeiten angibt, aus N-K "Mißerfolgs"-Elementen der Grundgesamtheit n-k in die Stichprobe aufzunehmen.

Definition: Die Wahrscheinlichkeitsverteilung der hypergeometrischen Verteilung

(8.33) $$P(X=k;\ n,\ N,\ K) = \frac{\binom{K}{k}\cdot\binom{N-K}{n-k}}{\binom{N}{n}}\ ,\ k = 0,\ 1,\ \ldots,\ n$$

bestimmt die Wahrscheinlichkeit, daß die Zufallsvariable X, die die Anzahl der Erfolge mißt, die in n Ziehungen ohne Zurücklegen eintreten, den Wert k annimmt, wenn die einzelnen Ziehungen unabhängig sind.

Wir bemerken, daß zwar jede einzelne Ziehung noch als null-eins-verteilte Zufallsvariable angesehen werden kann, die jeweilige Erfolgswahrscheinlichkeit jedoch keine Konstante ist, wie wir anfangs gesehen haben, d.h. die Zufallsvariablen der Einzelversuche nicht mehr identisch verteilt sind wie bei der Binomialverteilung.

Wir bemerken weiter, daß wir für unser Vereinsbeispiel die gesuchte Wahrscheinlichkeit mit (8.33) berechnen können und dann erhalten:

$$P(X=2;\ n=3,\ N=10,\ K=2) = \frac{\binom{2}{2}\cdot\binom{8}{1}}{\binom{10}{3}} = \frac{8\cdot 1\cdot 2\cdot 3}{10\cdot 9\cdot 8} = \frac{1}{15}\ .$$

Summiert man die Wahrscheinlichkeiten (8.33) für alle Werte k (k=0, 1, ...,n), so erhält man, da es sich um eine Wahrscheinlichkeitsverteilung handelt, den Wert 1. Multipliziert man sodann beide Seiten der entstandenen Gleichung mit der Konstanten $\binom{N}{n}$, so erhält man

(8.34) $$\binom{N}{n} = \sum_{k=0}^{n}\binom{K}{k}\cdot\binom{N-K}{n-k}\ .$$

Wir berechnen nun den Erwartungswert der hypergeometrisch verteilten Zufallsvariablen X, wobei wir (8.34) verwenden können.

$$(8.35)\qquad E(X) = \sum_{k=0}^{n} k\cdot\frac{\binom{K}{k}\cdot\binom{N-K}{n-k}}{\binom{N}{n}}$$

$$= \frac{1}{\binom{N}{n}} \sum_{k=1}^{n} k\cdot\frac{K!}{k!(K-k)!}\cdot\binom{N-K}{n-k} \quad \text{(da der Summand mit Faktor } k=0 \text{ entfällt)}$$

$$= \frac{K}{\binom{N}{n}} \sum_{k-1=0}^{n-1} \frac{(K-1)!}{(k-1)!(K-k)!}\cdot\binom{N-K}{n-k},$$

wobei die alten Untergrenzen und Obergrenzen der Summation erhalten bleiben(die Obergrenze ist zu lesen als $k-1=n-1$), sich innerhalb der Summe der Faktor k herauskürzt und der konstante Faktor K vor die Summe gezogen wurde. Mittels der Substitutionen $k-1 = k^*$, $n-1 = n^*$, $K-1 = K^*$ und $N-1 = N^*$ dürfen wir für (8.35) schreiben

$$(8.36)\qquad E(X) = \frac{K}{\binom{N}{n}} \sum_{k^*=0}^{n^*} \binom{K^*}{k^*}\cdot\binom{N^*-K^*}{n^*-k^*}$$

$$= \frac{K}{\binom{N}{n}}\cdot\binom{N^*}{n^*} \qquad \text{(wegen (8.34))}$$

$$= \frac{K}{\binom{N}{n}}\cdot\binom{N-1}{n-1}$$

$$= \frac{K\cdot(N-1)!\cdot n!\cdot(N-n)!}{(n-1)!\cdot(N-n)!\cdot N!}$$

$$= n\cdot\frac{K}{N}.$$

Interpretiert man $\frac{K}{N}$ als Erfolgswahrscheinlichkeit des ersten Versuchs, so erkennt man die Ähnlichkeit mit dem Erwartungswert der Binomialverteilung, $n\cdot p$.

Durch Umformungen ähnlicher Art kann man das zweite gewöhnliche Moment berechnen und erhält sodann für die Varianz der hypergeometrisch verteilten Zufallsvariablen X

$$(8.37)\qquad V(X) = n\cdot\frac{K}{N}\cdot\frac{N-K}{N}\cdot\frac{N-n}{N-1}.$$

Hierbei kann wiederum $\frac{K}{N}$ als Erfolgswahrscheinlichkeit des ersten Versuchs interpretiert werden, während $\frac{N-K}{N}$ dann als Mißerfolgswahrscheinlichkeit des ersten Versuchs anzusehen ist. Für den Faktor $\frac{N-n}{N-1}$, den man mit $1-\frac{n}{N}$ approximieren kann, erhält man für kleine Stichprobenumfänge (bei vorgegebenem Umfang N der Grundgesamtheit) annähernd den Wert 1. In diesen Fällen unterscheidet sich die Varianz der hypergeometrischen Verteilung nicht so sehr von der Varianz der Binomialverteilung, so daß von der rechnerisch einfacheren Binomialverteilung auch dann ausgegangen werden kann, wenn eigentlich der Ziehungsmechanismus "ohne Zurücklegen" angebracht wäre. Sind jedoch die Stichprobenumfänge n vergleichsweise groß zum Umfang N der Grundgesamtheit und wird die Binomialverteilung verwendet, obwohl der Ziehungsmechanismus "ohne Zurücklegen" angebracht ist, so ist die Varianz der Binomialverteilung $n \cdot p \cdot q$ mit dem Korrekturfaktor $1-\frac{n}{N}$ zu multiplizieren.

8.6. Die Pólyaverteilung

Ein allgemeineres Wahrscheinlichkeitsmodell beruht auf folgendem Ziehungsmechanismus: Ein Behälter enthält N Kugeln, davon sind K weiß (Erfolge) und N-K schwarz. In jeder Ziehung wird die Farbe der gezogenen Kugel notiert und sodann die gezogene Kugel mit ν gleichfarbigen Kugeln in den Behälter zurückgelegt. Für $\nu = 0$ ist dies der Ziehungsmechanismus "mit Zurücklegen" der Binomialverteilung, für $\nu = -1$ ist dies der Ziehungsmechanismus "ohne Zurücklegen" der hypergeometrischen Verteilung. Für positive ν entspricht der Ziehungsmechanismus empirischen Situationen, in denen ein Erfolg bzw. Mißerfolg weitere Erfolge bzw. Mißerfolge nach sich zieht, also gewisse Kettenreaktionen auslöst. Im ökonomischen Bereich sind solche Überlegungen für die Versicherungswirtschaft von besonderer Bedeutung, wenn im Zusammenhang mit einem Schaden weitere Schäden entstehen (Auffahrunfälle, Brandkatastrophen, Netzüberlastungen usw.)

Die Wahrscheinlichkeit, daß bei einem solchen Ziehungsmechanismus in einer Stichprobe vom Umfang n zuerst k Erfolge und sodann n-k Mißerfolge eintreten, beträgt (man vergleiche mit (8.30) für $\nu = -1$)

$$(8.38) \qquad \frac{K}{N}\cdot\frac{K+\nu}{N+\nu}\cdot\ldots\cdot\frac{K+\nu\cdot(k-1)}{N+\nu\cdot(k-1)}\cdot\frac{N-K}{N+\nu\cdot k}\cdot\frac{N-K+\nu}{N+\nu\cdot(k+1)}\cdot\ldots\cdot\frac{N-K+\nu\cdot(n-k-1)}{N+\nu\cdot(n-1)}$$

Die Wahrscheinlichkeit, daß in einer Stichprobe vom Umfang n nach diesem verallgemeinerten Ziehungsmechanismus, der von G. Pólya entwickelt wurde, k Erfolge und n-k Mißerfolge in beliebiger Anordnung eintreten, ist um das $\binom{n}{k}$-fache größer als die in (8.38) berechnete Wahrscheinlichkeit, da es $\binom{n}{k}$ solcher Anordnungen gibt.

Definition: Die Wahrscheinlichkeitsverteilung der Pólyaverteilung

(8.39) $$P(X=k;\ n,\ N,\ K,\ \nu)$$
$$= \binom{n}{k}\cdot\frac{K\cdot(K+\nu)\cdot\ldots\cdot[K+\nu\cdot(k-1)]\cdot(N-K)\cdot(N-K+\nu)\cdot\ldots\cdot[N-K+\nu\cdot(n-k-1)]}{N\cdot(N+\nu)\cdot\ldots\cdot[N+\nu\cdot(k-1)]\cdot(N+\nu\cdot k)\cdot[N+\nu\cdot(k+1)]\cdot\ldots\cdot[N+\nu(n-1)]}$$
für $k = 0, 1, \ldots, n$

bestimmt die Wahrscheinlichkeit, daß die Zufallsvariable X, die die Anzahl der Erfolge mißt, die in n Ziehungen des verallgemeinerten Ziehungsmechanismus eintreten, den Wert k annimmt, wenn die einzelnen Ziehungen unabhängig sind.

Die Pólyaverteilung hat den Erwartungswert

(8.40) $$E(X) = n\cdot\frac{K}{N}$$

und die Varianz

(8.41) $$V(X) = n\cdot\frac{K}{N}\cdot\frac{N-K}{N}\cdot\frac{N+\nu\cdot n}{N+\nu}\ .$$

8.7. Die negative Binomialverteilung

Eine Verallgemeinerung der geometrischen Verteilung erhalten wir aus folgendem Versuchsschema: Eine Bernoullifolge von identisch und unabhängig null-eins-verteilten Zufallsvariablen (mit Bernoulliparameter p) wird abgebrochen, wenn der k-te Erfolg eintritt. Wird somit die Bernoullifolge im n-ten Versuch abgebrochen, weil in ihm der k-te Erfolg eingetreten ist, so haben sich bis zum (n-1)-ten Versuch k-1 Erfolge realisiert mit Wahrscheinlichkeit (vgl. (8.9))

$$\binom{n-1}{k-1}\cdot p^{k-1}\cdot q^{n-k}, \qquad q = 1 - p$$

während der letzte Erfolg mit Wahrscheinlichkeit p eintrat. Aufgrund der angenommenen Unabhängigkeit ergibt das Produkt dieser beiden Wahrscheinlichkeiten mit

$$(8.42) \qquad P(X=n;\ k,\ p) = \binom{n-1}{k-1} \cdot p^k \cdot q^{n-k}\ , \qquad n = 1,\ 2,\ \ldots$$

die Wahrscheinlichkeit dafür, daß in einer Bernoullifolge der k-te Erfolg genau im n-ten Versuch eintritt.

Beispiel: Man interessiert sich beim Würfeln dafür, wie groß die Wahrscheinlichkeit ist, daß man zwei Sechser würfelt, wobei die zweite "6" im 4. Wurf fallen soll. Mit Wahrscheinlichkeit $\binom{3}{1} \cdot \frac{1}{6} \cdot \left(\frac{5}{6}\right)^2 = 25/72$ wird man in drei Würfen genau eine "6" werfen, während die zweite "6" mit Wahrscheinlichkeit 1/6 im 4. Wurf fällt, so daß die gesuchte Wahrscheinlichkeit gleich 25/432 ist.

Wir überlegen nun, daß diese Bernoullifolge mit k Erfolgen aus k Bernoullifolgen der geometrischen Verteilung, die jeweils mit einem Erfolg enden, zusammengesetzt werden kann. Für die Erwartungswerte und Varianzen dieser Einzelfolgen $X_i, i=1,\ldots,k$ gilt dann wegen (8.24) und (8.29)

$$E(X_i) = \frac{1}{p} \quad \text{und} \quad V(X_i) = \frac{q}{p^2}\ , \quad i = 1,\ \ldots,\ k,$$

so daß für die Summenvariable $X = \sum_{i=1}^{k} X_i$ folgt

$$(8.43) \qquad E(X) = E\left(\sum_{i=1}^{k} X_i\right) = \sum_{i=1}^{k} E(X_i) = \sum_{i=1}^{k} \frac{1}{p} = \frac{k}{p}$$

und wegen der Unabhängigkeit der Einzelfolgen

$$(8.44) \qquad V(X) = V\left(\sum_{i=1}^{k} X_i\right) = \sum_{i=1}^{k} V(X_i) = \sum_{i=1}^{k} \frac{q}{p^2} = \frac{k \cdot q}{p^2}\ .$$

Man kann die Wahrscheinlichkeitsverteilung (8.42) umformen, wenn man alternativ die Zufallsvariable Z betrachtet, die die Anzahl j der Mißerfolge registriert. Dann gilt beim Eintreten des k-ten Erfolges: k + j = n.

Definiert man dann den negativen binomischen Koeffizienten

$\binom{-k}{j}$ als

(8.45) $$\binom{-k}{j} = \frac{(-k)\cdot(-k-1)\cdot\ldots\cdot(-k-j+1)}{j!},$$

so erhält man in (8.42) aus

$$\binom{n-1}{k-1} = \binom{k+j-1}{k-1} = \frac{(k+j-1)!}{(k-1)!j!}$$

$$= \frac{(k+j-1)\cdot\ldots\cdot(k+1)\cdot k}{j!}$$

$$= (-1)^j\cdot\binom{-k}{j}\ .$$

Definition: Die Wahrscheinlichkeitsverteilung der negativen Binomialverteilung mit Bernoulliparameter p

(8.46) $$P(Z=j;\ k,\ p) = \binom{-k}{j}\cdot p^k(-q)^j\ ,\quad j = 0,\ 1,\ \ldots$$

bestimmt die Wahrscheinlichkeit, daß die Zufallsvariable Z, die die Anzahl der Mißerfolge mißt, den Wert j annimmt, wenn im letzten Versuch der k-te Erfolg eintritt.

Es gilt (siehe Leiner [1979], S. 279)

(8.47) $$E(Z) = \frac{k\cdot q}{p}$$

und

(8.48) $$V(Z) = \frac{k\cdot q}{p^2}\ .$$

Beispiel: Nach (8.43) ist beim Würfeln der Erwartungswert des Wurfs n, in dem sich die zweite "6" realisiert, gleich 12. Nach (8.48) ist in Übereinstimmung hiermit der Erwartungswert der Anzahl der Mißerfolge gleich 10, wenn damit 2 Erfolge verbunden sind. Als Varianz erhält man dabei den Wert 60.

Da die Varianz der negativen Binomialverteilung in der Form (8.46) größer ist als deren Erwartungswert, ist die Anwendung dieser Wahrscheinlichkeitsverteilung dann überlegenswert, wenn das Stichprobenmittel kleiner ist als die Stichprobenvarianz.

8.8. Die Normalverteilung

Definition: Eine stetige Zufallsvariable X ist normalverteilt mit Erwartungswert μ und Varianz σ^2, wenn ihre Realisationen x die folgende Dichtefunktion besitzen

$$(8.49) \qquad f(x;\ \mu,\ \sigma) = \frac{1}{\sigma\sqrt{2\pi}}\, e^{-\frac{(x-\mu)^2}{2\sigma^2}}, \qquad \sigma > 0.$$

(Man schreibt hierfür kurz: X ist N(μ, σ)-verteilt.)

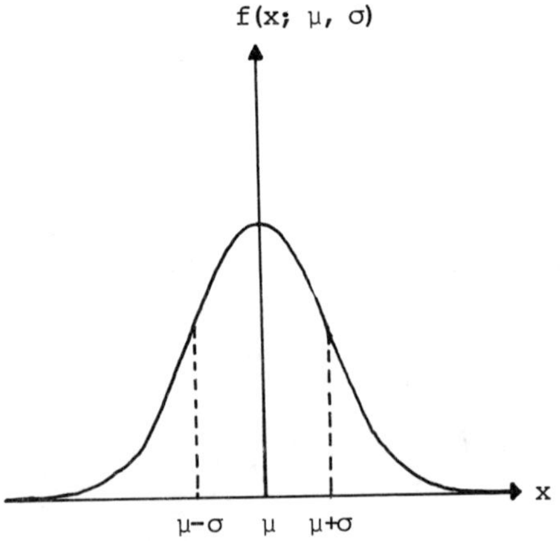

Fig. 8.2. Dichtefunktion einer N(μ, σ)-verteilten Zufallsvariablen X

Die Dichtefunktion einer N(μ, σ)-verteilten Zufallsvariablen X weist folgende Eigenschaften auf:

1. Die Dichtefunktion ist symmetrisch um die Symmetrieachse $x = \mu$.
2. Sie hat ihr Maximum an der Stelle $x = \mu$.
3. Die Wendepunkte der Dichtefunktion liegen an den Stellen $x = \mu - \sigma$ bzw. $x = \mu + \sigma$. (σ = Standardabweichung)
4. Ausgehend vom Maximum nähert sich die Dichtefunktion mit betragsmäßig zunehmendem x monoton fallend der Abszisse.

Die Verteilungsfunktion einer $N(\mu, \sigma)$-verteilten Zufallsvariablen X lautet

$$(8.50) \qquad F(x) = P(X \leq x) = \int_{-\infty}^{x} \frac{1}{\sigma\sqrt{2\pi}} e^{-\frac{(s-\mu)^2}{2\sigma^2}} ds .$$

Da die Dichtefunktion der Normalverteilung symmetrisch ist, sind die zentralen Momente ungerader Ordnung, also m_1, m_3, m_5, ... , gleich Null(siehe auch Abschnitt 7.3.4). Für das zweite zentrale Moment gilt $m_2 = \sigma^2$, für das vierte zentrale Moment gilt $m_4 = 3\sigma^4$ (siehe auch (10.19)).

Bildet man die standardisierte Zufallsvariable(siehe auch Gleichung (7.24))

$$(8.51) \qquad Y = \frac{X - \mu}{\sigma} ,$$

so hat diese den Erwartungswert $E(Y) = 0$ und die Varianz $V(Y) = 1$. Ist die Zufallsvariable X $N(\mu, \sigma)$-verteilt, so ist die standardisierte Zufallsvariable Y $N(0, 1)$-verteilt, gehorcht also der Dichtefunktion

$$(8.52) \qquad f(y) = \frac{1}{\sqrt{2\pi}} e^{-\frac{y^2}{2}} .$$

Man bezeichnet (8.52) als Dichtefunktion der Standardnormalverteilung.

Man erkennt mittels (8.51), daß die Linearkombination Y einer normalverteilten Zufallsvariablen X ebenfalls normalverteilt ist.

Da

$$(8.53) \qquad \int_{-\infty}^{\infty} e^{-\frac{y^2}{2}} dy = \sqrt{2\pi} ,$$

gilt natürlich auch für die Dichtefunktion (8.52) die Bedingung (7.6), daß das Integral über die Dichtefunktion den Wert Eins ergibt.

Die Werte der Verteilungsfunktion einer standardnomalverteilten Zufallsvariablen Y liegen in tabellierter Form vor bzw. existieren hierfür Computerprogramme.

Aus den Werten der Verteilungsfunktion einer standardnormalverteilten Zufallsvariablen Y

(8.54) $$F(y) = \int_{-\infty}^{y} \frac{1}{\sqrt{2\pi}} e^{-\frac{t^2}{2}} dt$$

läßt sich die Wahrscheinlichkeitsmasse bestimmen, die über einem Realisationsintervall $-k \leq y \leq k$ der stetigen Zufallsvariablen Y verteilt ist. Dies ist nämlich die Fläche unterhalb der Dichtefunktion f(y), die von den Linien y = -k links und y = k rechts begrenzt wird. Somit gilt für ein solches symmetrisches Intervall [-k, k] um den Erwartungswert Null einer standardnormalverteilten Zufallsvariablen Y

(8.55) $$\begin{aligned} P(Y \in [-k, k]) &= P(-k \leq y \leq k) \\ &= P(y \leq k) - P(y \leq -k) \\ &= F(k) - F(-k) = 1 - \alpha, \end{aligned}$$

wobei α die restliche Wahrscheinlichkeitsmasse ist, die den Realisationen zukommt, die nicht in das Realisationsintervall [-k, k] fallen. In Tabelle 8.1. sind die Grenzen der

Tabelle 8.1. k-fache von σ als Intervallgrenzen und eingeschlossene Wahrscheinlichkeitsmasse

k	$1 - \alpha$
1	0,6827
2	0,9545
3	0,9973
1,96	0,95
2,58	0,99
3,3	0,999

in der statistischen Praxis am meisten verwendeten symmetrischen Intervalle um den Erwartungswert einer standardisierten Zufallsvariablen Y zu ersehen (k = obere Grenze), aus denen mit den Flächenwerten der Normalverteilung nach (8.55) die von diesem Intervall eingeschlossene Wahrscheinlichkeitsmasse berechnet wird. So bedeutet das zu k = 1 zugehörige $1 - \alpha = 0,6827$, daß eine standardnormalverteilte Zufallsvariable Y mit einer Wahrscheinlichkeit von rd. 68,27% Realisationen aus dem Intervall [-1, 1] annehmen wird, d.h. aus einem Intervall, dessen Grenzen um den Betrag der Standardabweichung vom Erwartungswert dieser Zufallsvariablen entfernt sind. Verdoppelt man nun das Realisationsintervall, d.h. dehnt man die Intervallgrenzen bis auf das Zweifache des Betrages der Standardabweichung um den Erwartungswert Null der Zufallsvariablen Y aus, so steigt die Wahrscheinlichkeit, daß eine Realisation dieser Zufallsvariablen in dieses Intervall hineinfällt, auf rd. 95,45%. Eine Verdreifachung des ursprünglichen Intervalls erhöht die Wahrscheinlichkeit, daß Realisationen in das Intervall [-3, 3] fallen, auf rd. 99,73%.

Umgekehrt kann man eine bestimmte Wahrscheinlichkeit, z.B. von 95% vorgeben, daß Realisationen der Zufallsvariablen Y in ein Intervall [-k, k] fallen sollen und erhält hieraus einen Wert für k von ungefähr 1,96. Verzichtet man auf 1% der Wahrscheinlichkeitsmasse, sollen also 99% der Realisationen aus einem symmetrischen Intervall um den Erwartungswert einer standardnormalverteilten Zufallsvariablen entstammen, so lautet das Intervall [-2,58; 2,58]. Mit einem Verzicht auf 1 Promille der Wahrscheinlichkeitsmasse müssen die Intervallgrenzen um das 3,3-fache der Standardabweichung vom Erwartungswert der Zufallsvariablen entfernt liegen.(s. auch Tab. A1 im Anhang)

Die tabellierten Werte der Verteilungsfunktion einer N(0, 1)-verteilten Zufallsvariablen Y können auch zur Berechnung der Flächen unter der Dichtefunktion einer $N(\mu, \sigma)$-verteilten Zufallsvariablen X verwendet werden. Wir interessieren uns hierbei für die Wahrscheinlichkeit, mit der die Zufallsvariable X Werte aus dem symmetrischen Realisationsbereich $[\mu-b, \mu+b]$ um den Erwartungswert μ annimmt. Für diese Wahrscheinlichkeit gilt:

$$(8.56) \qquad P(\mu-b \leq x \leq \mu + b) = 1 - \alpha \, .$$

Führen wir nun im Argument von P eine Standardisierung durch, d.h. subtrahieren wir von allen Teilen der Ungleichungen den Erwartungswert μ und dividieren wir anschließend durch die Standardabweichung σ, so bleiben die Ungleichungen insgesamt erhalten, so daß die zugehörige Wahrscheinlichkeit nach wie vor $1 - \alpha$ beträgt, d.h. aus

$$P\left(\frac{\mu-b-\mu}{\sigma} \leq \frac{x-\mu}{\sigma} \leq \frac{\mu+b-\mu}{\sigma}\right) = 1 - \alpha$$

folgt

(8.57) $$P\left(-\frac{b}{\sigma} \leq y \leq \frac{b}{\sigma}\right) = 1 - \alpha \qquad \text{mit } y = \frac{x-\mu}{\sigma}$$

und durch Vergleich von (8.57) mit (8.55) erhalten wir für ein symmetrisches Intervall um den Erwartungswert

(8.58) $$k = \frac{b}{\sigma}\ .$$

Beispiel: Eine Maschine fertigt zylindrische Kugellager, deren Durchmesser normalverteilt ist mit Erwartungswert $\mu = 30$ mm und Varianz $\sigma^2 = \frac{1}{9}\ \text{mm}^2$. Wie hoch wird der Ausschußanteil der Produktion werden, wenn Abweichungen des Durchmessers gefertigter Stücke (in Bezug auf den Erwartungswert) von mehr als 1 mm nicht mehr toleriert werden?
Aus (8.58) erhalten wir direkt

$$k = \frac{1\ \text{mm}}{\frac{1}{3}\ \text{mm}} = 3,$$

was einem Ausschußanteil von $\alpha = 0{,}27\%$ entspricht, d.h. mit Wahrscheinlichkeit $1 - \alpha = 0{,}9973$ werden Stücke produziert, deren Durchmesser zwischen 29 mm und 31 mm liegt.

k, das Vielfache der Standardabweichung, mit dem ein symmetrisches Intervall um den Erwartungswert μ der Zufallsvariablen X gebildet wird, ist also eine Funktion der Wahrscheinlichkeit $1 - \alpha$, daß eine Realisation der Zufallsvariablen X in dieses Intervall fällt. Umgekehrt ist auch die Wahrscheinlichkeit $1 - \alpha$ eine Funktion von k.

Gibt man sich eine Wahrscheinlichkeit von z.B. 95% vor, mit der eine Realisation der Zufallsvariablen X in ein symmetrisches Intervall um den Erwartungswert μ dieser Zufallsvariablen fallen soll, so sind die Intervallgrenzen bestimmt durch $\mu \pm 1{,}96\cdot\sigma$, wobei σ die Standardabweichung der Zufallsvariablen X in deren Grundgesamtheit ist. Setzen wir also (8.58) in (8.56) ein, so erhalten wir

(8.59) $$P(\mu - k\cdot\sigma \leq x \leq \mu + k\cdot\sigma) = 1 - \alpha,$$

wobei, wie wir aus Tabelle 8.1. erkennen, mit betragsmäßig zunehmendem k die Grenzen des symmetrischen Intervalls sich immer weiter von der Intervallmitte μ entfernen, wodurch die auf das Intervall bezogene Wahrscheinlichkeit $1 - \alpha$ größer wird.

Übungsaufgaben

8.1. Zeigen Sie, daß in einer Bernoullifolge, die sich aus n=5 Einzelversuchen zusammensetzt, die Wahrscheinlichkeit, daß sich mehr als ein aber weniger als vier Erfolge einstellen, gleich $10p^2q^2$ ist($q = 1 - p$), wenn p die Erfolgswahrscheinlichkeit im Einzelversuch ist.

8.2. In einem Laden werden an einem Montag 1000 frische Brötchen angeboten, von denen 200 keine Käufer finden. Am Dienstag werden letztere unter 800 frischen Brötchen verteilt. Mit welcher Wahrscheinlichkeit erhält ein Kunde, der vier Brötchen kauft, am Dienstag
a) genau ein Montagbrötchen,
b) mindestens ein Montagbrötchen?

8.3. In einem Gesundheitsamt werden alle 10 Minuten die Besucher aus dem Warteraum zur Anmeldung vorgelassen. Im Mittel treffen in einem 10-Minuten-Intervall 2 Besucher ein. Wie groß ist die Wahrscheinlichkeit, daß zugleich mehr als 2 Personen zur Anmeldung vorgelassen werden?

8.4. Wie groß ist die Wahrscheinlichkeit, im Lotto ("6 aus 49") 4 Richtige anzukreuzen?

8.5. Ein Betrunkener versucht, seine Haustür zu öffnen. An seinem Schlüsselring sind 4 Schlüssel befestigt. Wie oft wird er auf die Dauer und im Durchschnitt (Erwartungswert) probieren müssen,
a) wenn er ausprobierte Schlüssel nicht mehr benutzt,
b) wenn er wahllos Schlüssel ausprobiert?

8.6. Die Wahrscheinlichkeit für eine Grippeerkrankung aufgrund einer Virusinfektion sei 1/3. Wie groß ist die Wahrscheinlichkeit für insgesamt dreimaliges Erkranken an Grippe, wenn sechs Virusinfektionen stattgefunden haben und die dritte Erkrankung eine Folge der letzten Virusinfektion ist?

8.7. Eine Maschine stellt Stäbe her, deren Länge normalverteilt ist mit Erwartungswert 100 mm und Standardabweichung 2 mm. Stäbe, die größer sind als 104 mm oder kleiner als 96 mm sind, zählen zum Ausschuß.
a) Wie groß ist der Ausschußanteil der Maschine?
b) Wie groß wird der Ausschußanteil der Maschine, wenn das Toleranzintervall auf 94 mm bis 106 mm ausgedehnt wird?

8.8. In einer Fabrik werden Platten hergestellt, deren Dicke normalverteilt ist mit Erwartungswert 10 mm und Standardabweichung 0,03 mm. Welches symmetrische Toleranzintervall ist zu wählen, wenn der Ausschußanteil 5 % betragen soll? Welche Veränderung tritt ein, wenn der Ausschußanteil auf 1% gesenkt wird?

8.9. Welche Eigenschaften hat die Dichtefunktion der Normalverteilung?

Weiterführende Literatur

Fisz [1973]
Menges [1972]
Schaich-Köhle-Schweitzer-Wegner [1974]
Kreyszig [1968]
Stange [1970]
Feller [1959]
Kendall-Stuart [1963]
Bamberg-Baur [1980]
Cramer [1959]
Renyi [1962]

9. Kapitel
Erzeugende Funktionen

Für diskrete Zufallsvariablen, deren Realisationen ganzzahlig sind (z.B. die Anzahl der Erfolge, die Anzahl der Mißerfolge, die Anzahl der Versuche) lassen sich die Momente dieser Zufallsvariablen oft bequemer mit erzeugenden Funktionen berechnen.

<u>Definition:</u> Für eine reellwertige Zahlenfolge

$$\alpha_0, \alpha_1, \alpha_2, \ldots$$

ist

$$(9.1) \qquad A(t) = \sum_{j=0}^{\infty} \alpha_j \cdot t^j \qquad t \in \mathbb{R}$$

die erzeugende Funktion, wenn die Summe in einem Konvergenzgebiet um t gegen A(t) konvergiert.

<u>Beispiele:</u> Die konstante Zahlenfolge 1, 1, 1, ... hat die erzeugende Funktion

$$(9.2) \qquad A(t) = \sum_{j=0}^{\infty} 1 \cdot t^j = 1 + t + t^2 + \ldots = \frac{1}{1-t},$$

wenn die Summe konvergiert, d.h. wenn $|t| < 1$. Man betrachte hierzu nochmals (8.23).

Die Zahlenfolge 1, 2, 3, ... hat die erzeugende Funktion

$$(9.3) \qquad A(t) = \sum_{j=0}^{\infty} (j+1) \cdot t^j = 1 + 2t + 3t^2 + \ldots = \frac{1}{(1-t)^2},$$

was man durch einmaliges Differenzieren von (9.2) bezüglich t bestätigen kann.

Die Zahlenfolge 1, $\binom{k}{1}$, $\binom{k+1}{2}$, $\binom{k+2}{3}$, ... hat die erzeugende Funktion

$$(9.4) \qquad A(t) = 1 + \binom{k}{1} \cdot t + \binom{k+1}{2} \cdot t^2 + \binom{k+2}{3} \cdot t^3 + \ldots$$

$$= \sum_{j=0}^{\infty} \binom{k+j-1}{j} \cdot t^j = \frac{1}{(1-t)^k} ,$$

was man durch (k-1)-faches Differenzieren von (9.2) bezüglich t beweisen kann. Hierbei ist zu beachten, daß $\binom{k+j-1}{j}$ die Koeffizienten der negativen Binomialverteilung(siehe Abschnitt 8.7.) sind. Für k=1 erhält man aus (9.4) die Gleichung (9.2) der konstanten Zahlenfolge, für k=2 entsprechend die Gleichung (9.3).

Die Zahlenfolge 1, $\binom{k+1}{1}$, $\binom{k+2}{2}$, ... hat die erzeugende Funktion

(9.5) $$A(t) = \sum_{j=0}^{\infty} \binom{k+j}{j} \cdot t^j = \frac{1}{(1-t)^{k+1}} ,$$

was man aus (9.4) erhält, wenn man k durch k+1 substituiert.

Die Zahlenfolge 1, 4, 9, 16, 25, ... hat die erzeugende Funktion

(9.6) $$A(t) = \sum_{j=0}^{\infty} (j+1)^2 \cdot t^j = \frac{1+t}{(1-t)^3} ,$$

was man wie folgt beweisen kann:
In (9.4) setzt man k=3 und erhält für $|t| < 1$

$$1 + 3t + 6t^2 + 10t^3 + \ldots = \frac{1}{(1-t)^3}$$

und hieraus, nach Multiplikation beider Seiten der Gleichung mit t:

$$t + 3t^2 + 6t^3 + 10t^4 + \ldots = \frac{t}{(1-t)^3} .$$

Die Summe der letzten beiden Gleichungen ergibt dann (9.6).

Die Zahlenfolge 0, 1, 2, 3, ... hat die erzeugende Funktion

(9.7) $$A(t) = \sum_{j=0}^{\infty} j \cdot t^j = t + 2t^2 + 3t^3 + \ldots = \frac{t}{(1-t)^2} ,$$

was man aus (9.3) durch Multiplikation mit t erhält.

Die Zahlenfolge 1, ß, $ß^2$, $ß^3$, ... hat die erzeugende Funktion

(9.8) $$A(t) = \sum_{j=0}^{\infty} (ßt)^j = 1 + ßt + ß^2t^2 + ß^3t^3 + \ldots = \frac{1}{1-ßt}, |ß| < 1.$$

Die Zahlenfolge mit $\binom{n}{j}\alpha^j\beta^{n-j}$ für j = 0, 1, ..., n und
mit 0 für j > n

hat die erzeugende Funktion

$$(9.9) \qquad A(t) = \sum_{j=0}^{n} \binom{n}{j} (\alpha t)^j \beta^{n-j} = (\alpha t + \beta)^n ,$$

denn mit $\alpha t = a$ und $\beta = b$ dürfen wir für das Binom

$$(a+b)^n = \binom{n}{0} a^0 b^n + \binom{n}{1} a^1 b^{n-1} + \ldots + \binom{n}{n} a^n b^0 = \sum_{j=0}^{n} \binom{n}{j} a^j b^{n-j}$$

schreiben.

Definition: Wahrscheinlichkeitserzeugende Funktionen W(t) sind erzeugende Funktionen mit

$$(9.10) \qquad 0 \leq \alpha_j \leq 1 \quad \text{und} \quad \sum_{j=0}^{\infty} \alpha_j = 1.$$

Beispiel: Die Folge der Wahrscheinlichkeiten für die Augenzahl beim einmaligen Würfelwurf, 0, 1/6, 1/6, 1/6, 1/6, 1/6, 1/6, 0, 0, ... hat die wahrscheinlichkeitserzeugende Funktion

$$(9.11) \qquad W(t) = \sum_{j=1}^{6} \frac{1}{6} \cdot t^j = \frac{1}{6}(t + t^2 + \ldots + t^6) = \frac{t - t^7}{6(1-t)} .$$

Für eine ganzzahlige Zufallsvariable X erhalten wir deren Erwartungswert folgendermaßen aus der wahrscheinlichkeitserzeugenden Funktion dieser Zufallsvariablen:

$$(9.12) \qquad W(t) = \sum_{j=0}^{\infty} p_j \cdot t^j$$

Wir differenzieren (9.12) bezüglich t und erhalten

$$(9.13) \qquad W^{(1)}(t) = \frac{d\,W(t)}{dt} = \sum_{j=1}^{\infty} p_j \cdot j \cdot t^{j-1} ,$$

was uns für t=1 den Erwartungswert der ganzzahligen Zufallsvariablen X liefert:

$$(9.14) \qquad E(X) = W^{(1)}(1) = \sum_{j=1}^{\infty} j \cdot p_j .$$

Die 2. Ableitung der wahrscheinlichkeitserzeugenden Funktion (9.12) der ganzzahligen Zufallsvariablen X bezüglich t ergibt

$$(9.15) \qquad W^{(2)}(t) = \sum_{j=1}^{\infty} p_j \cdot j \cdot (j-1) \cdot t^{j-2},$$

womit wir an der Stelle t=1 erhalten

$$(9.16) \qquad W^{(2)}(1) = \sum_{j=1}^{\infty} p_j \cdot j \cdot (j-1) = \sum_{j=1}^{\infty} j^2 \cdot p_j - \sum_{j=1}^{\infty} j \cdot p_j = E(X^2) - E(X).$$

Damit gilt für das zweite gewöhnliche Moment der Zufallsvariablen X

$$(9.17) \qquad E(X^2) = W^{(2)}(1) + W^{(1)}(1),$$

wobei (9.16) nach $E(X^2)$ aufgelöst und (9.14) eingesetzt wurde. Nun können wir (9.17) und (9.14) in die Zerlegungsregel (7.16 einsetzen und erhalten die Varianz der ganzzahligen Zufallsvariablen X mit

$$(9.18) \qquad V(X) = W^{(2)}(1) + W^{(1)}(1) - [W^{(1)}(1)]^2 .$$

Beispiele: Aus der Wahrscheinlichkeitsverteilung der Binomialverteilung

$$(8.9) \qquad P(X = k;\, n,\, p) = \binom{n}{k} p^k q^{n-k}, \qquad k = 0, 1, \ldots, n$$

erhalten wir, wenn wir in (9.9) α=p und β=q sowie j=k setzen,

$$(9.19) \qquad W(t) = (pt + q)^n$$

als wahrscheinlichkeitserzeugende Funktion der Binomialverteilung, wobei über (9.14) und (9.18) dann Erwartungswert und Varianz berechnet werden können.

Für die Poissonverteilung lautet die wahrscheinlichkeitserzeugende Funktion

$$(9.20) \qquad W(t) = \sum_{j=0}^{\infty} t^j \cdot \frac{\lambda^j}{j!} e^{-\lambda} = e^{-\lambda} \cdot \sum_{j=0}^{\infty} \frac{(\lambda t)^j}{j!} = e^{-\lambda} \cdot e^{\lambda t} = e^{\lambda(t-1)}.$$

Aus der Wahrscheinlichkeitsverteilung der geometrischen Verteilung (8.22) erhalten wir die wahrscheinlichkeitserzeugende Funktion dieser Verteilung wie folgt:

$$(9.21)\qquad W(t) = \sum_{j=1}^{\infty} t^j \cdot p \cdot q^{j-1} = \frac{p}{q} \cdot \sum_{j=1}^{\infty} (tq)^j$$

$$= \frac{p}{q} \cdot tq \cdot \sum_{j=0}^{\infty} (tq)^j = \frac{p \cdot t}{1-tq} = \frac{p}{\frac{1}{t} - q}$$

$$= p \cdot \left(\frac{1}{t} - q\right)^{-1}.$$

Die 1. Ableitung bezüglich t ergibt nach der Kettenregel

$$W^{(1)}(t) = p \cdot (-1) \cdot \left(\frac{1}{t} - q\right)^{-2} \cdot \left(-\frac{1}{t^2}\right)$$

$$= \frac{p}{t^2 \left(\frac{1}{t} - q\right)^2}, \text{ so daß für } t = 1 \text{ gilt}$$

$$(9.22)\qquad E(X) = W^{(1)}(1) = \frac{p}{(1-q)^2} = \frac{p}{p^2} = \frac{1}{p}.$$

Übungsaufgaben

9.1. Berechnen Sie mit der wahrscheinlichkeitserzeugenden Funktion (9.19) den Erwartungswert E(X) und die Varianz V(X) der binomialverteilten Zufallsvariablen X.

9.2. Berechnen Sie mit der wahrscheinlichkeitserzeugenden Funktion (9.20) den Erwartungswert E(X) und die Varianz V(X) der poissonverteilten Zufallsvariablen X.

9.3. Berechnen Sie mit der wahrscheinlichkeitserzeugenden Funktion (9.21) die Varianz V(X) der geometrisch verteilten Zufallsvariablen X.

Weiterführende Literatur

Rutsch-Schriever [1976]

Fisz [1973]

Kendall-Stuart [1963]

Menges [1972]

Oberhofer [1979]

10. Kapitel
Charakteristische Funktionen

Allgemeiner anwendbar als die erzeugenden Funktionen sind die charakteristischen Funktionen, da mit ihnen auch die Momente stetiger Zufallsvariablen sowie der diskreten Zufallsvariablen, deren Realisationen nicht notwendigerweise ganzzahlig sind, berechnet werden können.

Definition: Die charakteristische Funktion $\phi_X(\lambda)$ einer Zufallsvariablen X lautet

(10.1) $$\phi_X(\lambda) = E(e^{i\lambda X}), \qquad \lambda \in \mathbb{R},$$

wobei die imaginäre Einheit i definiert ist durch $i^2 = -1$.

Der Erwartungswert dieser Exponentialfunktion mit imaginärem Exponenten wird wie gewohnt gebildet, d.h. die charakteristische Funktion einer diskreten Zufallsvariablen ist definiert durch (siehe auch Gleichung (7.10))

(10.2) $$\phi_X(\lambda) = \sum_{j=0}^{\infty} e^{i\lambda x_j} \cdot p_j$$

während die charakteristische Funktion einer stetigen Zufallsvariablen definiert ist durch

(10.3) $$\phi_X(\lambda) = \int_{-\infty}^{\infty} e^{i\lambda x} \cdot f(x)\, dx.$$

Soweit die Momente einer Zufallsvariablen existieren, kann man sie mittels der charakteristischen Funktion dieser Zufallsvariablen bestimmen. Dies soll für den Erwartungswert und die Varianz einer Zufallsvariablen X gezeigt werden.

Wir betrachten o.B.d.A. eine diskrete Zufallsvariable X, für die die 1. Ableitung von (10.2) bezüglich λ ergibt:

$$(10.4) \qquad \phi_X^{(1)}(\lambda) = \frac{d\ \phi_X(\lambda)}{d\lambda} = i \cdot \sum_{j=0}^{\infty} e^{i\lambda x_j} \cdot x_j \cdot p_j$$

und wir erhalten an der Stelle $\lambda = 0$

$$(10.5) \qquad \phi_X^{(1)}(0) = i \cdot \sum_{j=0}^{\infty} x_j \cdot p_j = i \cdot E(X)$$

und somit für den Erwartungswert der Zufallsvariablen X

$$(10.6) \qquad E(X) = \frac{\phi_X^{(1)}(0)}{i} .$$

Die 2. Ableitung von (10.2) bezüglich λ ergibt:

$$(10.7) \qquad \phi_X^{(2)}(\lambda) = i^2 \cdot \sum_{j=0}^{\infty} e^{i\lambda x_j} \cdot x_j^2 \cdot p_j$$

und wir erhalten an der Stelle $\lambda = 0$

$$(10.8) \qquad \phi_X^{(2)}(0) = i^2 \cdot \sum_{j=0}^{\infty} x_j^2 \cdot p_j = -\ E(X^2)$$

wegen $i^2 = -1$, so daß man das 2. gewöhnliche Moment der Zufallsvariablen X gewinnt durch

$$(10.9) \qquad E(X^2) = -\ \phi_X^{(2)}(0).$$

Allgemein erhält man das k-te gewöhnliche Moment einer Zufallsvariablen X aus

$$(10.10) \qquad E(X^k) = \frac{\phi_X^{(k)}(0)}{i^k} .$$

Wir verwenden die Zerlegungsregel (7.16), um aus (10.9) und (10.6) die Varianz der Zufallsvariablen X zu berechnen:

$$(10.11) \qquad V(X) = -\ \phi_X^{(2)}(0) - \left[\frac{\phi_X^{(1)}(0)}{i} \right]^2 \quad \text{(und wegen } i^2 = -1)$$

$$= \left[\phi_X^{(1)}(0) \right]^2 - \phi_X^{(2)}(0).$$

Beispiel: Für die N(0, 1)-verteilte Zufallsvariable Y lautet die charakteristische Funktion

(10.12) $$\phi_Y(\lambda) = e^{-\frac{\lambda^2}{2}},$$

denn es gilt

$$\phi_Y(\lambda) = \int_{-\infty}^{\infty} e^{i\lambda y} \cdot \frac{1}{\sqrt{2\pi}} e^{-\frac{y^2}{2}} dy$$

$$= \frac{1}{\sqrt{2\pi}} e^{-\frac{\lambda^2}{2}} \int_{-\infty}^{\infty} e^{-\frac{(y - i\lambda)^2}{2}} dy$$

mit quadratischer Ergänzung $-\frac{\lambda^2}{2}$ und, nach der Substitution $t = y - i\lambda$:

$$\phi_Y(\lambda) = \frac{1}{\sqrt{2\pi}} e^{-\frac{\lambda^2}{2}} \int_{-\infty}^{\infty} e^{-\frac{t^2}{2}} dt$$

$$= \frac{1}{\sqrt{2\pi}} e^{-\frac{\lambda^2}{2}} \sqrt{2\pi} \qquad \text{(wegen (8.53))}$$

$$= e^{-\frac{\lambda^2}{2}}.$$

Wir bestimmen nun mit (10.12) die ersten vier gewöhnlichen Momente der Standardnormalverteilung:

Wegen

$$\phi_Y^{(1)}(\lambda) = -\lambda e^{-\frac{\lambda^2}{2}}$$

ist $\phi_Y^{(1)}(0) = 0$ und damit wegen (10.6) $\mu_1 = E(Y) = 0$.

Aus

$$\phi_Y^{(2)}(\lambda) = e^{-\frac{\lambda^2}{2}}(\lambda^2-1)$$

folgt $\phi_Y^{(2)}(0) = -1$ und damit wegen (10.9) $\mu_2 = E(Y^2) = 1$ und somit $V(Y) = \sigma_Y^2 = \mu_2 - \mu_1^2 = 1$.

Weiter folgt aus

$$\phi_Y^{(3)}(\lambda) = e^{-\frac{\lambda^2}{2}}(3\lambda - \lambda^3),$$

daß $\phi_Y^{(3)}(0) = 0$, so daß wegen (10.10) gilt $\mu_3 = E(Y^3) = 0$.

Schließlich gilt wegen

$$\phi_Y^{(4)}(\lambda) = e^{-\frac{\lambda^2}{2}}(3 - 6\lambda^2 + \lambda^4),$$

daß $\phi_Y^{(4)}(0) = 3$, so daß wegen $i^4 = i^2 \cdot i^2 = (-1)\cdot(-1) = 1$ aus (10.10) für das vierte gewöhnliche Moment einer standardnormalverteilten Zufallsvariablen Y folgt

(10.13) $$\mu_4 = E(Y^4) = 3 .$$

Um die Momente einer N(μ, σ)-verteilten Zufallsvariablen X zu berechnen, berücksichtigen wir, daß nach (8.51) X eine Linearkombination der N(0, 1)-verteilten Zufallsvariablen Y ist. Nun gilt aber für die charakteristische Funktion der Linearkombination der Zufallsvariablen Y mit

(10.14) $$X = \alpha + \beta \cdot Y,$$

wobei α und β reelle Konstanten sind, daß

(10.15) $$\phi_X(\lambda) = E(e^{i\lambda X}) = E[e^{i\lambda(\alpha + \beta \cdot Y)}] = e^{i\lambda\alpha} \cdot E(e^{i\lambda\beta Y})$$
$$= e^{i\lambda\alpha} \cdot \phi_Y(\lambda\beta) \ ,$$

so daß durch Vergleich von (10.14) mit

(10.16) $$X = \mu + \sigma \cdot Y \qquad \text{(folgt aus (8.51))}$$

in (10.15) α durch μ und β durch σ zu substituieren sind.

(10.17) $$\phi_X(\lambda) = e^{i\lambda\mu} \cdot \phi_Y(\lambda\sigma) \qquad \text{(und wegen (10.12))}$$
$$= e^{i\lambda\mu} \cdot e^{-\frac{(\lambda\sigma)^2}{2}}$$
$$= e^{i\lambda\mu - \frac{\lambda^2\sigma^2}{2}}$$

ist somit die charakteristische Funktion einer N(μ, σ)-verteilten Zufallsvariablen X.

Mittels (10.10) erhält man für k = 1, 2, 3, 4 aus (10.17) nach einiger Rechnerei die ersten vier gewöhnlichen Momente der N(μ, σ)-verteilten Zufallsvariablen X:

(10.18) $$\mu_1 = \mu,\ \mu_2 = \sigma^2 + \mu^2,\ \mu_3 = \mu^3 + 3\mu\sigma^2 \text{ und}$$
$$\mu_4 = \mu^4 + 6\mu^2\sigma^2 + 3\sigma^4.$$

Aus den gewöhnlichen Momenten können nun die zentralen Momente berechnet werden. Da immer $m_1 = 0$ und infolge der Symmetrie der Dichtefunktion der $N(\mu, \sigma)$-Verteilung gilt $m_3 = 0$, des weiteren nach der Zerlegungsregel $m_2 = \sigma^2$, wollen wir uns hier nur noch mit dem 4. zentralen Moment m_4 beschäftigen. Durch Einsetzen der in (10.18) angegebenen gewöhnlichen Momente in (7.27) erhalten wir das 4. zentrale Moment der $N(\mu, \sigma)$-Verteilung

$$(10.19)\quad m_4 = \mu^4 + 6\mu^2\sigma^2 + 3\sigma^4 - 4(\mu^3 + 3\mu\sigma^2)\mu + 6(\sigma^2 + \mu^2)\mu^2 - 3\mu^4$$

$$= \mu^4 + 6\mu^2\sigma^2 + 3\sigma^4 - 4\mu^4 - 12\mu^2\sigma^2 + 6\mu^2\sigma^2 + 6\mu^4 - 3\mu^4$$

$$= 3\sigma^4 .$$

Für die <u>Summe von n unabhängig verteilten Zufallsvariablen</u>

$$Y = X_1 + \ldots + X_n$$

ist die charakteristische Funktion bestimmt durch

$$(10.20)\quad \phi_Y(\lambda) = \prod_{j=1}^{n} \phi_{X_j}(\lambda) ,$$

d.h. die charakteristische Funktion der Summenvariablen ist gleich dem Produkt der charakteristischen Funktionen der Summanden, weil

$$\phi_Y(\lambda) = E(e^{i\lambda Y}) = E[e^{i\lambda(X_1+\ldots+X_n)}]$$

$$= E(e^{i\lambda X_1} \cdot \ldots \cdot e^{i\lambda X_n}) \quad \text{(und wegen (7.37))}$$

$$= E(e^{i\lambda X_1}) \cdot \ldots \cdot E(e^{i\lambda X_n})$$

$$= \phi_{X_1}(\lambda) \cdot \ldots \cdot \phi_{X_n}(\lambda) .$$

<u>Beispiel:</u> Die null-eins-verteilte Zufallsvariable X_j $(j = 1, \ldots, n)$ nimmt die Realisation $x_0 = 1$ (Erfolg) mit Wahrscheinlichkeit p und die Realisation $x_1 = 0$ (Mißerfolg) mit Wahrscheinlichkeit q an, so daß nach

(10.2) die charakteristische Funktion der Null-Eins-Verteilung lautet

(10.21) $$\phi_{X_j}(\lambda) = p\cdot e^{i\lambda} + q\,, \qquad j = 1, \ldots, n$$

denn $e^0 = 1$. Mit (10.20) erhalten wir dann die charakteristische Funktion der binomialverteilten Zufallsvariablen Y infolge der identischen charakteristischen Funktionen (10.21) der n Summanden als

(10.22) $$\phi_Y(\lambda) = (p\cdot e^{i\lambda} + q)^n\,.$$

Ein weiteres Beispiel:

Aus der Wahrscheinlichkeitsverteilung (8.22) der geometrischen Verteilung erhält man mittels (10.2) deren charakteristische Funktion als

(10.23) $$\phi_{X_j}(\lambda) = \sum_{n=1}^{\infty} e^{i\lambda n}\cdot pq^{n-1} = \frac{pe^{i\lambda}}{1-qe^{i\lambda}}\,.$$

Mittels der in Abschnitt 8.7. angestellten Überlegung, daß die einer negativen Binomialverteilung (8.42) gehorchende Zufallsvariable X als Summe von k identisch und unabhängig geometrisch verteilten Zufallsvariablen X_j angesehen werden kann, deren charakteristische Funktion mit (10.23) angegeben ist, erhalten wir die charakteristische Funktion der negativen Binomialverteilung (8.42) aus (10.20) mit Obergrenze k als

(10.24) $$\phi_X(\lambda) = \left(\frac{pe^{i\lambda}}{1-qe^{i\lambda}}\right)^k.$$

Übungsaufgaben

10.1. Zeigen Sie mittels (7.26) aufgrund der Angaben (10.18), daß für eine $N(\mu, \sigma)$-verteilte Zufallsvariable X gilt $m_3 = 0$.

10.2. Berechnen Sie mittels (10.22) den Erwartungswert E(Y) und die Varianz V(Y) der binomialverteilten Zufallsvariablen Y.

10.3. Berechnen Sie mittels (10.23) den Erwartungswert $E(X_j)$ der geometrisch verteilten Zufallsvariablen X_j.

10.4. Berechnen Sie mittels (10.24) den Erwartungswert E(X) der negativ binomialverteilten Zufallsvariablen X.

Weiterführende Literatur

Fisz [1973]
Rutsch-Schriever [1976]
Menges [1972]
Oberhofer [1979]
Kendall-Stuart [1963]
van der Waerden [1971]
Parzen [1960]
Wilks [1962]
Feller [1959]
Cramér [1957]

11. Kapitel
Testverteilungen

In diesem Kapitel befassen wir uns mit einigen Verteilungstypen, die vorzugsweise in statistischen Tests zur Anwendung kommen. Hierbei sollen auch die Gammaverteilung und die Betaverteilung behandelt werden, da diese zu den Grundlagen der vorzuführenden Testverteilungen gehören und das Verständnis der komplizierteren Verteilungen erleichtern können.

11.1. Die Gammaverteilung

Wir beginnen mit der <u>Gammafunktion</u> $\Gamma(p)$, die definiert ist als

(11.1) $$\Gamma(p) = \int_0^\infty x^{p-1}e^{-x}\,dx \qquad \text{für } p > 0.$$

Substitution von p+1 für p in (11.1) ergibt

(11.2) $$\Gamma(p+1) = \int_0^\infty x^{p}e^{-x}\,dx\ .$$

Durch partielle Integration (vgl. Fisz [1973], S. 182 und Bronstein-Semendjajew [1970], S. 334) kann man (11.2) weiterentwickeln zu

(11.3) $$\Gamma(p+1) = p\cdot\Gamma(p).$$

Für $p = 1$ erhält man aus (11.1) $\Gamma(1) = 1$, hiermit aus (11.3) $\Gamma(2) = 1\cdot\Gamma(1) = 1$, weiter für $p = 2$ aus (11.3) $\Gamma(3) = 2\cdot\Gamma(2) = 2\cdot 1 = 2!$ und allgemein für natürliche Zahlen p

(11.4) $$\Gamma(p+1) = p!$$

Setzt man nun $y = \frac{x}{a}$ mit $a > 0$ in (11.1) ein, so erhält man mittels dieser Substitution

(11.5) $$\Gamma(p) = \int_0^\infty a^{p-1} y^{p-1} e^{-ay}\, a\, dy \quad (\text{wegen } \frac{dx}{dy} = a)$$
$$= a^p \int_0^\infty y^{p-1} e^{-ay}\, dy.$$

Definition: Eine Zufallsvariable Y gehorcht der Gammaverteilung, wenn die Dichtefunktion ihrer Realisationen y (y > 0) gegeben ist durch

(11.6) $$f(y) = \frac{a^p}{\Gamma(p)} y^{p-1} e^{-ay}.$$

Das Argument der in (11.6) als Normierung verwendeten Gammafunktion $\Gamma(p)$ kann reellwertig sein. So gilt z.B. für $p = \frac{1}{2}$

(11.7) $$\Gamma(\tfrac{1}{2}) = \sqrt{\pi}\ .$$

Eine Tabelle der Gammafunktion für Werte von 1 bis 2, mit der man mittels der Rekursionsformel (11.3) weitere positive Zwischenwerte berechnen kann, findet man in Bronstein-Semendjajew [1970], S. 59.

Wenn man die Dichtefunktion (11.6) der Gammaverteilung in (10.3) einsetzt,erhält man nach einigen Umformungen die charakteristische Funktion der Gammaverteilung

(11.8) $$\phi_Y(\lambda) = \frac{1}{(1 - \frac{i\lambda}{a})^p}$$

(vgl. hierzu Fisz [1973], S. 184).

Für die Summe $Z = Y_1 + \ldots + Y_n$ von n identisch und unabhängig mit Parametern a und p gammaverteilten Zufallsvariablen Y_j (j= 1, ..., n) erhalten wir mittels (10.20) die charakteristische Funktion

(11.9) $$\phi_Z(\lambda) = \frac{1}{(1 - \frac{i\lambda}{a})^{pn}}\ ,$$

was den Rückschluß zuläßt, daß auch die Zufallsvariable Z gammaverteilt ist mit Parametern a und $n \cdot p$, also für $z > 0$ gilt:

(11.10) $$f(z) = \frac{a^{np}}{\Gamma(np)} z^{np-1} e^{-az} .$$

Nun wollen wir noch den Erwartungswert E(Y) und die Varianz V(Y) der gammaverteilten Zufallsvariablen Y berechnen. Hierzu bilden wir die 1. Ableitung von (11.8) bezüglich λ

(11.11) $$\phi_Y^{(1)}(\lambda) = \frac{p \cdot \frac{i}{a}}{(1 - \frac{i\lambda}{a})^{p+1}}$$

die an der Stelle $\lambda = 0$ den Wert $\phi_Y^{(1)}(0) = \frac{i \cdot p}{a}$ ergibt, woraus mit (10.6) folgt

(11.12) $$E(Y) = \frac{p}{a} .$$

Weiter ergibt die 2. Ableitung der charakteristischen Funktion (11.8) bezüglich λ

(11.13) $$\phi_Y^{(2)}(\lambda) = \frac{p \cdot (p+1) \cdot \frac{i^2}{a^2}}{(1 - \frac{i\lambda}{a})^{p+2}}$$

an der Stelle $\lambda = 0$ den Wert $\phi_Y^{(2)}(0) = p \cdot (p+1) \cdot \frac{i^2}{a^2}$, woraus wir mit (10.9) das zweite gewöhnliche Moment

(11.14) $$E(Y^2) = \frac{p \cdot (p+1)}{a^2}$$

erhalten. Wir setzen (11.12) und (11.14) in die Zerlegungsregel (7.16) ein, womit für die Varianz der gammaverteilten Zufallsvariablen Y gilt

(11.15) $$V(Y) = \frac{p \cdot (p+1)}{a^2} - \frac{p^2}{a^2} = \frac{p}{a^2} .$$

Für die <u>Summe</u> $Z = Y_1 + \ldots + Y_n$ von n identisch und unabhängig mit Parametern a und p gammaverteilten Zufallsvariablen Y_j (j= 1, ..., n) erhalten wir dann mittels (7.11') und (7.40) als Erwartungswert und Varianz

(11.16) $$E(Z) = \frac{n \cdot p}{a} \quad \text{und} \quad V(Z) = \frac{n \cdot p}{a^2} .$$

11.2. Die χ^2-Verteilung

Wir gehen aus von einer Zufallsvariablen X, die N(0, 1)-verteilt ist, bilden das Quadrat dieser Zufallsvariablen und berechnen für die neue Zufallsvariable $Y = X^2$ die Dichtefunktion.

Wir überlegen zunächst, daß für die Verteilungsfunktion der Zufallsvariablen Y gilt

$$(11.17)\qquad F(y) = P(Y \le y) = P(X^2 \le y) = P(-\sqrt{y} \le X \le \sqrt{y})$$
$$= F(\sqrt{y}) - F(-\sqrt{y}) = F(x) - F(-x).$$

Die 1.Ableitung von (11.17) ist die Dichtefunktion der Zufallsvariablen Y:

$$(11.18)\qquad f(y) = \frac{d\,F(y)}{dy} = \frac{d\,F(x)}{dy} - \frac{d\,F(-x)}{dy} \quad \text{(wegen (11.17))}.$$

Differenziert man $Y = X^2$ bezüglich x bzw. bezüglich (-x), so erhält man $\frac{dy}{dx} = 2x$ und daraus $dy = 2x\,dx$ bzw. $\frac{dy}{d(-x)} = -2x$ und daraus $dy = -2x\,d(-x)$, was nun in (11.18) eingesetzt wird:

$$(11.19)\qquad f(y) = \frac{d\,F(x)}{2x\,dx} - \frac{d\,F(-x)}{-2x\,d(-x)} = \frac{f(x) + f(-x)}{2x}$$
$$= \frac{f(x) + f(-x)}{2\sqrt{y}} \quad \text{für } y > 0.$$

Da X standardnormalverteilt ist mit Dichtefunktion

$$(11.20)\qquad f(x) = \frac{1}{\sqrt{2\pi}}\, e^{-\frac{x^2}{2}}$$

erhält man hiermit aus (11.19) die Dichtefunktion der Zufallsvariablen Y als

$$(11.21)\qquad f(y) = \frac{1}{\sqrt{2\pi}}\, y^{-\frac{1}{2}}\, e^{-\frac{y}{2}} \quad \text{für } y > 0.$$

Durch Vergleich mit (11.6) erkennt man, daß die Zufallsvariable Y gammaverteilt ist mit Parametern $a = \frac{1}{2}$ und $p = \frac{1}{2}$.

Bildet man nun die Summe von ν identisch und unabhängig mit Parametern $a = \frac{1}{2}$ und $p = \frac{1}{2}$ gammaverteilten Zufallsvariablen Y_j ($j = 1, \ldots, \nu$), d.h. betrachtet man die Summenvariable

$$(11.22) \qquad \chi^2 = X_1^2 + \ldots + X_\nu^2 ,$$

wobei jede der Zufallsvariablen X_j^2 ($j = 1, \ldots, \nu$) unabhängig und identisch $N(0, 1)$-verteilt ist, so erhalten wir die Dichtefunktion der Summenvariablen durch (11.10) mit $a = \frac{1}{2}$ und $p = \frac{1}{2}$, $n=\nu$ und $\chi^2 = Z$.

<u>Definition:</u> Die in (11.22) definierte Zufallsvariable χ^2, die nur positive Werte annimmt, hat die Dichtefunktion

$$(11.23) \qquad f(\chi^2) = \frac{1}{2^{\frac{\nu}{2}} \Gamma(\frac{\nu}{2})} (\chi^2)^{\frac{\nu}{2}-1} e^{-\frac{\chi^2}{2}}$$

Durch Einsetzen von $a = \frac{1}{2}$, $p = \frac{1}{2}$, $n = \nu$ und $\chi^2 = Z$ erhalten wir direkt aus (11.16) den Erwartungswert und die Varianz von χ^2:

$$(11.24) \qquad E(\chi^2) = \nu \quad \text{und } V(\chi^2) = 2\nu.$$

Man nennt den Parameter ν der χ^2-Verteilung die <u>Anzahl der Freiheitsgrade</u>.

Für eine nach (11.22) gebildete Summenvariable, deren Summanden unabhängig $N(0, \sigma)$-verteilte Zufallsvariablen sind, gibt Fisz [1973] die Dichtefunktion an.

Die χ^2-Verteilung eignet sich besonders zum Testen von Streuungen. Da ihre Dichtefunktion nur im positiven Bereich von Null verschieden Werte annimmt, wird sie auf Zufallsvariablen angewendet, die keine negativen Werte annehmen können. Da viele ökonomische Daten stets positiv sein müssen, können diese Daten oftmals durch die χ^2-Verteilung approximiert werden.

11.3. Die Betaverteilung

Definition: Eine Zufallsvariable X, für deren Realisationen gilt $0 < x < 1$, ist betaverteilt, wenn ihre Dichtefunktion durch

$$(11.25) \qquad f(x) = \frac{1}{B(p,\, q)}\, x^{p-1}(1-x)^{q-1}$$

gegeben ist, wobei

$$(11.26) \qquad B(p,\, q) = \int_0^1 x^{p-1}(1-x)^{q-1}\, dx \,, \qquad p > 0,\ q > 0$$

die Betafunktion ist.

Wie man zeigen kann (siehe etwa van der Waerden [1971], S. 57-58), besteht zwischen Betafunktion und Gammafunktion folgende Beziehung:

$$(11.27) \qquad B(p,\, q) = \frac{\Gamma(p)\cdot\Gamma(p)}{\Gamma(p+q)} \,.$$

Mit (7.21) erhalten wir das k-te gewöhnliche Moment der Betaverteilung durch

$$(11.28) \qquad \mu_k = \frac{1}{B(p,\, q)} \int_0^1 x^k . x^{p-1} \cdot (1-x)^{q-1}\, dx$$

$$= \frac{1}{B(p,\, q)} \int_0^1 x^{(k+p)-1} \cdot (1-x)^{q-1}\, dx$$

$$= \frac{B(k+p,\, q)}{B(p,\, q)}$$

$$= \frac{\Gamma(k+p)\cdot\Gamma(q)\cdot\Gamma(p+q)}{\Gamma(k+p+q)\cdot\Gamma(p)\cdot\Gamma(q)}$$

$$= \frac{\dfrac{\Gamma(p+k)}{\Gamma(p)}}{\dfrac{\Gamma(p+q+k)}{\Gamma(p+q)}}$$

$$= \frac{\dfrac{(p+k-1)!}{(p-1)!}}{\dfrac{(p+q+k-1)!}{(p+q-1)!}}$$

$$= \frac{p\cdot(p+1)\cdot \;...\; \cdot(p+k-1)}{(p+q)\cdot(p+q+1)\cdot ... \cdot(p+q+k-1)} \,.$$

Durch Einsetzen von k=1 in (11.28) erhalten wir den Erwartungswert der betaverteilten Zufallsvariablen X mit

(11.29) $$E(X) = \frac{p}{p+q} \; .$$

Für k=2 gewinnen wir aus (11.28) das 2. gewöhnliche Moment

(11.30) $$\mu_2 = \frac{p \cdot (p+1)}{(p+q) \cdot (p+q+1)}$$

und durch Einsetzen von (11.29) und (11.30) in die Zerlegungsregel (7.16) die Varianz der betaverteilten Zufallsvariablen X mit

(11.31) $$V(X) = \frac{p \cdot q}{(p+q)^2 \cdot (p+q+1)} \; .$$

11.4. Die F-Verteilung

Definition: Für zwei unabhängig χ^2-verteilte Zufallsvariablen X und Y (X habe m Freiheitsgrade, Y habe n Freiheitsgrade) ist das Verhältnis

$$U = \frac{\frac{X}{m}}{\frac{Y}{n}} \qquad \text{mit} \quad U > 0$$

F-verteilt mit Dichtefunktion

(11.32) $$f(u) = \frac{1}{B(\frac{m}{2}, \frac{n}{2})} \cdot \left(\frac{m}{n}\right)^{\frac{m}{2}} \cdot \frac{u^{\frac{m}{2}-1}}{\left(1+\frac{m}{n} \cdot u\right)^{\frac{m+n}{2}}} \; .$$

Das Verhältnis U ist wiederum eine Zufallsvariable mit Erwartungswert

(11.33) $$E(U) = \frac{n}{n-2} \qquad \text{für } n > 2$$

und Varianz

(11.34) $$V(U) = \frac{2n^2 \cdot (m+n-2)}{m \cdot (n-2)^2 \cdot (n-4)} \qquad \text{für } n > 4$$

(vgl. hierzu Parzen [1960], S. 380).

Die von R. A. Fisher 1924 entwickelte F-Verteilung eignet sich besonders zum Testen von Streuungsverhältnissen.

11.5. Die t-Verteilung

Definition: Für zwei unabhängig χ^2-verteilte Zufallsvariablen X^2 und Y (X^2 habe einen Freiheitsgrad, Y habe n Freiheitsgrade) ist das Verhältnis

$$t = \frac{X}{\sqrt{\frac{Y}{n}}}$$

t-verteilt mit Dichtefunktion

$$(11.35) \qquad f(t) = \frac{1}{B(\frac{1}{2}, \frac{n}{2}) \cdot \sqrt{n}} \cdot \left(1 + \frac{t^2}{n}\right)^{-\frac{n+1}{2}} .$$

Die t-Verteilung ist ein Spezialfall der F-Verteilung mit $t = \sqrt{U}$ und m = 1, d.h. die Zufallsvariable X ist N(0, 1)-verteilt.

Die Dichtefunktion der t-Verteilung ist symmetrisch um t=0, so daß ihr Erwartungswert gleich Null ist. Ihre Varianz ist gleich $\frac{n}{n-2}$ für n > 2 (da der Erwartungswert Null ist, ist dies zugleich das 2. gewöhnliche Moment. Vgl. hierzu Kendall-Stuart [1963], S. 375).

Die t-Verteilung wurde von W.S. Gosset entwickelt, der unter dem Pseudonym student publizierte.

Weiterführende Literatur

Fisz [1973]
Kendall-Stuart [1963]
Parzen [1960]
Lukacs [1972]
Kreyszig [1968]
Stange [1970]
Hogg-Craig [1965]
van der Waerden [1971]
Linder [1964]

Teil 3

Statistische Inferenz

12. Kapitel
Gesetz der großen Zahlen und zentraler Grenzwertsatz

12.1. Das Gesetz der großen Zahlen

Das Gesetz der großen Zahlen kann als Rechtfertigung der Untersuchung von Massenerscheinungen angesehen werden. Dahinter steht der Gedanke, daß das Grundmuster einer Massenerscheinung erst durch die Beobachtung einer großen Anzahl von Einheiten dieser statistischen Masse zum Vorschein kommt. So kann man beispielsweise in einem physikalischen Versuch durch die Zusammenfassung einer größeren Anzahl von Gasmolekülen, deren jedes einzelne sich unberechenbar bewegt, etwas über die Beschaffenheit des betrachteten Gases herausfinden, z.B. dessen Reaktion auf eine Zunahme der Temperatur. In den Wirtschafts- und Sozialwissenschaften, in denen von den Individuen keine einheitlichen Verhaltensweisen erwartet werden können, läßt sich gleichwohl über das Verhalten einer größeren Masse dieser Individuen in bestimmten Situationen öfters eine zuverlässige Aussage treffen. Solche Eigengesetzlichkeiten der Massen lassen sich beobachten z.B. im Sommerschlußverkauf, auf den Autobahnen in der Ferienzeit, beim Besuch von Massenveranstaltungen, in der Stimmabgabe bei Wahlen aller Art, ebenso im Konsum- und Sparverhalten der Industrienationen und der Bildung von Importüberschüssen seitens der Entwicklungsländer.

Formal läßt sich das Gesetz der großen Zahlen mit dem Bernoullischen Theorem begründen. Hierzu betrachten wir in einer Bernoullifolge die Zufallsvariable X, die die Anzahl k der Erfolge in n unabhängig aufeinanderfolgenden Versuchen mit Bernoulliparameter p angibt. Dann lautet das <u>Bernoullische Theorem:</u>

Für große n und beliebig klein vorgegebenes positives ε gilt

(12.1) $$\lim_{n\to\infty} P\left(\left|\frac{X}{n} - p\right| < \varepsilon\right) = 1 .$$

Zum Beweis des Bernoullischen Theorems benötigen wir die <u>Tschebyscheffsche Ungleichung</u>, wonach für eine Zufallsvariable Z mit Erwartungswert $E(Z) = \mu$ und Varianz $V(Z) = \sigma^2$ gilt

(12.2) $$P(|Z - \mu| \geq k\cdot\sigma) \leq \frac{1}{k^2} \qquad \text{für } k > 0.$$

Die Wahrscheinlichkeit, daß die Zufallsvariable Werte annimmt, die betragsmäßig weiter als das k-fache der Standardabweichung vom Erwartungswert zu liegen kommen, ist also kleiner als $\frac{1}{k^2}$.

Die Tschebyscheffsche Ungleichung soll o.B.d.A. für eine stetige Zufallsvariable Z bewiesen werden. Für deren Varianz kann man schreiben

$$V(Z) = \sigma^2 = \int_{-\infty}^{\infty} (z-\mu)^2\cdot f(z)\, dz$$

$$= \int_{|z-\mu|<k\sigma} (z-\mu)^2 f(z) dz + \int_{|z-\mu|\geq k\sigma} (z-\mu)^2 f(z) dz$$

Da bei dieser Zerlegung das erste Integral nicht-negativ ist, gilt

$$\sigma^2 \geq \int_{|z-\mu|\geq k\sigma} (z-\mu)^2 f(z)\, dz \geq \int_{|z-\mu|\geq k\sigma} k^2\sigma^2 f(z)\, dz,$$

wobei $(z-\mu)^2$ durch den nach der Ungleichung kleinsten Wert $k^2\cdot\sigma^2$ ersetzt wurde. Diese Konstante läßt sich vor das Integral ziehen und wir erhalten

$$\sigma^2 \geq k^2\sigma^2\cdot \int_{|z-\mu|\geq k\sigma} f(z)\, dz = k^2\sigma^2\cdot P(|Z-\mu|\geq k\sigma).$$

Division durch $k^2\sigma^2$ ergibt (12.2).

Nun ersetzen wir Z durch $\frac{X}{n}$ mit Erwartungswert p und Varianz $\frac{p\cdot q}{n}$ (siehe Gleichungen (8.13) und (8.14)) in der Tschebyscheffschen Ungleichung (12.2) und erhalten mit $k\cdot\sigma = \varepsilon$ (weswegen $k^2 = \frac{\varepsilon^2}{\sigma^2} = \frac{\varepsilon^2\cdot n}{p\cdot q}$) nun

(12.3) $$P(|\frac{X}{n} - p| \geq \varepsilon) \leq \frac{p \cdot q}{\varepsilon^2 \cdot n} .$$

Da die rechte Seite dieser Ungleichung höchstens (und zwar für $p=q=0{,}5$) gleich $\frac{1}{4\varepsilon^2 n}$ ist und dieser Ausdruck für $n\to\infty$ bei vorgegebenem ε verschwindet, ist der Grenzwert der Wahrscheinlichkeit (12.3) bei über alle Grenzen wachsendem n gleich Null, so daß für die komplementäre Wahrscheinlichkeit gilt:

$$\lim_{n\to\infty} P(|\frac{X}{n} - p| < \varepsilon) = 1 ,$$

womit das Bernoullische Theorem bewiesen ist.

Was besagt nun das schwache Gesetz der großen Zahlen in der Bernoullischen Fassung?

Mit zunehmendem Stichprobenumfang n ist mit an Sicherheit grenzender Wahrscheinlichkeit eine Abweichung der relativen Häufigkeit der Anzahl der Erfolge von der zugrundeliegenden Erfolgswahrscheinlichkeit p kleiner als jede vorgegebene, beliebig kleine positive Zahl ε.

Beispiel: In einer Serie von Würfelwürfen werde das Auftreten einer geraden Augenzahl in einem Wurf als Erfolg angesehen. Dem entspricht also in jedem Wurf eine Erfolgswahrscheinlichkeit von 0,5. Wenn man sich nun eine beliebig kleine positive Zahl ε von z.B. 1% vorgibt, so nähert sich die Wahrscheinlichkeit, daß die relative Häufigkeit der Zahl der Erfolge, $\frac{X}{n} = \frac{k}{n}$, im Bereich [0,495; 0,505] liegt, nach einer größeren Anzahl von Würfen dem Wert 1.

Ausgehend von der mit dem Gesetz der großen Zahlen bereitgestellten Wahrscheinlichkeitsbasis liegt es daher nahe, in geeigneten Situationen unbekannte Parameter durch empirische Maßzahlen zu schätzen, wenn der Stichprobenumfang hinreichend groß ist. Dieser Rückschluß von Stichprobeninformationen auf Gesetzmäßigkeiten der entsprechenden Grundgesamtheit, die zumindest partiell nicht bekannt sind, bildet die statistische Inferenz. Hierbei sind die im zweiten Teil dieses Buches beschriebenen Erkenntnisse der Wahrscheinlichkeitsrechnung von besonderem Nutzen, zum Teil ergeben sich neue Bezüge zur deskriptiven Statistik.

12.2. Der zentrale Grenzwertsatz

Für eine Folge X_1, X_2, ... von identisch und unabhängig verteilten Zufallsvariablen X_i mit $E(X_i) = \mu$ und $V(X_i) = \sigma^2$ für alle i = 1, 2, ... mit Summenvariable

(12.4) $$X_{(n)} = X_1 + X_2 + \ldots + X_n$$

für die dann gilt $E[X_{(n)}] = n \cdot \mu$ und $V[X_{(n)}] = n \cdot \sigma^2$, ist die standardisierte Summenvariable

(12.5) $$Y_{(n)} = \frac{X_{(n)} - n \cdot \mu}{\sigma\sqrt{n}}$$

für über alle Grenzen wachsendes n standardnormalverteilt.

Für $n \to \infty$ ist also die Dichtefunktion der in (12.5) angegebenen standardisierten Summenvariablen die der N(0, 1)-Verteilung (8.52), wobei der eingeklammerte Index n die Abhängigkeit der Zufallsvariablen vom Stichprobenumfang aufzeigt. Den Beweis dieses Satzes findet man in Fisz [1973], S. 234 ff.

Ist nun für große n die Variable $Y_{(n)}$ N(0, 1)-verteilt, so folgt unter diesen Bedingungen:

(12.6) $X_{(n)} - n \cdot \mu$ ist $N(0, n \cdot \sigma^2)$-verteilt,

(12.7) $X_{(n)}$ ist $N(n \cdot \mu, n \cdot \sigma^2)$-verteilt und

(12.8) $\overline{X} = \frac{1}{n} \cdot X_{(n)}$ ist $N(\mu, \frac{\sigma^2}{n})$-verteilt.

Wie wir bereits in Abschnitt 8.8. erkannt haben, sind Linearkombinationen normalverteilter Zufallsvariablen ebenfalls normalverteilt und die in (12.6) bis (12.8) betrachteten Zufallsvariablen gehen durch lineare Transformationen aus der in (12.5) definierten Zufallsvariablen $Y_{(n)}$ hervor. Durch Multiplikation von (12.5) mit $\sigma\sqrt{n}$ erhält man die Zufallsvariable von (12.6) mit Erwartungswert 0 wegen (7.11) und Varianz $n \cdot \sigma^2$ wegen (7.17). Aus dieser Zufallsvariablen erhält man $X_{(n)}$ in (12.7) durch Addition von $n \cdot \mu$. Dies ist zugleich der Erwartungswert von $X_{(n)}$ wegen (7.11), wobei die Varianz wegen (7.20) sich durch die Addition dieser Konstanten nicht weiter verändert. Schließlich wurde in (12.8) die Zufallsvariable $X_{(n)}$ durch den Stichprobenumfang n dividiert, womit wir das Stichprobenmittel $\overline{X}$ erhalten haben. Nach (7.11) ergibt hier die Multiplikation mit $\frac{1}{n}$ den Erwartungswert $E(\overline{X}) = \mu$ und nach (7.17) die Varianz $V(\overline{X}) = \frac{\sigma^2}{n}$.

Da über die Art der Verteilung der Zufallsvariablen $X_1, X_2, \ldots$ keine Festlegung erforderlich ist, rechtfertigt der zentrale Grenzwertsatz die Anwendung der Normalverteilung auf größere Stichproben ($n > 30$), wenn zwar nicht von einer normalverteilten Grundgesamtheit ausgegangen werden kann, die einzelnen Stichprobenelemente jedoch unabhängig voneinander aus derselben Grundgesamtheit gezogen wurden bzw. ein solcher Ziehungsmechanismus unterstellt werden kann.

Unter bestimmten Bedingungen kann die Forderung nach identischer Verteilung der Zufallsvariablen $X_1, X_2, \ldots$ aufgegeben werden. Vgl. hierzu Fisz [1963], S. 241 ff.

Weiterführende Literatur

Fisz [1963]
Cramér [1957]
Schmetterer [1966]
Bauer [1968]

13. Kapitel
Punktschätzungen

Wir gehen davon aus, daß ein fester, uns jedoch unbekannter Parameter θ der Verteilung einer Grundgesamtheit zu schätzen ist anhand von Stichprobenrealisationen $x_1, x_2, \ldots, x_n$. Dann ist die Parameterschätzung $\hat{\theta}_{(n)}$ eine Funktion der Stichprobenrealisationen:

$$(13.1) \qquad \hat{\theta}_{(n)} = g(x_1, x_2, \ldots, x_n) \; ,$$

wobei der eingeklammerte Index n wieder die Abhängigkeit vom Stichprobenumfang andeuten soll.

Beispiel: Den unbekannten Parameter μ einer $N(\mu, 1)$-verteilten Grundgesamtheit kann man anhand der Stichprobenrealisationen $x_1, x_2, \ldots, x_n$ (diese seien n reelle Zahlen) schätzen mittels

$$\hat{\mu} = \frac{1}{n} \sum_{i=1}^{n} x_i \; ,$$

also mit dem Stichprobenmittelwert $\bar{x}$. Hier ist die Parameterschätzung $\hat{\mu}$ eine lineare Funktion der Realisationen $x_1, x_2, \ldots, x_n$. In einem konkreten Beispiel schätzt man etwa die Durchschnittsgröße der Personen einer Grundgesamtheit aufgrund der ermittelten Körpergrößen einer zugehörigen Stichprobe.

Im Beispiel ist $\hat{\mu}$ eine Punktschätzung des Parameters μ, da die Parameterschätzung $\hat{\mu}$ ein Punkt auf der reellen Zahlenachse ist. Die überaus große Anzahl denkbarer Punktschätzungen läßt sich eingrenzen durch Schätzkriterien, mit denen wünschenswerte Eigenschaften konkurrierender Punktschätzungen fixiert werden können.

Es sei angemerkt, daß auch mehrere Parameter θ_j , $j=1,\ldots,m$ derselben Verteilung geschätzt werden können, wobei gilt

(13.2) $$\hat{\theta}_{j(n)} = g_j(x_1, x_2, \ldots, x_n) , \qquad j = 1, \ldots, m ,$$

z.B. der Erwartungswert und die Varianz einer normalverteilten Zufallsvariablen (m=2).

13.1. Schätzkriterien

13.1.1. Erwartungstreue

Definition: Eine Schätzung $\hat{\theta}_{(n)}$ des Parameters θ heißt erwartungstreu, wenn für ihren Erwartungswert gilt

(13.3) $$E[\hat{\theta}_{(n)}] = \theta.$$

Die Differenz

(13.4) $$E[\hat{\theta}_{(n)}] - \theta$$

heißt bias (Verzerrung) der Schätzung $\hat{\theta}_{(n)}$.

Eine Schätzung $\hat{\theta}_{(n)}$, für die gilt

(13.5) $$\lim_{n\to\infty} E[\hat{\theta}_{(n)}] = \theta ,$$

heißt asymptotisch erwartungstreu.

Beispiele: Für identisch und unabhängig verteilte Zufallsvariablen X_1, X_2, ..., X_n mit $E(X_i) = \mu$ für i=1,...,n ist das Stichprobenmittel eine erwartungstreue Schätzung von μ, da

(13.6) $$E(\bar{X}) = E(\frac{1}{n} \sum_{i=1}^{n} X_i) = \frac{1}{n} E(\sum_{i=1}^{n} X_i) = \frac{1}{n} \sum_{i=1}^{n} E(X_i) = \frac{n}{n}\cdot\mu = \mu .$$

Infolgedessen gilt auch für eine Bernoullifolge von identisch und unabhängig null-eins-verteilten Zufallsvariablen X_1, X_2, ..., X_n mit $E(X_i) = p$ für i=1,...,n, daß die relative Anzahl $\frac{X}{n}$ der Erfolge (dies ist zugleich das Stichprobenmittel der X_i) eine erwartungstreue Schätzung für p ist, was wir übrigens schon mit (8.13) bewiesen haben.

13.1.2. Konsistenz

Definition: Eine Schätzung $\hat{\theta}_{(n)}$ des Parameters θ heißt konsistent, wenn

$$\lim_{n\to\infty} P(|\hat{\theta}_{(n)} - \theta| \geq \varepsilon) = 0 \quad \text{für } \varepsilon > 0. \tag{13.7}$$

Man schreibt hierfür auch

$$\underset{n\to\infty}{\text{p lim}}\ \hat{\theta}_{(n)} = \theta .$$

Beispiel: In einer Bernoullifolge mit binomialverteilter Zufallsvariablen X ist $\frac{X}{n} = \frac{k}{n}$ eine konsistente Schätzung des Bernoulliparameters p, da

$$\lim_{n\to\infty} P(|\frac{X}{n} - p| \geq \varepsilon) = 0 \quad \text{für } \varepsilon > 0,$$

wie anhand von (12.3) schon gezeigt wurde.

Da die Schätzung $\hat{\theta}_{(n)}$ mittels (13.1) eine Funktion der Zufallsvariablen $X_1, X_2, \ldots, X_n$ und damit selbst eine Zufallsvariable ist, spricht man auch von stochastischer Konvergenz (Konvergenz in Wahrscheinlichkeit, engl.: convergence in probability) der Parameterschätzung $\hat{\theta}_{(n)}$. Vgl. hierzu Doob [1967], S. 8.

13.1.3. Effizienz

Definition: In der Klasse K_E der erwartungstreuen Schätzungen $\tilde{\theta}_{(n)}$ heißt die erwartungstreue Schätzung $\hat{\theta}_{(n)}$ effizient, wenn

$$V[\hat{\theta}_{(n)}] \leq V[\tilde{\theta}_{(n)}] \quad \text{für alle } \tilde{\theta}_{(n)} \in K_E . \tag{13.8}$$

Unter den erwartungstreuen Schätzungen besitzt die effiziente Schätzung somit die minimale Varianz.

Eine ausführlichere Diskussion weiterer Schätzkriterien findet man in Kendall-Stuart [1961], Kap. 17.

<u>Beispiel:</u> Aus der Klasse der Mittelwerte m, die eine lineare Funktion der Realisationen x_i der Zufallsvariablen X_i mit $E(X_i) = \mu$, $i=1,\ldots,n$ sind, soll derjenige Mittelwert gefunden werden, der eine effiziente Schätzung von μ ist, wenn die X_i identisch und unabhängig verteilt sind mit $V(X_i) = \sigma^2$. Aufgrund der geforderten Linearität gilt für diese Mittelwerte

(13.9) $$m = \sum_{i=1}^{n} c_i \cdot x_i \quad \text{für beliebige reelle Konstanten } c_i.$$

Die Mittelwerte in der Form (13.9) sind erwartungstreue Schätzungen des Parameters μ, wenn gilt

(13.10) $$E(m) = E\left(\sum_{i=1}^{n} c_i \cdot X_i\right) = \sum_{i=1}^{n} E(c_i \cdot X_i) = \sum_{i=1}^{n} c_i \cdot E(X_i)$$
$$= \sum_{i=1}^{n} c_i \cdot \mu = \mu \cdot \sum_{i=1}^{n} c_i = \mu,$$

d.h. nur die Mittelwerte in der Form (13.9) sind erwartungstreu, für die gilt

(13.11) $$\sum_{i=1}^{n} c_i = 1.$$

Aufgrund der angenommenen Unabhängigkeit errechnen wir die Varianz der Mittelwerte in der Form (13.9) als

(13.12) $$V(m) = V\left(\sum_{i=1}^{n} c_i \cdot X_i\right) = \sum_{i=1}^{n} V(c_i \cdot X_i) = \sum_{i=1}^{n} c_i^2 \cdot V(X_i)$$
$$= \sum_{i=1}^{n} c_i^2 \cdot \sigma^2 = \sigma^2 \cdot \sum_{i=1}^{n} c_i^2.$$

Um also die effiziente Schätzung $\hat{\mu}$ von dem Parameter μ zu bestimmen, muß man die Varianz (13.12) minimieren, wobei die Bedingung (13.11) zu beachten ist. Hierzu bedient man sich der Lagrangefunktion

(13.13) $$\psi(c_1, \ldots, c_n, \lambda) = \sigma^2 \sum_{i=1}^{n} c_i^2 - \lambda \cdot \left(\sum_{i=1}^{n} c_i - 1\right)$$

mit Lagrangeparameter λ. Die Lagrangefunktion wird bezüglich sämtlicher Argumente minimiert, wobei (13.11) als Nebenbedingung so transformiert wurde, daß diese im Minimum den Wert Null annimmt, also eingehalten wird. Die 1. Ableitung von (13.13) bezüglich der Gewichte c_i ergibt

(13.14) $$\frac{\partial\, \psi(c_1, \ldots, c_n, \lambda)}{\partial c_i} = 2\sigma^2 c_i - \lambda, \qquad i=1, \ldots, n.$$

Da in jedem dieser n Minima die 1. Ableitung der Funktion (13.13) gleich Null ist, ergibt Nullsetzen von (13.14) für die Argumente im Minimum

$$(13.15) \qquad \hat{c}_i = \frac{\hat{\lambda}}{2\sigma^2} \,, \qquad i=1, \ldots, n.$$

Die 1. Ableitung von (13.13) bezüglich des Lagrangeparameters λ ergibt

$$(13.16) \qquad \frac{\partial\, \psi(c_1, \ldots, c_n, \lambda)}{\partial\lambda} = -\left(\sum_{i=1}^{n} c_i - 1\right)$$

und im Minimum durch Nullsetzen von (13.16)

$$(13.17) \qquad \sum_{i=1}^{n} \hat{c}_i = 1 \,.$$

Nun können wir (13.15) in (13.17) einsetzen, erhalten

$$\frac{n\cdot\hat{\lambda}}{2\sigma^2} = 1 \,,$$

so daß

$$(13.18) \qquad \hat{\lambda} = \frac{2\sigma^2}{n} \,,$$

in (13.15) eingesetzt, ergibt:

$$(13.19) \qquad \hat{c}_i = \frac{1}{n} \quad \text{für alle } i=1, \ldots, n$$

und somit nach (13.9)

$$(13.20) \qquad \hat{\mu} = \frac{1}{n}\sum_{i=1}^{n} x_i = \bar{x} \,,$$

d.h. das Stichprobenmittel ist unter den angegebenen Bedingungen unter allen linearen Schätzungen des Erwartungswerts μ die gesuchte effiziente Schätzung. Einsetzen von (13.19) in (13.12) liefert die Varianz des Stichprobenmittels (siehe auch (12.8))

$$(13.21) \qquad V(\bar{X}) = \frac{\sigma^2}{n} \,.$$

13.2. Die Schätzung der Varianz

Wir betrachten zunächst den Fall, in dem sowohl der Erwartungswert μ als auch die Varianz σ^2 einer Grundgesamtheit unbekannt sind. Schätzt man den Erwartungswert μ mit dem Stichprobenmittel $\bar{x}$, so kann man dieses zur Berechnung der Stichprobenvarianz (siehe auch (3.15)

$$(13.22) \qquad s^2 = \frac{1}{n} \sum_{i=1}^{n} (x_i - \bar{x})^2$$

weiterverwenden, die ihrerseits als Schätzung der unbekannten Varianz σ^2 dienen kann. Daß die Stichprobenvarianz keine erwartungstreue Schätzung der Varianz der Grundgesamtheit ist, soll nun für identisch und unabhängig verteilte Zufallsvariablen X_i, $i=1,\ldots,n$ mit $E(X_i) = \mu$, $E(X_i^2) = \mu_2$ und $V(X_i) = \sigma^2$ gezeigt werden. Für den Erwartungswert der Stichprobenvarianz gilt nämlich

$$(13.23) \qquad \begin{aligned} E(s^2) &= E[\frac{1}{n} \sum_{i=1}^{n} (X_i - \bar{X})^2] \\ &= E(\frac{1}{n} \sum_{i=1}^{n} X_i^2) - 2\cdot E(\bar{X}\cdot\frac{1}{n} \sum_{i=1}^{n} X_i) + E[(\bar{X})^2] \\ &= E(\frac{1}{n} \sum_{i=1}^{n} X_i^2) - E[(\bar{X})^2] \\ &= \frac{1}{n} \sum_{i=1}^{n} E(X_i^2) - E[(\frac{1}{n} \sum_{i=1}^{n} X_i)^2] \\ &= \frac{1}{n} \sum_{i=1}^{n} \mu_2 - \frac{1}{n^2}\cdot E(\sum_{i=1}^{n} X_i \cdot \sum_{j=1}^{n} X_j) \\ &= \frac{n}{n}\cdot\mu_2 - \frac{1}{n^2}\cdot E(\sum_{i=1}^{n} \sum_{j=1}^{n} X_i\cdot X_j) \\ &= \mu_2 - \frac{1}{n^2}\cdot \sum_{i=1}^{n} \sum_{j=1}^{n} E(X_i\cdot X_j). \end{aligned}$$

Wir betrachten nun die n^2 Ausdrücke in der Doppelsumme. Für n dieser Ausdrücke ist $i=j$ und damit $E(X_i\cdot X_j) = E(X_i^2) = \mu_2$ und für n^2-n dieser Ausdrücke ist $i\neq j$ und damit wegen der angenommenen Unabhängigkeit nach (7.37) $E(X_i\cdot X_j) = E(X_i)\cdot E(X_j) = \mu\cdot\mu = \mu^2$. Aus (13.23) folgt dann weiter

$$\begin{aligned} E(s^2) &= \mu_2 - \frac{1}{n^2}\cdot[n\cdot\mu_2 + (n^2-n)\cdot\mu^2] \\ &= \mu_2\cdot(1 - \frac{1}{n}) - \frac{(n-1)\cdot n}{n^2}\cdot\mu^2 \\ &= \frac{n-1}{n}(\mu_2 - \mu^2) \quad \text{(und wegen (7.23))} \\ &= \frac{n-1}{n}\cdot\sigma^2 . \end{aligned}$$

Der bias der Stichprobenvarianz ist $E(s^2) - \sigma^2 = \frac{n-1}{n} \cdot \sigma^2 - \sigma^2 = -\frac{\sigma^2}{n}$ und verschwindet für über alle Grenzen wachsenden Stichprobenumfang n, so daß die Stichprobenvarianz zumindest asymptotisch erwartungstreu ist($\lim_{n \to \infty} \frac{n-1}{n} = 1$, die Varianz σ^2 der Grundgesamtheit ist für diesen Grenzübergang eine unbekannte Konstante).

In dem von uns betrachteten Fall unbekannter Parameter μ und σ^2 kann die Varianz der Grundgesamtheit durch die <u>modifizierte Stichprobenvarianz</u>

$$\tilde{s}^2 = \frac{1}{n-1} \sum_{i=1}^{n} (x_i - \bar{x})^2 \tag{13.24}$$

erwartungstreu geschätzt werden. Wegen $\tilde{s}^2 = \frac{n}{n-1} \cdot s^2$ gilt nämlich

$$E(\tilde{s}^2) = E(\frac{n}{n-1} \cdot s^2) = \frac{n}{n-1} \cdot E(s^2) = \frac{n}{n-1} \cdot \frac{n-1}{n} \cdot \sigma^2 = \sigma^2 .$$

Nun betrachten wir noch den Fall, in dem zwar μ bekannt, aber σ^2 unbekannt ist. Dann kann die Varianz σ^2 in der Grundgesamtheit erwartungstreu geschätzt werden aufgrund der Kenntnis von μ für identisch und unabhängig verteilte Zufallsvariablen mit

$$\hat{s}^2 = \frac{1}{n} \sum_{i=1}^{n} (x_i - \mu)^2 \tag{13.25}$$

wegen

$$\begin{aligned} E(\hat{s}^2) &= E[\frac{1}{n} \sum_{i=1}^{n} (X_i - \mu)^2] \\ &= \frac{1}{n} E[\sum_{i=1}^{n} (X_i - \mu)^2] \\ &= \frac{1}{n} \sum_{i=1}^{n} E(X_i - \mu)^2 \\ &= \frac{1}{n} \sum_{i=1}^{n} V(X_i) \\ &= \frac{1}{n} \sum_{i=1}^{n} \sigma^2 \\ &= \frac{1}{n} \cdot n \cdot \sigma^2 \\ &= \sigma^2 . \end{aligned}$$

Zieht man aus einer erwartungstreuen Schätzung der Varianz die positive Quadratwurzel, so erhält man damit nicht eine erwartungstreue Schätzung der Standardabweichung σ der Grundgesamtheit, da das Wurzelziehen keine lineare Operation ist. So kann man z.B. für die modifizierte Stichprobenvarianz $\tilde{s}^2$ zeigen, daß deren positive Quadratwurzel $\tilde{s}$ keine erwartungstreue Schätzung von σ ist, denn für die Varianz von $\tilde{s}$ als Varianz einer echten Zufallsvariablen gilt (Zerlegungsregel):

$$V(\tilde{s}) = E(\tilde{s}^2) - [E(\tilde{s})]^2 > 0,$$

woraus wegen $E(\tilde{s}^2) = \sigma^2$ folgt

$$\sigma^2 > [E(\tilde{s})]^2$$

und das Ziehen der positiven Quadratwurzel auf beiden Seiten der Ungleichung ergibt:

$$\text{(13.26)} \qquad \sigma > E(\tilde{s}).$$

Daraus folgt für den bias der Schätzung $\tilde{s}$

$$E(\tilde{s}) - \sigma < 0,$$

d.h. auf die Dauer und im Durchschnitt wird σ durch $\tilde{s}$ unterschätzt.

13.3. Schätzverfahren

13.3.1. Die Methode der kleinsten Quadrate

Die von Gauß 1795 entwickelte Methode der kleinsten Quadrate (engl.: ordinary least squares method für den einfachen Ansatz, kurz: OLS) beruht auf folgendem Grundgedanken:

Wir betrachten die Beobachtungen $x_1, x_2, \ldots, x_n$ einer Stichprobe als Abweichungen von einem noch zu bestimmenden Schätzwert des Mittelwerts μ der Grundgesamtheit. Die Abweichungen

$$\text{(13.27)} \qquad e_i = x_i - \hat{\mu} \qquad\qquad i = 1, \ldots, n$$

der individuellen Beobachtungen vom Schätzwert $\hat{\mu}$ dieses Erwartungswerts der Grundgesamtheit bezeichnet man als Residuen. In der Ausgleichsrechnung faßt man die Residuen als Meßfehler bei der Messung naturwissenschaftlicher Konstanten auf, z.B. bei der Bestimmung des spezifischen Gewichts von Silber durch mehrere Messungen. Hierbei erweisen sich oftmals negative Werte der Residuen als ebenso störend wie positive Werte dieser Abweichungen. Die Summe der Residuen ist ungeeignet, um die Gesamtabweichung der Residuen zu bestimmen, da positive Residuen sich gegen negative Residuen aufrechnen können. Für die Berechnungen ist es daher zweckmäßig, erst die Residuen zu quadrieren, bevor man aufsummiert. Hierdurch erhalten große Residuen ein überproportionales Gewicht. Das Prinzip der kleinsten Quadrate besteht nun darin, daß man sich unter alternativen Schätzwerten für den Schätzwert entscheidet, für den die Summe der Quadrate der Residuen

$$\sum_{i=1}^{n} e_i^2 \tag{13.28}$$

minimal ist.

Formal erreicht man dies, indem man für die Summe der Quadrate der Residuen die 1. Ableitung bezüglich $\hat{\mu}$ bildet. Dann erhält man

$$\frac{d \sum_{i=1}^{n} e_i^2}{d\hat{\mu}} = \frac{d \sum_{i=1}^{n} (x_i - \hat{\mu})^2}{d\hat{\mu}} = \sum_{i=1}^{n} \frac{d (x_i - \hat{\mu})^2}{d\hat{\mu}} \tag{13.29}$$

$$= -2 \sum_{i=1}^{n} (x_i - \hat{\mu}) = 2n\hat{\mu} - 2 \sum_{i=1}^{n} x_i ,$$

wobei (13.27) in (13.28) eingesetzt und berücksichtigt wurde, daß die Ableitung einer Summe gleich der Summe der Ableitungen ist, sowie von der Kettenregel Gebrauch gemacht wurde. Da für die Funktion (13.28) im Minimum die 1. Ableitung als Steigung der Funktion gleich Null ist, erhalten wir in (13.29) durch Nullsetzen die Kleinst-Quadrat-Schätzung $\hat{m}$(für $\hat{\mu}$ einzusetzen)

$$2n\hat{m} - 2 \sum_{i=1}^{n} x_i = 0 \tag{13.30}$$

und daraus

(13.31) $$\hat{m} = \frac{1}{n} \sum_{i=1}^{n} x_i = \bar{x} .$$

Die Kleinst-Quadrat-Schätzung ergibt also in diesem Fall das Stichprobenmittel, wobei durch das Nullsetzen von (13.29) die Summe der Residuen Null ist. Wir bemerken, daß die 2.Ableitung von (13.28) bezüglich $\hat{\mu}$ den positiven Wert 2n ergibt, so daß das Vorhandensein eines Minimums gewährleistet ist.

13.3.2. Die Maximum-likelihood-Methode

Der Grundgedanke der von R.A. Fisher 1912 entwickelten maximum-likelihood-Methode (abgekürzt: ML) ist ein wenig komplizierter:

Vor der Durchführung der Stichprobe ist die bedingte Wahrscheinlichkeit, daß aus einer bekannten Grundgesamtheit mit einem Parameter θ in einer Stichprobe genau die Werte $x_1, x_2, \ldots, x_n$ unabhängig voneinander realisiert werden, zu berechnen mit der gemeinsamen Beobachtungsdichte

(13.32) $$f(x_1, \ldots, x_n|\theta) = f(x_1|\theta)\cdot \ldots \cdot f(x_n|\theta),$$

die infolge der zugrundegelegten Unabhängigkeit gleich dem Produkt der individuellen Beobachtungsdichten ist.

Nach der Durchführung der Stichprobe kann man mittels des durch (13.32) fixierten Funktionstypus mit der Likelihoodfunktion

(13.33) $$L(\theta|x_1, \ldots, x_n) = f(\theta|x_1)\cdot \ldots \cdot f(\theta|x_n)$$

feststellen, wie plausibel ein beliebiger Parameterwert θ ist angesichts der vorliegenden Beobachtungen $x_1, \ldots, x_n$, die unabhängig voneinander gewonnen wurden.

Um nun den Parameterwert mit der höchsten Plausibilität aus der Sicht der vorliegenden Beobachtungen zu ermitteln, wird die Likelihoodfunktion (bzw. deren Logarithmus, wenn sich dadurch die Berechnung vereinfacht) maximiert bezüglich des Parameters(wobei das Maximum durch die monotone Transformation des Logarithmus seine Lage nicht verändert).

Beispiel: Die gemeinsame Beobachtungsdichte von n unabhängig erfolgten Realisationen einer $N(\mu, 1)$-verteilten Zufallsvariablen

$$f(x_1, \ldots, x_n|\mu) = \prod_{i=1}^{n} \frac{1}{\sqrt{2\pi}} e^{-\frac{(x_i-\mu)^2}{2}} \tag{13.34}$$

ist nach Durchführung der Stichprobe bei gleicher Funktionalgestalt als Likelihoodfunktion

$$L(\mu|x_1, \ldots, x_n) = \frac{1}{\sqrt{(2\pi)^n}} e^{-\frac{1}{2}\sum_{i=1}^{n}(x_i-\mu)^2} \tag{13.35}$$

zu interpretieren. Mit dem logarithmus naturalis erhalten wir hieraus

$$\ln L(\mu|x_1, \ldots, x_n) = -\frac{n}{2}\ln(2\pi) - \frac{1}{2}\sum_{i=1}^{n}(x_i-\mu)^2 \tag{13.36}$$

die logarithmierte Likelihoodfunktion, die wir bezüglich μ differenzieren:

$$\begin{aligned} \frac{d \ln L(\mu|x_1, \ldots, x_n)}{d\mu} &= -\frac{1}{2}\frac{d\sum_{i=1}^{n}(x_i-\mu)^2}{d\mu} \\ &= -\frac{1}{2}\sum_{i=1}^{n}\frac{d(x_i-\mu)^2}{d\mu} \\ &= (-\frac{1}{2})\cdot(-2)\sum_{i=1}^{n}(x_i-\mu) \\ &= \sum_{i=1}^{n}x_i - n\cdot\mu \end{aligned} \tag{13.37}$$

Nullsetzen von (13.37) ergibt die ML-Schätzung

$$\hat{\mu} = \frac{1}{n}\sum_{i=1}^{n}x_i = \bar{x}\,. \tag{13.38}$$

In diesem einfachen Fall der Schätzung eines Parameters stimmen also OLS- und ML-Schätzung überein, während sie in anderen Fällen verschieden sein können. Wir bemerken, daß die ML-Schätzung die Normalverteilung voraussetzte, während die OLS-Schätzung ohne diese auskam. Weiter sei bemerkt, daß die 2. Ableitung von (13.36) bezüglich μ den negativen Wert $-n$ ergibt, was das Vorhandensein eines Maximums bestätigt.

Da die ML-Schätzung von der Gültigkeit der Annahmen über die Verteilungsgestalt abhängig ist, eine andere Verteilung somit die ML-Schätzung beeinflußt, hat sich in der Praxis die robustere OLS-Schätzung durchaus bewährt.

Beispiel: Aus der gemeinsamen Beobachtungsdichte bestimmt man die Likelihoodfunktion des Poissonparameters λ aufgrund der unabhängigen Realisationen $x_1, \ldots, x_n$ mit

$$(13.39) \qquad L(\lambda | x_1, \ldots, x_n) = \frac{\lambda^{x_1 + \ldots + x_n}}{x_1! \cdot \ldots \cdot x_n!} e^{-\lambda n}$$

und hieraus die logarithmierte Likelihoodfunktion

$$(13.40) \qquad \ln L(\lambda | x_1, \ldots, x_n) = -\lambda n + (\sum_{i=1}^{n} x_i) \cdot \ln \lambda - \ln(\prod_{i=1}^{n} x_i!)$$

Die 1. Ableitung von (13.40) bezüglich λ ergibt

$$(13.41) \qquad \frac{d \ln L(\lambda | x_1, \ldots, x_n)}{d\lambda} = - n + \frac{\sum_{i=1}^{n} x_i}{\lambda} ,$$

da $\frac{d \ln \lambda}{d\lambda} = \frac{1}{\lambda}$.

Nullsetzen von (13.41) liefert die ML-Schätzung

$$(13.42) \qquad \hat{\lambda} = \frac{1}{n} \sum_{i=1}^{n} x_i = \bar{x} ,$$

d.h. der Erwartungswert $E(X) = \lambda$ der Grundgesamtheit ist zu schätzen mit dem Stichprobenmittel $\bar{x}$.

Einen Überblick über weitere Schätzverfahren findet man in Leiner [1969].

13.4. Die Schätzung der linearen Einfachregression

Im 1. Teil dieses Buches haben wir uns schon mit der linearen Einfachregression auseinandergesetzt, dabei jedoch die Gewinnung der Schätzungen (5.1) und (5.2) ausgespart, da uns das Konzept der Zufallsvariablen noch nicht zur Verfügung stand. Nun sind wir in der Lage, die endogene Variable der linearen Regression als Zufallsvariable Y_t anzusehen, die eine lineare Funktion der Störgröße sein soll. Die Störgröße sei eine Zufallsvariable U_t, die nicht direkt beobachtet werden kann (daher bezeichnet man sie auch als latente Variable), deren Einfluß aber mittelbar über die Residuen e_t feststellbar ist, in denen man die Realisationen dieser Zufallsvariablen zu sehen hat. Die exogene Variable kann im einfachsten Fall als fest vorgegebene Variable interpretiert werden (Instrumentvariable, d.h. ihr Wert wird durch den Experimentator bzw. ein Wirtschaftssubjekt oder eine Institution festgelegt und ist ihrerseits damit unbeeinflußt vom Zufall), in fortgeschrittenen Varianten ist die exogene Variable auch eine Zufallsvariable, die jedoch als unabhängig von der latenten Variablen vorausgesetzt wird. Wir gehen aus von der linearen Einfachregression in der Form

(13.43) $$Y_t = \alpha + \beta \cdot x_t + U_t \qquad t=1, \ldots, T ,$$

d.h. mit fest vorgegebenen Werten der exogenen Variablen in den T Untersuchungsperioden. Zu jedem fixierten Wert der exogenen Variablen x_t wird daher als Realisation der Zufallsvariablen Y_t der Wert y_t beobachtet, so daß uns für die Schätzung der Parameter α und β der linearen Einfachregression (13.43) T Wertepaare (x_t, y_t) als zwei Zeitreihen zur Verfügung stehen. Zur besseren Veranschaulichung seien die Beobachtungen y_t wieder Umsatzwerte eines Unternehmens, die einerseits eine lineare Funktion der Ausgaben für die Werbung (x_t) seien und andererseits durch die in den Residuen e_t zum Ausdruck kommenden Störeinflüsse in ihrer Größe bestimmt sind:

(13.44) $$y_t = \hat{\alpha} + \hat{\beta} \cdot x_t + e_t ,$$

wenn nun aus den T Wertepaaren der Stichprobe bestimmte Parameterschätzungen $\hat{\alpha}$ und $\hat{\beta}$ erzielt werden. Im Vergleich hierzu sind α und β in (13.43) die unbekannten Werte der beiden Parameter der linearen Einfachregression in der Grundgesamtheit. Bevor nun eine solche Schätzung durchgeführt werden kann, sind einige Annahmen zu treffen. Die üblichen Annahmen

(13.45) $E(U_t) = 0$
(13.46) $V(U_t) = \sigma^2$
(13.47) Die U_t seien voneinander unabhängig
für $t = 1, \ldots, T$

besagen, daß der Erwartungswert der Störgröße in jeder Untersuchungsperiode gleich Null sein soll, d.h. daß die verschiedenen Störeinflüsse sich in etwa kompensieren, daß die Varianz dieser Störgrößen eine endliche Konstante ist, deren Größe von der jeweiligen Untersuchungsperiode unbeeinflußt ist und daß die Störgrößen unabhängig verteilte Zufallsvariablen sind. Unter diesen Annahmen ergibt sich als Erwartungswert der endogenen Variablen aus (13.43)

$$(13.48) \qquad E(Y_t) = E(\alpha + \beta \cdot x_t + U_t) = \alpha + \beta \cdot x_t + E(U_t) = \alpha + \beta \cdot x_t$$

und als Varianz der endogenen Variablen

$$(13.49) \qquad V(Y_t) = E\{[Y_t - E(Y_t)]^2\} = E[(\alpha + \beta \cdot x_t + U_t - \alpha - \beta \cdot x_t)^2] = E(U_t^2) = V(U_t) = \sigma^2$$

d.h. infolge der aus Gleichung (13.43) zu ersehenden additiven Verknüpfung übernimmt die endogene Variable die Varianz der latenten Variablen unverändert. Zudem überträgt sich wegen des linearen Zusammenhangs zwischen der Störvariablen und der endogenen Variablen die Unabhängigkeit der Störvariablen untereinander auf eine Unabhängigkeit der endogenen Variablen untereinander. Dies soll mit der Kovarianz veranschaulicht werden. Aus (13.47) folgt

$$(13.50) \qquad Cov(U_s, U_t) = 0 \text{ für } s,t = 1,\ldots,T \text{ und } s \neq t$$

und

$$(13.51) \qquad Cov(Y_s, Y_t) = E\{[Y_s - E(Y_s)] \cdot [Y_t - E(Y_t)]\} = E(U_s \cdot U_t) = E(U_s) \cdot E(U_t) = 0 \text{ für } s,t = 1,\ldots,T \text{ und } s \neq t.$$

Nach der Methode der kleinsten Quadrate minimiert man die Summe der Quadrate der Residuen

(13.52) $$\sum_{t=1}^{T} e_t^2 = \sum_{t=1}^{T} (y_t - \hat{\alpha} - \hat{\beta}\cdot x_t)^2$$

bezüglich der Schätzwerte der Parameter und erhält dann

(13.53) $$\frac{\partial \sum_{t=1}^{T} e_t^2}{\partial \hat{\alpha}} = -2 \sum_{t=1}^{T} (y_t - \hat{\alpha} - \hat{\beta}\cdot x_t)$$

und

(13.54) $$\frac{\partial \sum_{t=1}^{T} e_t^2}{\partial \hat{\beta}} = -2 \sum_{t=1}^{T} (y_t - \hat{\alpha} - \hat{\beta}\cdot x_t)\cdot x_t \ .$$

Durch Nullsetzen der 1. Ableitungen (13.53) und (13.54) erhält man für die minimalen OLS-Parameterschätzungen a und b die Normalgleichungen

(13.55) $$-2 \sum_{t=1}^{T} (y_t - a - b\cdot x_t) = 0$$

und

(13.56) $$-2 \sum_{t=1}^{T} (y_t - a - b\cdot x_t)\cdot x_t = 0 \ .$$

Dividiert man (13.55) durch (- 2T), so erhält man

$$\frac{1}{T} \sum_{t=1}^{T} y_t - \frac{T}{T}\cdot a - b\cdot\frac{1}{T} \sum_{t=1}^{T} x_t = 0$$

und hieraus

(13.57) $$\bar{y} = a + b\cdot\bar{x}$$

bzw. nach a aufgelöst

(13.58) $$a = \bar{y} - b\cdot\bar{x} \ .$$

Dividiert man (13.56) durch (- 2T), so erhält man

(13.59) $$\frac{1}{T} \sum_{t=1}^{T} x_t\cdot y_t - a\cdot\frac{1}{T} \sum_{t=1}^{T} x_t - b\cdot\frac{1}{T} \sum_{t=1}^{T} x_t^2 = 0 \ .$$

Einsetzen von (13.58) in (13.59) ergibt umgeordnet

$$\frac{1}{T}\sum_{t=1}^{T} x_t \cdot y_t - \overline{x} \cdot \overline{y} = b \cdot \left(\frac{1}{T}\sum_{t=1}^{T} x_t^2 - \overline{x} \cdot \overline{x}\right) , \tag{13.60}$$

und nach der OLS-Parameterschätzung b aufgelöst

$$b = \frac{\frac{1}{T}\sum_{t=1}^{T} x_t \cdot y_t - \overline{x} \cdot \overline{y}}{\frac{1}{T}\sum_{t=1}^{T} x_t^2 - (\overline{x})^2} . \tag{13.61}$$

Hierfür kann man schreiben

$$b = \frac{\operatorname{cov}(x,y)}{s_x^2} , \tag{13.62}$$

denn für die Stichprobenkovarianz der beiden Variablen gilt

$$\begin{aligned} \operatorname{cov}(x,y) &= \frac{1}{T}\sum_{t=1}^{T} (x_t - \overline{x})(y_t - \overline{y}) \\ &= \frac{1}{T}\sum_{t=1}^{T} x_t \cdot y_t - \overline{x} \cdot \frac{1}{T}\sum_{t=1}^{T} y_t - \overline{y} \cdot \frac{1}{T}\sum_{t=1}^{T} x_t \\ &\quad + \frac{T}{T} \cdot \overline{x} \cdot \overline{y} \\ &= \frac{1}{T}\sum_{t=1}^{T} x_t \cdot y_t - \overline{x} \cdot \overline{y} - \overline{x} \cdot \overline{y} + \overline{x} \cdot \overline{y} \\ &= \frac{1}{T}\sum_{t=1}^{T} x_t \cdot y_t - \overline{x} \cdot \overline{y} \end{aligned} \tag{13.63}$$

und da $\operatorname{cov}(x,x) = s_x^2$, also die Stichprobenvarianz der exogenen Variablen ergibt, erhalten wir durch Einsetzen von x für y aus (13.63) die benötigte Zerlegung

$$s_x^2 = \frac{1}{T}\sum_{t=1}^{T} x_t^2 - (\overline{x})^2 . \tag{13.64}$$

Mit (13.61) und (13.58) läßt sich die Realisation y_t der endogenen Variablen schätzen durch

$$\hat{y}_t = a + b \cdot x_t \qquad t = 1, \ldots, T. \tag{13.65}$$

Will man die Parameter der linearen Einfachregression (13.43) mit der maximum-likelihood-Methode schätzen, so muß man zusätzlich annehmen, daß die latenten Variablen U_t $N(0, \sigma^2)$-verteilt sind. Aufgrund der Beobachtungspaare (x_t, y_t), $t=1,\ldots,T$ und der getroffenen Annahmen erhält man die Likelihoodfunktion

$$(13.66) \qquad L(\hat{\alpha}, \hat{\beta}, \hat{\sigma}^2 \mid y_1,\ldots,y_T, x_1,\ldots,x_T) = \frac{1}{(2\pi\hat{\sigma}^2)^{\frac{T}{2}}} e^{-\frac{1}{2\hat{\sigma}^2}\sum_{t=1}^{T}(y_t - \hat{\alpha} - \hat{\beta}\cdot x_t)^2}$$

mit der man die Plausibilität beliebiger Parameterschätzungen $\hat{\alpha}$, $\hat{\beta}$ und $\hat{\sigma}^2$ aus der Sicht gegebener Beobachtungspaare (x_t, y_t), $t=1,\ldots,T$ beurteilen kann.

Maximiert man die Likelihoodfunktion bezüglich $\hat{\alpha}$ und $\hat{\beta}$, so stellt man fest, daß diese maximal wird, wenn die Summe im Exponenten bezüglich $\hat{\alpha}$ und $\hat{\beta}$ minimal wird. Da diese Summe mit (13.52) übereinstimmt, erhält man als ML-Schätzungen die OLS-Schätzungen a und b, so wie in (13.62) und (13.58) angegeben.

Nun wollen wir noch die logarithmierte Likelihoodfunktion

$$(13.67) \qquad \ln L(\hat{\alpha}, \hat{\beta}, \hat{\sigma}^2 \mid y_1,\ldots,y_T, x_1,\ldots,x_T) = -\frac{T}{2}\cdot\ln(2\pi) - \frac{T}{2}\cdot\ln\hat{\sigma}^2 - \frac{1}{2\hat{\sigma}^2}\sum_{t=1}^{T} e_t^2$$

bezüglich $\hat{\sigma}^2$ maximieren, setzen also die 1.Ableitung von (13.67)

$$(13.68) \qquad \frac{\partial \ln L(.)}{\partial \hat{\sigma}^2} = -\frac{T}{2}\cdot\frac{1}{\hat{\sigma}^2} + \frac{1}{2\hat{\sigma}^4}\sum_{t=1}^{T} e_t^2$$

im Minimum gleich Null und erhalten dann als ML-Schätzung von σ^2 den Wert

$$(13.69) \qquad s^2 = \frac{1}{T}\sum_{t=1}^{T} e_t^2 .$$

Dies ist die Stichprobenvarianz der Residuen, da deren Summe (wie bei der OLS-Schätzung) gleich Null ist und damit auch ihr Mittelwert $\bar{e}$ gleich Null ist.

Weiterführende Literatur

Schaich [1977]
Anderson u.a. [1976]
Leiner [1969]
Schneeweiß [1974]
Schönfeld [1969]
Schönfeld [1971]
Menges [1961]
Kendall-Stuart [1961]
Dhrymes [1970]
Wonnacott-Wonnacott [1970]

14. Kapitel
Intervallschätzungen

Für eine stetige Zufallsvariable ist die Wahrscheinlichkeit, daß eine Punktschätzung aufgrund einer beliebigen Stichprobe (die natürlich nicht die gesamte Grundgesamtheit umfassen kann) genau den zu schätzenden Parameter der Grundgesamtheit trifft, gleich Null. Da die Punktschätzungen als Zufallsvariablen jedoch um den festen unbekannten Parameter θ der Grundgesamtheit streuen, ist es sinnvoll, um eine durchgeführte Punktschätzung ein Intervall zu legen, das mit einer gewissen Wahrscheinlichkeit den unbekannten Parameter θ erfaßt. Mit vorgegebener Intervallbreite sind die Intervallgrenzen als Funktion einer Zufallsvariablen selbst als Zufallsvariablen anzusehen. Je weiter man die Intervallgrenzen um die Punktschätzung $\hat{\theta}$ legt, um so größer wird die Wahrscheinlichkeit, daß man den festen Parameter θ tatsächlich erfaßt, doch ist mit der Angabe eines zu großen Intervalls der Aussagegehalt einer Intervallschätzung von geringem Wert. So muß man bestrebt sein, einen Kompromiß zwischen Trefferwahrscheinlichkeit und Trefferbereich zu finden. Mit vorgegebener Trefferwahrscheinlichkeit wird sich der Trefferbereich dann enger angeben lassen, wenn man die Verteilung der Zufallsvariablen kennt. Bei größerer Stichprobe ($n > 30$) wird man mit der Normalverteilung operieren können, ansonsten wird man bei unbekanntem Verteilungstyp mit nichtparametrischen Abschätzungen(z.B. der Tschebyscheffschen Ungleichung) arbeiten müssen.

Unter den Methoden der Intervallschätzung hat die Konstruktion von Konfidenzintervallen in der Praxis bisher noch die meiste Beachtung gefunden. Andere Methoden der Intervallschätzung sind die Konstruktion von Fiduzialintervallen (siehe hierzu Kendall-Stuart [1961], Kap. 21) und die bayesianische Intervallschätzung (siehe Schmetterer [1966], S. 322 ff).

14.1. Konfidenzintervall für μ, wenn σ^2 bekannt ist

Da für die identisch und unabhängig $N(\mu, \sigma^2)$-verteilten Zufallsvariablen $X_1, \ldots, X_n$ deren Stichprobenmittel $N(\mu, \sigma^2/n)$-verteilt ist, ist die standardisierte Zufallsvariable

(14.1) $$\bar{Z} = \frac{\bar{X} - \mu}{\frac{\sigma}{\sqrt{n}}}$$

$N(0, 1)$-verteilt.

Wenn man sich nun eine Wahrscheinlichkeit von z.B. 95% vorgibt, mit der das um das Stichprobenmittel zu legende symmetrische Intervall den unbekannten Erwartungswert μ erfassen soll, so liefert uns Tabelle 8.1. die Intervallgrenzen - 1,96 und + 1,96. Es bedeutet also

(14.2) $$P(-1{,}96 \leq \bar{z} \leq 1{,}96) = 0{,}95 ,$$

daß das standardisierte Stichprobenmittel als Realisation einer standardnormalverteilten Zufallsvariablen mit Wahrscheinlichkeit 0,95 einen Wert aus dem Intervall [-1,96; 1,96 annimmt. Hieraus erhalten wir durch Umformungen ein Konfidenzintervall für μ, das auf 5% der gesamten Wahrscheinlichkeitsmasse verzichtet.

Wegen (14.1) können wir für (14.2) auch schreiben

(14.3) $$P\left(-1{,}96 \leq \frac{\bar{x} - \mu}{\frac{\sigma}{\sqrt{n}}} \leq 1{,}96\right) = 0{,}95$$

und multiplizieren dann im Argument von P alle Seiten der Ungleichungen mit $\sigma/\sqrt{n}$ (was die Wahrscheinlichkeit selbst nicht verändert), woraus folgt

(14.4) $$P\left(-1{,}96 \cdot \frac{\sigma}{\sqrt{n}} \leq \bar{x} - \mu \leq 1{,}96 \cdot \frac{\sigma}{\sqrt{n}}\right) = 0{,}95 .$$

Die Multiplikation aller Seiten der Ungleichung mit -1 kehrt die Ungleichheitszeichen um, so daß gilt

(14.5) $$P(1{,}96\cdot\frac{\sigma}{\sqrt{n}} \geq \mu - \overline{x} \geq -1{,}96\cdot\frac{\sigma}{\sqrt{n}}) = 0{,}95$$

und wir erhalten durch die Addition von $\overline{x}$ auf allen Seiten der Ungleichungen

(14.6) $$P(\overline{x} - 1{,}96\cdot\frac{\sigma}{\sqrt{n}} \leq \mu \leq \overline{x} + 1{,}96\cdot\frac{\sigma}{\sqrt{n}}) = 0{,}95$$

Dies ist das Konfidenzintervall für μ bei bekanntem σ^2 und vorgegebener Wahrscheinlichkeit von 95%. Für beliebige Wahrscheinlichkeit $1 - \alpha$ erhalten wir das Konfidenzintervall für μ mit

(14.7) $$P(\overline{x} - k\cdot\frac{\sigma}{\sqrt{n}} \leq \mu \leq \overline{x} + k\cdot\frac{\sigma}{\sqrt{n}}) = 1 - \alpha ,$$

wobei die funktionale Abhängigkeit zwischen $1 - \alpha$ und k aus Gleichung (8.55) zu ersehen ist (siehe auch Tabelle 8.1).

Auch nach dem zentralen Grenzwertsatz wird man wegen (12.8) das Konfidenzintervall $[\overline{x}-k\cdot\frac{\sigma}{\sqrt{n}};\ \overline{x}+k\cdot\frac{\sigma}{\sqrt{n}}]$ für μ mit Wahrscheinlichkeit $1 - \alpha$ verwenden können, wenn der Stichprobenumfang hinreichend groß ist ($n > 30$). $1 - \alpha$ bezeichnet man als Konfidenzzahl.

Beispiel: Eine Befragung von 100 Personen nach ihrem Körpergewicht ergab ein Stichprobenmittel von 75 kg. Nun soll ein Konfidenzintervall für das durchschnittliche Körpergewicht μ in der Grundgesamtheit gebildet werden, wenn bereits bekannt ist, daß die Varianz in der Grundgesamtheit einen Wert von $\sigma^2 = 225$ [kg²] aufweist, wobei als Konfidenzzahl 95% bzw. 99% vorgegeben werden.
Werden diese Angaben in (14.7) eingesetzt, so erhält man für $1-\alpha = 0{,}95$

$$P(75 - 1{,}96\cdot\frac{15}{10} \leq \mu \leq 75 + 1{,}96\cdot\frac{15}{10}) = 0{,}95$$

und daraus

$$P(75 - 2{,}94 \leq \mu \leq 75 + 2{,}94) = 0{,}95 ,$$

d.h. mit einer Wahrscheinlichkeit von 95% entstammt das unbekannte Durchschnittsgewicht aus dem Intervall [72,06 kg; 77,94 kg]. Dagegen erhält man mit einer Konfidenzzahl von 99% aus Tabelle 8.1. ein k von 2,58, so daß das Konfidenzintervall auf [71,13 kg; 78,87 kg] ausgedehnt wird, die höhere Trefferwahrscheinlichkeit also mit einem breiteren Intervall verbunden ist.

14.2. Konfidenzintervall für μ, wenn σ^2 unbekannt ist

Ist σ^2 unbekannt, so wird die Varianz der Grundgesamtheit erwartungstreu geschätzt durch die modifizierte Stichprobenvarianz $\tilde{s}^2$ (siehe Gleichung (13.24)). Da die standardisierte Größe

$$\frac{\bar{x} - \mu}{\frac{\tilde{s}}{\sqrt{n}}} \tag{14.8}$$

t-verteilt ist mit n-1 Freiheitsgraden(weil vor der Berechnung von $\tilde{s}^2$ der Parameter μ mit $\bar{x}$ zu schätzen ist. Kennt man nämlich n-1 Beobachtungen und $\bar{x}$, so kann man damit die n-te Beobachtung errechnen), so läßt sich analog dem Vorgehen in Abschnitt 14.1. das Konfidenzintervall für μ bestimmen mit

$$P(\bar{x} - t_{n-1}\cdot\frac{\tilde{s}}{\sqrt{n}} \leq \mu \leq \bar{x} + t_{n-1}\cdot\frac{\tilde{s}}{\sqrt{n}}) = 1 - \alpha \tag{14.9}$$

Da die meisten Tabellen der t-Verteilung einseitig für die obere Grenze t_{n-1} des Intervalls $[-\infty, t_{n-1}]$ den Wert der Verteilungsfunktion $F(t_{n-1}) = P(X \leq t_{n-1})$ angeben, erhält man die obere Intervallgrenze durch

$$F(t_{n-1}) = 1 - \frac{\alpha}{2} ,$$

da rechts von ihr auf die Wahrscheinlichkeitsmasse $\frac{\alpha}{2}$ verzichtet wird. Wegen der Symmetrie der t-Verteilung um den Erwartungswert Null ist dann die untere Intervallgrenze durch $-t_{n-1}$ gegeben(links von ihr wird ebenfalls auf die Wahrscheinlichkeitsmasse $\frac{\alpha}{2}$ verzichtet, so daß das Intervall die Wahrscheinlichkeitsmasse $1 - \alpha$ auf sich zieht).

Beispiel: Hätte man im vorangehenden Beispiel aus einer Befragung von 16 Personen ein Stichprobenmittel des Körpergewichts von 75 kg errechnet mit $\tilde{s}^2 = 196$ [kg²] , so würde man für eine Konfidenzzahl $1-\alpha = 95\%$ in einer t-Tabelle aus $F(t_{15}) = 0{,}975$ den t-Wert zu bestimmen haben und in (14.9) einsetzen. So erhält man z.B. aus Tabelle A2 der t-Verteilung (im Anhang) einen t-Wert von 2,13 und damit aus (14.9)

$$P(75 - 2{,}13 \cdot \frac{14}{4} \leq \mu \leq 75 + 2{,}13\cdot \frac{14}{4}) = 0{,}95$$

und daraus

$$P(75 - 7{,}46 \leq \mu \leq 75 + 7{,}46) = 0{,}95 \,,$$

was einem Konfidenzintervall von [67,54 kg ; 82,46 kg] entspräche. Wäre bei den 16 Personen die modifizierte Stichprobenvarianz kleiner ausgefallen, so hätte sich unter sonst gleichen Umständen das Konfidenzintervall verkleinert.

14.3. Konfidenzintervall für σ^2

Die unbekannte Varianz σ^2 der Grundgesamtheit wird wieder erwartungstreu geschätzt mit der modifizierten Stichprobenvarianz $\tilde{s}^2$ (siehe Gleichung (13.24)). Da die mit σ^2 normierte Summe der Abweichungsquadrate

$$\frac{(n-1)\cdot\tilde{s}^2}{\sigma^2} \tag{14.10}$$

eine χ^2-verteilte Zufallsvariable mit n-1 Freiheitsgraden ist, läßt sich ein asymmetrisches Intervall mit

$$P[\chi^2_{n-1,\alpha_1} \leq \frac{(n-1)\cdot\tilde{s}^2}{\sigma^2} \leq \chi^2_{n-1,1-\alpha_2}] = 1 - \alpha_1 - \alpha_2 \tag{14.11}$$

bilden. Werden die Ungleichungen im Argument von P nach σ^2 aufgelöst, so erhält man mit

$$P[\frac{(n-1)\cdot\tilde{s}^2}{\chi^2_{n-1,1-\alpha_2}} \leq \sigma^2 \leq \frac{(n-1)\cdot\tilde{s}^2}{\chi^2_{n-1,\alpha_1}}] = 1 - \alpha_1 - \alpha_2 \tag{14.12}$$

das Konfidenzintervall für σ^2 mit Konfidenzzahl $1 - \alpha_1 - \alpha_2$.

Übungsaufgaben:

14.1. Eine Zuckerfabrik benutzt eine Abfüllmaschine, die eine vom Hersteller garantierte Varianz der normalverteilten Abfüllmenge von $\sigma^2 = 36$ [g²] besitzt. Eine Stichprobe vom Umfang n = 25 ergab einen Stichprobenmittelwert von $\bar{x} = 498{,}7$ g. Berechnen Sie ein symmetrisches Konfidenzintervall für den Erwartungswert der Abfüllmenge mit Konfidenzzahl $1 - \alpha = 0{,}95$.

14.2. Berechnen Sie mit den Angaben von Übungsaufgabe 14.1. ein symmetrisches Konfidenzintervall für den Erwartungswert der Abfüllmenge, wenn man zwar σ^2 nicht kennt, dafür aber eine modifizierte Stichprobenvarianz von $\tilde{s}^2 = 16$ [g²] ermittelt hat und $F(t_{24}) = 0{,}975$ einen t-Wert von 2,07 ergibt.

Weiterführende Literatur

Bamberg-Baur [1980]
Menges [1972]
Schaich [1977]
Bleymüller-Gehlert-Gülicher [1979]
Sachs [1974]
Schmetterer [1966]
Kendall-Stuart [1961]
Kreyszig [1968]

15. Kapitel
Hypothesentests

In der statistischen Praxis überlegt man sich öfters, ob eine aufgrund einer ganz bestimmten Stichprobe gewonnene Parameterschätzung $\hat{\theta}$ nur zufällig oder wesentlich (signifikant) von Null verschieden ist. Dann wird die Arbeitshypothese, daß der zugehörige Parameter θ gleich Null ist, als <u>Nullhypothese</u> bezeichnet. Ist der Hypothesentest einfach, so lautet die <u>Alternativhypothese</u>, daß der Parameter θ einen von Null verschiedenen Wert hat.

Man verwendet die Bezeichnung Nullhypothese jedoch auch dann, wenn die Arbeitshypothese von einem von Null verschiedenen Parameterwert θ_0 ausgeht, der nun durch eine Stichprobe widerlegt (falsifiziert) werden kann (d.h. die Alternativhypothese lautet dann $\theta \neq \theta_0$) oder nicht.

Ist der Hypothesentest zusammengesetzt, so gibt es mehrere Alternativhypothesen zur Nullhypothese H_0, z.B. die Alternativhypothese H_1, daß $\theta > \theta_0$ und die Alternativhypothese H_2, daß $\theta < \theta_0$.

Mittels der Parameterschätzung $\hat{\theta}$ der Stichprobe und Aussagen über die Verteilung dieser Schätzung als Zufallsvariable läßt sich mit Überschreiten eines bestimmten Schwellenwertes ein <u>kritischer Bereich</u> (Ablehnungsbereich) bilden derart, daß ein Parameterwert der Nullhypothese, der in diesen Bereich zu liegen kommt, zu weit von der Parameterschätzung der Stichprobe entfernt ist, um noch mit dieser vereinbar zu sein und somit mit fixierbarer Wahrscheinlichkeit abgelehnt wird. Im nächsten Abschnitt soll das Verfahren des Hypothesentests für den Parameter Erwartungswert normalverteilter Zufallsvariablen mit einem Beispiel veranschaulicht werden.

15.1. Hypothesentest für den Erwartungswert

Wir gehen davon aus, daß die identisch und unabhängig $N(\mu, 1)$-verteilten Zufallsvariablen $X_1, \ldots, X_{16}$ für einen einfachen Hypothesentest für den Erwartungswert mit Nullhypothese

H_0: $\mu = \mu_0 = 0$

und Alternativhypothese

H_1: $\mu \neq 0$

ein Stichprobenmittel $\bar{x}$ aufweisen, das $N(\mu, \frac{1}{16})$-verteilt ist. Wenn nun also für eine normalverteilte Zufallsvariable mit bekannter Varianz $\sigma^2 = 1$ und unbekanntem Erwartungswert μ eine Stichprobe vom Umfang $n = 16$ ein Stichprobenmittel von $\bar{x} = 0{,}8$ ergibt, so fragt es sich, ob dies mit der Nullhypothese H_0 vereinbar ist, wenn man z.B. die Testentscheidung mit einer Zuverlässigkeit von 99% treffen möchte. Für einen mit Wahrscheinlichkeit $1 - \alpha = 99\%$ um das Stichprobenmittel $\bar{x}$ gelegten symmetrischen Annahmebereich $[\bar{x} - b; \bar{x} + b]$ für μ gilt

$$(15.1) \qquad P(\bar{x} - b \leq \mu \leq \bar{x} + b) = 1 - \alpha,$$

d.h. der Ablehnungsbereich für H_0 liegt außerhalb des Intervalls $[\bar{x} - b; \bar{x} + b]$.

Umformung von (15.1) im Argument von P ergibt

$$(15.2) \qquad P(\mu - b \leq \bar{x} \leq \mu + b) = 1 - \alpha$$

und durch Standardisierung mit dem Erwartungswert μ und der Standardabweichung $\frac{1}{4}$ des Stichprobenmittels erhalten wir

$$(15.3) \qquad P\left(\frac{\mu - b - \mu}{\frac{1}{4}} \leq \frac{\bar{x} - \mu}{\frac{1}{4}} \leq \frac{\mu + b - \mu}{\frac{1}{4}}\right) = 1 - \alpha$$

und daraus

$$(15.4) \qquad P(-4b \leq \bar{z} \leq 4b) = 0{,}99 ,$$

wobei für das standardisierte Stichprobenmittel $\bar{z}$ als $N(0, 1)$-verteilte Zufallsvariable zugleich gilt

$$(15.5) \qquad P(-2{,}58 \leq \bar{z} \leq 2{,}58) = 0{,}99 .$$

Aus dem Vergleich von (15.4) mit (15.5) erhalten wir $b = \frac{2,58}{4} = 0,645$ und damit den Annahmebereich [0,155 ; 1,445]. Da $\mu = 0$ im Ablehnungsbereich liegt, ist mit Wahrscheinlichkeit 0,99 die Nullhypothese H_0 aufgrund der Stichprobeninformation zu verwerfen.

Allgemein ist das Stichprobenmittel $\bar{x}$ eine $N(\mu, \frac{\sigma^2}{n})$-verteilte Zufallsvariable, wenn die Zufallsvariablen, die den Stichprobenwerten zuzuordnen sind, $N(\mu, \sigma^2)$-verteilt und unabhängig sind. Für einen symmetrischen Annahmebereich erhält man dann entsprechend aus (15.1) schließlich für b den Wert $k \cdot \frac{\sigma}{\sqrt{n}}$ und somit den Annahmebereich $[\bar{x} - k \cdot \frac{\sigma}{\sqrt{n}} ; \bar{x} + k \cdot \frac{\sigma}{\sqrt{n}}]$ und verwirft mit Wahrscheinlichkeit $1 - \alpha$ die Nullhypothese H_0, wenn μ_0 nicht in den Annahmebereich fällt. Für $n > 30$ wird man nach dem zentralen Grenzwertsatz auch so verfahren können, wenn die Beobachtungen nicht normalverteilt sind.

15.2. Die Gütefunktion

Im Falle des einfachen Hypothesentests bestehen zwei Fehlermöglichkeiten:

(1) Die Nullhypothese H_0 wird aufgrund der Beobachtungen abgelehnt, obwohl die Nullhypothese zutrifft. Dies bezeichnet man als den <u>Fehler 1. Art</u>.

(2) Die Nullhypothese H_0 wird aufgrund der Beobachtungen nicht abgelehnt, obwohl die Nullhypothese nicht zutrifft. Dies bezeichnet man als den <u>Fehler 2. Art</u>.

Die Wahrscheinlichkeit dafür, daß man einen Fehler 1.Art begeht, ist gleich α (<u>Irrtumswahrscheinlichkeit</u>), wie wir z.B. aus (15.1) erkennen: Mit Wahrscheinlichkeit $1 - \alpha$ liegt μ im Annahmebereich, wird die Nullhypothese also zu Recht akzeptiert und mit Wahrscheinlichkeit α liegt μ im Ablehnungsbereich, wird also zu Unrecht verworfen, wenn dem Stichprobenmittel Realisationen zugrundeliegen, deren Erwartungswert mit dem Erwartungswert unserer Nullhypothese übereinstimmt.

Die Wahrscheinlichkeit dafür, daß man einen Fehler 2. Art begeht, bezeichnen wir mit ß. Dann erhält man als Wahrscheinlichkeit dafür, daß man die Nullhypothese ablehnt, wenn die Nullhypothese nicht zutrifft, den Wert 1 - ß, trifft also mit dieser Wahrscheinlichkeit eine korrekte Entscheidung.

Während man sich zunächst einmal den Schwellenwert zwischen Annahmebereich und Ablehnungsbereich durch die Vorgabe einer Irrtumswahrscheinlichkeit α (für den Fehler 1.Art) ausrechnen kann (im beidseitigen Intervall des vorigen Abschnitts z.B. die Schwellenwerte 0,155 und 1,445 für α=1%), wird der Wert 1 - ß der Wahrscheinlichkeit einer korrekten Entscheidung, wenn die Nullhypothese nicht zutrifft, davon abhängen, wie weit der Wert μ_0 der Nullhypothese vom tatsächlichen Wert des Parameters μ entfernt ist. Läßt man also μ variieren für die Alternativhypothese und hält μ_0 für die Nullhypothese fest, so kann man anhand der Werte von 1 - ß feststellen, mit welcher Wahrscheinlichkeit korrekte Entscheidungen getroffen werden, wenn die Nullhypothese nicht zutrifft. Den Graphen von 1 - ß gegen alternative Werte von μ bezeichnet man als <u>Gütefunktion</u> des Hypothesentests. Den Graphen der komplementären Wahrscheinlichkeit ß gegen alternative Werte von μ bezeichnet man als <u>Operationscharakteristik</u> des Hypothesentests.

<u>Beispiel</u>: Die unabhängig und identisch $N(\mu, \sigma^2)$-verteilten Zufallsvariablen $X_1, \ldots, X_{100}$ sollen eine Varianz von $\sigma^2 = 100$ haben. Die Nullhypothese sei

H_0: $\mu = \mu_0 = 5$

und die Irrtumswahrscheinlichkeit (für den Fehler 1. Art) vorgegeben mit α=1%.

Dann gilt für den Annahmebereich

$$P(\bar{x} - k \cdot \frac{\sigma}{\sqrt{n}} \leq \mu \leq \bar{x} + k \cdot \frac{\sigma}{\sqrt{n}}) = 1 - \alpha \ ,$$

d.h. man wird die Nullhypothese H_0 verwerfen, wenn für das Stichprobenmittel gilt $\bar{x} < 2{,}42$ oder $\bar{x} > 7{,}58$ (wegen $k = 2{,}58$ für $\alpha = 0{,}01$). Diese Testentscheidung hat die Gütefunktion

$$1 - \beta(\mu) = P(\bar{x} \notin [2{,}42 \ ; \ 7{,}58] \mid \mu \neq \mu_0) \qquad (15.6)$$

bzw. die Operationscharakteristik

(15.7) $$\beta(\mu) = P(\bar{x} \in [2{,}42\ ;\ 7{,}58] \mid \mu \neq \mu_0)\ .$$

Für die Gütefunktion erhalten wir durch Standardisierung aus $\bar{x} < 2{,}42$ für den standardisierten Stichprobenmittelwert $\bar{z} < 2{,}42 - \mu$ bzw. aus $\bar{x} > 7{,}58$ nunmehr $\bar{z} > 7{,}58 - \mu$, wobei μ variieren kann. Dann gilt für die Gütefunktion

(15.8) $$\begin{aligned} 1 - \beta(\mu) &= P(\bar{z} < 2{,}42 - \mu \text{ oder } \bar{z} > 7{,}58 - \mu) \\ &= P(\bar{z} < 2{,}42 - \mu) + P(\bar{z} > 7{,}58 - \mu) \\ &= F_{\bar{z}}(2{,}42 - \mu) + 1 - F_{\bar{z}}(7{,}58 - \mu)\ , \end{aligned}$$

wobei wir zur Berechnung des Werts der Gütefunktion an der Stelle μ wegen der standardisierten Variablen $\bar{z}$ die Tabellenwerte der $N(0,\ 1)$-Verteilung verwenden können.

Setzen wir z.B. $\mu = 5$ in (15.8) ein, so erhalten wir an dieser Stelle für die Gütefunktion den Wert

$$1 - \beta(5) = F_{\bar{z}}(-2{,}58) + 1 - F_{\bar{z}}(2{,}58)$$

in einer einseitigen Tabelle der $N(0,\ 1)$-Verteilung bzw. in der zweiseitigen Tabelle A1 im Anhang

$$\begin{aligned} 1 - \beta(5) &= 1 - F(2{,}58) \\ &= 1 - 0{,}99 \\ &= 0{,}01 = \alpha\ , \end{aligned}$$

d.h. an der Stelle $\mu = \mu_0$ bestimmt die Irrtumswahrscheinlichkeit den Wert der Gütefunktion.
Setzen wir in (15.8) für μ die Werte 6, 7, 8, 9 bzw. 10 ein, so erhalten wir

$$\begin{aligned} 1 - \beta(6) &\cong 0{,}0573 \\ 1 - \beta(7) &\cong 0{,}2810 \\ 1 - \beta(8) &\cong 0{,}6628 \\ 1 - \beta(9) &\cong 0{,}9222 \\ 1 - \beta(10) &\cong 0{,}9922 \end{aligned}$$

und erkennen durch Einsetzen von 4, 3, 2, 1 bzw. 0 für μ in (15.8) die Symmetrie der Gütefunktion um $\mu = \mu_0 = 5$.

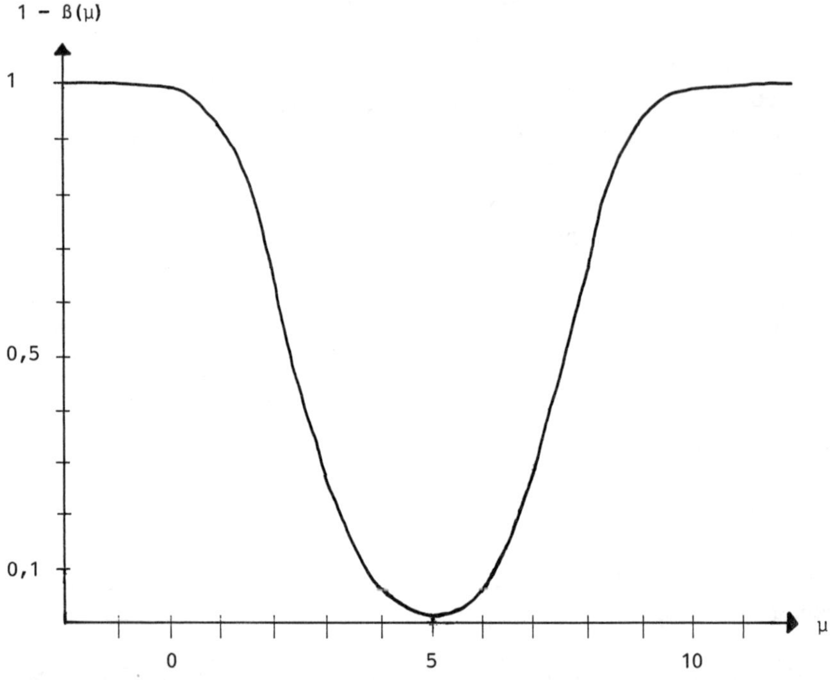

Fig. 15.1. Gütefunktion

In Fig. 15.1. ist diese Gütefunktion abgebildet. Ist der Wert der Alternativhypothese H_1: $\mu = 10$ oder noch größer, so sind die beiden zu vergleichenden Normalverteilungen mit identischer Varianz, die sich nur in ihren Erwartungswerten ($\mu = 5$ und $\mu = 10$) unterscheiden, schon so weit auseinander, daß der Teil ß der Wahrscheinlichkeitsmasse der Normalverteilung mit Erwartungswert $\mu = 10$, der in den um die Normalverteilung mit Erwartungswert $\mu = 5$ gebildeten Annahmebereich fällt, gleich 0,78% ist. Mithin ist die Wahrscheinlichkeit, einen Fehler 2. Art zu begehen, in diesem Beispiel sehr gering, wenn die Alternativhypothese Werte annimmt, für die gilt $\mu \geq 10$. Infolge der Symmetrie ist die Wahrscheinlichkeit, einen Fehler 2. Art zu begehen, in diesem Beispiel ebenfalls sehr gering, wenn die Alternativhypothese Werte annimmt, für die gilt $\mu \leq 0$. Ergänzend ist anzumerken, daß die Gütefunktion außer von der vorgegebenen Irrtumswahrscheinlichkeit α abhängt vom Stichprobenumfang n und der Varianz σ^2, da diese Werte die Lage des Annahmebereichs (bzw. Ablehnungsbereichs) bestimmen, der dem Fehler 2. Art mit Wahrscheinlichkeit ß (bzw. der Gütefunktion mit 1 - ß) zugrundeliegt. Eine kleinere Varianz σ^2 führt dazu, daß der Anstieg der Gütefunktion um den Wert $\mu = \mu_0 = 5$ der Nullhypothese steiler wird, da dann die beiden zu vergleichenden Normalverteilungen gleicher Varianz enger um ihre jeweiligen Erwartungswerte streuen und somit der Ausläufer der Normalverteilung der Alternativhypothese im um die Normalverteilung der Nullhypothese gebildeten Annahmebereich eine kleinere Wahrscheinlichkeitsmasse aufweist (ß wird somit kleiner, weshalb 1 - ß sich schneller dem Maximalwert 1 nähert). Zugleich wird der Annahmebereich kleiner, wenn σ kleiner wird. Da der Annahmebereich auch kleiner wird, wenn n größer wird, führt auch eine Vergrößerung des Stichprobenumfangs zu einem steileren Anstieg der Gütefunktion um den Wert der Nullhypothese H_0.

15.3. Weitere Hypothesentests

Es würde den Rahmen dieses einführenden Werkes sprengen, wenn nun noch ausführlich andere Hypothesentests zur Darstellung kämen. So mag ein kleiner Überblick genügen, zumal der interessierte Leser ausführliche Darstellungen heranziehen kann (siehe unter "Weiterführende Literatur").

Kennt man die Varianz σ^2 einer normalverteilten Zufallsvariablen nicht, so kann man einen Hypothesentest für den ebenfalls unbekannten Erwartungswert dieser Normalverteilung mit der t-Verteilung durchführen. Einen Hypothesentest für die Varianz σ^2 einer normalverteilten Zufallsvariablen kann man mit der F-Verteilung durchführen. Zum Testen der Hypothese, daß eine empirische Verteilung mit einer bekannten theoretischen Verteilung übereinstimmt, kann man den χ^2-Anpassungstest (bzw. für stetige Verteilungen den Kolmogoroff-Smirnow-Test) verwenden. Eine Reihe von Hypothesentests findet Anwendung in der Regressionstechnik, z.B. der t-Test zur Überprüfung der Signifikanz der Parameterschätzungen der Regressionskoeffizienten, der Durbin-Watson-Test zum Testen von positiver (bzw. negativer) Autokorrelation der latenten Variablen. In der Spektralanalyse testet man z.B. Spektralschätzungen, die Auskunft über das Schwingungsverhalten einer Zeitreihe geben sollen, auf ihre Signifikanz mittels der χ^2-Verteilung. Dies zeigt zugleich, wie in der modernen Zeitreihenanalyse schätz- und testtheoretische Aspekte mit Überlegungen zur Identifikation bestimmter Wahrscheinlichkeitsmodelle verbunden werden.

Übungsaufgabe

15.1. Es wird behauptet (H_0), daß die durchschnittliche Körpergröße der Bewohner eines Landes 174 cm sei, wobei man bereits die Standardabweichung in der Grundgesamtheit kennt (σ = 10 cm). Eine Befragung von 400 zufällig ausgewählten Personen ergab eine mittlere Körpergröße von 172 cm. Kann die Nullhypothese H_0 mit einer Irrtumswahrscheinlichkeit von 5% abgelehnt werden oder nicht?

Weiterführende Literatur

Bamberg-Baur [1980]
Kreyszig [1968]
Linder [1964]
Menges [1972]
Fisz [1973]
Sachs [1974]
Wonnacott-Wonnacott [1970]
Schaich [1977]
Bleymüller-Gehlert-Gülicher [1979]
Anderson u.a. [1976]
Leiner [1973]
Leiner [1978]
Leiner [1979']

Tabelle A1. Standardnormalverteilung

$$P(-k \leq y \leq k) = F(k) - F(-k) = 1 - \alpha$$

k	0,00	0,01	0,02	0,03	0,04	0,05	0,06	0.07	0,08	0,09
0,0	0,000000	0,007979	0,015957	0,023933	0,031907	0,039878	0,047844	0,055806	0,063763	0,071713
0,1	0,079656	0,087591	0,095517	0,103434	0,111340	0,119235	0,127119	0,134990	0,142847	0,150691
0,2	0,158519	0,166332	0,174129	0,181908	0,189670	0,197413	0,205136	0,212840	0,220522	0,228184
0,3	0,235823	0,243439	0,251032	0,258600	0,266143	0,273661	0,281153	0,288618	0,296055	0,303463
0,4	0,310843	0,318194	0,325515	0,332804	0,340063	0,347290	0,354484	0,361645	0,368773	0,375866
0,5	0,382925	0,389949	0,396936	0,403888	0,410803	0,417681	0,424521	0,431322	0,438085	0,444809
0,6	0,451494	0,458138	0,464742	0,471305	0,477827	0,484308	0,490746	0,497142	0,503496	0,509806
0,7	0,516073	0,522296	0,528475	0,534610	0,540700	0,546745	0,552745	0,558700	0,564609	0,570472
0,8	0,576289	0,582060	0,587784	0,593461	0,599092	0,604675	0,610211	0,615700	0,621141	0,626534
0,9	0,631880	0,637177	0,642427	0,647629	0,652782	0,657888	0,662945	0,667954	0,672914	0,677826
1,0	0,682689	0,687505	0,692272	0,696990	0,701660	0,706282	0,710855	0,715381	0,719858	0,724287
1,1	0,728668	0,733001	0,737286	0,741524	0,745714	0,749856	0,753951	0,757999	0,762000	0,765954
1,2	0,769861	0,773721	0,777535	0,781303	0,785025	0,788700	0,792331	0,795915	0,799455	0,802949
1,3	0,806399	0,809804	0,813165	0,816482	0,819755	0,822984	0,826170	0,829313	0,832413	0,835471
1,4	0,838487	0,841460	0,844392	0,847283	0,850133	0,852941	0,855710	0,858438	0,861127	0,863776
1,5	0,866386	0,868957	0,871489	0,873983	0,876440	0,878858	0,881240	0,883585	0,885893	0,888165
1,6	0,890401	0,892602	0,894768	0,896899	0,898995	0,901057	0,903086	0,905081	0,907043	0,908972
1,7	0,910869	0,912734	0,914568	0,916370	0,918141	0,919882	0,921592	0,923273	0,924924	0,926546
1,8	0,928139	0,929704	0,931241	0,932750	0,934232	0,935686	0,937114	0,938516	0,939892	0,941242
1,9	0,942567	0,943867	0,945142	0,946393	0,947620	0,948824	0,950004	0,951162	0,952296	0,953409

Tabelle A1. Standardnormalverteilung

k	0,00	0,01	0,02	0,03	0,04	0,05	0,06	0,07	0,08	0,09
2,0	0,954500	0,955569	0,956617	0,957643	0,958650	0,959636	0,960601	0,961548	0,962474	0,963382
2,1	0,964271	0,965142	0,965994	0,966828	0,967645	0,968445	0,969227	0,969993	0,970743	0,971476
2,2	0,972193	0,972895	0,973581	0,974253	0,974909	0,975551	0,976179	0,976792	0,977392	0,977979
2,3	0,978552	0,979112	0,979659	0,980194	0,980716	0,981227	0,981725	0,982212	0,982687	0,983152
2,4	0,983605	0,984047	0,984479	0,984901	0,985313	0,985714	0,986106	0,986489	0,986862	0,987226
2,5	0,987581	0,987927	0,988265	0,988594	0,988915	0,989228	0,989533	0,989830	0,990120	0,990402
2,6	0,990678	0,990946	0,991207	0,991462	0,991709	0,991951	0,992186	0,992415	0,992638	0,992855
2,7	0,993066	0,993272	0,993472	0,993667	0,993856	0,994040	0,994220	0,994394	0,994564	0,994729
2,8	0,994890	0,995046	0,995198	0,995345	0,995489	0,995628	0,995764	0,995895	0,996023	0,996148
2,9	0,996268	0,996386	0,996500	0,996610	0,996718	0,996822	0,996924	0,997022	0,997118	0,997210
3,0	0,997300	0,997388	0,997472	0,997554	0,997634	0,997712	0,997787	0,997859	0,997930	0,997998
3,1	0,998065	0,998129	0,998191	0,998252	0,998311	0,998367	0,998422	0,998476	0,998527	0,998577
3,2	0,998626	0,998673	0,998718	0,998762	0,998805	0,998846	0,998886	0,998925	0,998962	0,998998
3,3	0,999033	0,999067	0,999100	0,999132	0,999162	0,999192	0,999221	0,999248	0,999275	0,999301
3,4	0,999326	0,999350	0,999374	0,999396	0,999418	0,999439	0,999460	0,999480	0,999499	0,999517
3,5	0,999535	0,999552	0,999568	0,999584	0,999600	0,999615	0,999629	0,999643	0,999656	0,999669
3,6	0,999682	0,999694	0,999705	0,999717	0,999727	0,999738	0,999748	0,999757	0,999767	0,999776
3,7	0,999784	0,999793	0,999801	0,999809	0,999816	0,999823	0,999830	0,999837	0,999843	0,999849
3,8	0,999855	0,999861	0,999867	0,999872	0,999877	0,999882	0,999887	0,999891	0,999896	0,999900
3,9	0,999904	0,999908	0,999911	0,999915	0,999919	0,999922	0,999925	0,999928	0,999931	0,999934
4,0	0,999937	0,999939	0,999942	0,999944	0,999947	0,999949	0,999951	0,999953	0,999955	0,999957
4,1	0,999959	0,999960	0,999962	0,999964	0,999965	0,999967	0,999968	0,999970	0,999971	0,999972
4,2	0,999973	0,999974	0,999976	0,999977	0,999978	0,999979	0,999980	0,999980	0,999981	0,999982
4,3	0,999983	0,999984	0,999984	0,999985	0,999986	0,999986	0,999987	0,999988	0,999988	0.999982
4,4	0,999989	0,999990	0,999990	0,999991	0,999991	0,999991	0,999992	0,999992	0,999993	0,999993

Tabelle A1. Standardnormalverteilung

k	0,00	0,01	0,02	0,03	0,04	0,05	0,06	0,07	0,08	0,09
4,5	0,999993	0,999994	0,999994	0,999994	0,999994	0,999995	0,999995	0,999995	0,999995	0,999996
4,6	0,999996	0,999996	0,999996	0,999996	0,999997	0,999997	0,999997	0,999997	0,999997	0,999997
4,7	0,999997	0,999998	0,999998	0,999998	0,999998	0,999998	0,999998	0,999998	0,999998	0,999998
4,8	0,999998	0,999998	0,999999	0,999999	0,999999	0,999999	0,999999	0,999999	0,999999	0,999999
4,9	0,999999	0,999999	0,999999	0,999999	0,999999	0,999999	0,999999	0,999999	0,999999	0,999999

Tabelle A2. t-Verteilung

$F(t) - F(-t) = 1 - \alpha$

n = Anzahl der Freiheitsgrade

n \ $1-\alpha$	0,95	0,99
1	12,71	63,66
2	4,30	9,93
3	3,18	5,84
4	2,78	4,60
5	2,57	4,03
6	2,45	3,71
7	2,37	3,50
8	2,31	3,36
9	2,26	3,25
10	2,23	3,17
11	2,20	3,11
12	2,18	3,06
13	2,16	3,01
14	2,15	2,98
15	2,13	2,95
16	2,12	2,92
17	2,11	2,90
18	2,10	2,88
19	2,09	2,86
20	2,09	2,85
25	2,06	2,79
30	2,04	2,75
40	2,02	2,70
50	2,01	2,68
100	1,98	2,63
∞	1,96	2,58

Lösungen der Übungsaufgaben

1.1. Die Definition der statistischen Einheiten erfolgt mittels der Identifikationsmerkmale, nämlich eines zeitlichen, eines räumlichen und sachlicher Identifikationsmerkmale.

1.2. Bestandsmassen weisen eine zeitliche Beständigkeit auf, während Ereignismassen von zeitlich punkthafter Natur sind. Bestandsmassen werden zu einem Zeitpunkt erfaßt, Ereignismassen werden in einem Zeitraum erfaßt. Die statistische Erfassung der Bestandsmassen heißt Erhebung, Ereignismassen werden registriert.

1.3. Bestandsmassen: Bevölkerung, Kraftfahrzeuge, Unternehmen.
Ereignismassen: Geburten, Todesfälle, Konkurse.

1.4. Bevölkerung mit Geburten und Todesfällen,
Kapital mit Nettoinvestitionen.

1.5. Anzahl der Mitglieder am 31.12.1975: 82
Anwesenheitsmasse des Jahres 1975: 119

1.6. Prädikatsmerkmale werden erhoben, während Identifikationsmerkmale eine notwendige Voraussetzung der Erhebung sind. Dasselbe Merkmal kann in der einen Untersuchung Prädikatsmerkmal sein und in einer anderen Untersuchung Identifikationsmerkmal, doch kann es in einer bestimmten Untersuchung nicht zugleich Prädikats- und Identifikationsmerkmal sein.

1.7. a. Haarfarbe, Familienstand
b. Noten, Dioptrien
c. Kinderzahl, Beschäftigtenzahl eines Unternehmens
d. Benzinverbrauch, Stromspannung.

2.1.

Körpergewicht	absolute Häufigkeit	relative Häufigkeit
1- 10 kg	1	1/43
11- 20 kg	2	2/43
21- 30 kg	2	2/43
31- 40 kg	3	3/43
41- 50 kg	5	5/43
51- 60 kg	6	6/43
61- 70 kg	5	5/43
71- 80 kg	6	6/43
81- 90 kg	8	8/43
91-100 kg	4	4/43
101-110 kg	1	1/43

Dies ist ein Beispiel für die Bildung von Gewichtsklassen aus der Strichliste (Urliste), die mit den Angaben der Übungsaufgabe angefertigt wurde. Natürlich sind auch andere Gewichtsklassen möglich, die zu anderen absoluten und relativen Häufigkeiten führen.

2.2. Für die wie in 2.1. gebildeten Gewichtsklassen erhält man folgendes Histogramm

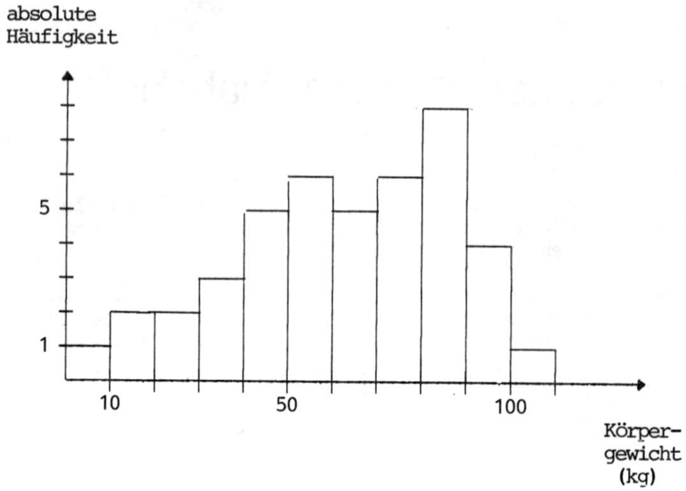

2.3. Für die in 2.1. gebildeten Gewichtsklassen erhält man die kumulierten relativen Häufigkeiten:

Körpergewicht	kumulierte relative Häufigkeit
1- 10 kg	1/43
11- 20 kg	3/43
21- 30 kg	5/43
31- 40 kg	8/43
41- 50 kg	13/43
51- 60 kg	19/43
61- 70 kg	24/43
71- 80 kg	30/43
81- 90 kg	38/43
91-100 kg	42/43
101-110 kg	1

Hieraus ergibt sich als Graph der Stichprobenverteilung:

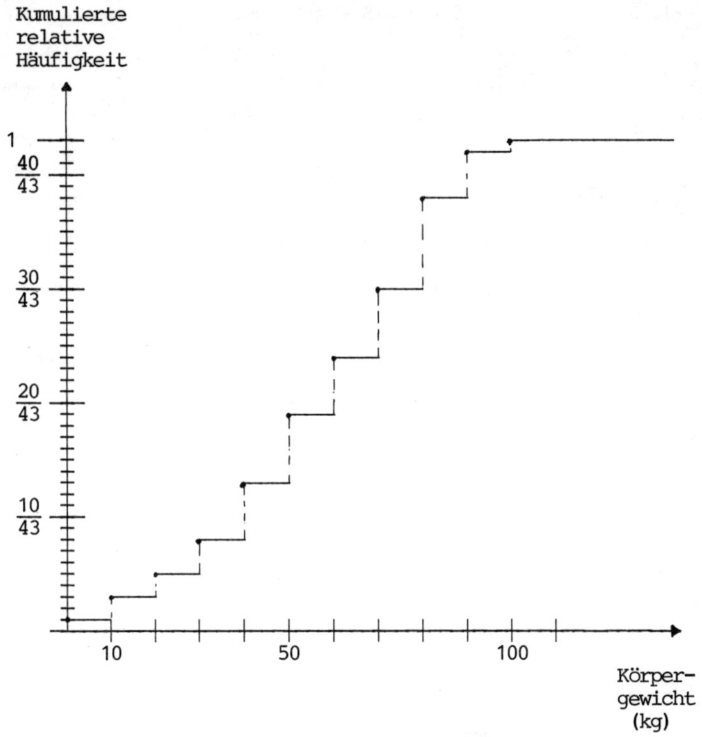

2.4. a. 0 (mit Tabelle 2.2.: 0)
b. 31/59 (mit Tabelle 2.2.: 33/59)
c. 39/59 (mit Tabelle 2.2.: 49/59)
d. 50/59 (mit Tabelle 2.2.: 53/59)
e. 1 (mit Tabelle 2.2.: 1).

3.1.

Anzahl der Übernachtungen	absolute Häufigkeit	relative Häufigkeit
2	|||	3/45 = 1/15
3	~~||||~~	5/45 = 1/9
4	~~||||~~ ||	7/45
5	~~||||~~ |||	8/45
6	~~||||~~	5/45 = 1/9
7	||||	4/45
8	~~||||~~ ||	7/45
9	|	1/45
10	|	1/45
11	|	1/45
12	||	2/45
13	|	1/45

3.2. $\bar{x} = \frac{1}{45} \cdot (2 \cdot 3 + 3 \cdot 5 + 4 \cdot 7 + 5 \cdot 8 + 6 \cdot 5 + 7 \cdot 4 + 8 \cdot 7 + 9 \cdot 1 + 10 \cdot 1 + 11 \cdot 1 + 12 \cdot 2 + 13 \cdot 1)$

$= \frac{1}{45} \cdot (6 + 15 + 28 + 40 + 30 + 28 + 56 + 9 + 10 + 11 + 24 + 13)$

$= \frac{270}{45} = 6 \; .$

$s^2 = \frac{1}{45} \cdot [(2-6)^2 \cdot 3 + (3-6)^2 \cdot 5 + (4-6)^2 \cdot 7 + (5-6)^2 \cdot 8 + (6-6)^2 \cdot 5 + (7-6)^2 \cdot 4 + (8-6)^2 \cdot 7 + (9-6)^2 \cdot 1 + (10-6)^2 \cdot 1 + (11-6)^2 \cdot 1 + (12-6)^2 \cdot 2 + (13-6)^2 \cdot 1]$

$= \frac{1}{45} \cdot (16 \cdot 3 + 9 \cdot 5 + 4 \cdot 7 + 1 \cdot 8 + 1 \cdot 4 + 4 \cdot 7 + 9 \cdot 1 + 16 \cdot 1 + 25 \cdot 1 + 36 \cdot 2 + 49 \cdot 1)$

$= \frac{1}{45} \cdot (48 + 45 + 28 + 8 + 4 + 28 + 9 + 16 + 25 + 72 + 49)$

$= \frac{332}{45} = 7{,}3\overline{7} \; .$

3.3. $x_z = x_{23} = 5$

$x_m = 5$ (da größte relative Häufigkeit mit 8/45).

3.4. $x_g = \left(\frac{3}{2} \cdot \frac{4}{3} \cdot 2 \cdot \frac{8}{3} \cdot 2 \cdot 3\right)^{\frac{1}{6}} = \sqrt[6]{64} = 2$

3.5. Geschwindigkeiten: 30 km/h, 60 km/h, 45 km/h, 75 km/h, 30 km/h.

$$x_h = \frac{5}{\frac{1}{30}\frac{h}{km} + \frac{1}{60}\frac{h}{km} + \frac{1}{45}\frac{h}{km} + \frac{1}{75}\frac{h}{km} + \frac{1}{30}\frac{h}{km}}$$

$$= \frac{5}{\frac{30 + 15 + 20 + 12 + 30}{900}\frac{h}{km}} = \frac{5}{\frac{107}{900}\frac{h}{km}} = \frac{4500}{107}\frac{km}{h} \cong 42 \text{ km/h}$$

4.1. Man unterscheidet die Verhältniszahlen in
a. Gliederungszahlen (Quoten)
b. Beziehungszahlen und
c. Meß- und Indexzahlen.
Die Beziehungszahlen lassen sich weiter unterteilen in
b1. Häufigkeitsziffern
b2. Dichteziffern und
b3. Verursachungsziffern.
Als Sonderformen von a. und b. lassen sich bilden
α. spezifische Verhältniszahlen
ß. besondere Verhältniszahlen und
γ. standardisierte Verhältniszahlen.

4.2. Gliederungszahlen: Erwerbsquote, d.h. der Anteil der Erwerbstätigen an der Wohnbevölkerung,
Erwerbslosenquote, d.h. der Anteil der Erwerbslosen an der Anzahl der Erwerbspersonen,
Anteil der Haushalte der BRD, die einen Fernsprechanschluß besitzen, an der Gesamtzahl der Haushalte der BRD.

Beziehungszahlen: Geburtenziffer, d.h. Anzahl der Lebendgeborenen pro Tausend der Wohnbevölkerung,

Sterbeziffer, d.h. Anzahl der Gestorbenen pro Tausend der Wohnbevölkerung,
Bruttoinlandsprodukt je Erwerbstätigen.

4.3. Eine spezifische Verhältniszahl wird aus einer allgemeinen Verhältniszahl gebildet, indem unbeteiligte Teilmassen aus der Bezugsmasse (Nennermasse) entfernt werden.

4.4. Die allgemeine Verhältniszahl ist das gewogene arithmetische Mittel der besonderen Verhältniszahlen, wobei die Anteile der Nennerteilmassen an der Nennergesamtmasse die Gewichte bilden.

4.5. Eine standardisierte Verhältniszahl ist das gewogene arithmetische Mittel der besonderen Verhältniszahlen, wobei die Struktur der Vergleichsmasse zur Gewichtung dient.

4.6. Unter einem Wertindex versteht man das Verhältnis der Wertsumme der Berichtsperiode t zur Wertsumme der Basisperiode 0:

$$W = \frac{\sum_{i=1}^{n} p_{it} \cdot q_{it}}{\sum_{i=1}^{n} p_{i0} \cdot q_{i0}} \cdot 100 \qquad W = \text{Wertindex},$$

wobei

p_{it} = Preis des i-ten Gutes in der Berichtsperiode t,

q_{it} = Menge des i-ten Gutes in der Berichtsperiode t,

p_{i0} = Preis des i-ten Gutes in der Basisperiode 0 und

q_{i0} = Menge des i-ten Gutes in der Basisperiode 0.

5.1.

Jahr	y_t	x_t	$y_t-\bar{y}$	$(y_t-\bar{y})^2$	$x_t-\bar{x}$	$(x_t-\bar{x})^2$	$(x_t-\bar{x})(y_t-\bar{y})$
1970	368	448	-124	15 376	-128	16 384	15 872
1971	408	492	-84	7 056	-84	7 056	7 056
1972	448	529	-44	1 936	-47	2 209	2 068
1973	492	568	0	0	-8	64	0
1974	528	612	36	1 296	36	1 296	1 296
1975	575	667	83	6 889	91	8 281	7 553
1976	622	714	130	16 900	138	19 044	17 940
Σ	3441	4030		49 453		54 334	51 785
$\frac{1}{7}\Sigma \cong$	492	576					

$$b \cong \frac{51\ 785}{54\ 334} \cong 0{,}95$$

$$a \cong 492 - 0{,}95 \cdot 576$$
$$\cong -55$$

5.2. $$r^2_{xy} \cong \frac{51\ 785^2}{54\ 334 \cdot 49\ 453} \cong 0{,}998\ , \qquad r_{xy} \cong 0{,}999\ .$$

6.1. X = {AEF, BEF, CEF, DEF},
Y = {ABC, ABD, ACD, BCD} und
Z = ∅, wenn z.B. AEF die Menge ist, die A, E und F als Element enthält.

6.2. $\overline{X}$ = {2, 4, 6}, $\overline{Y}$ = {3, 4, 5, 6}, X∪Y = {1, 2, 3, 5}, X∩Y = {1},
$\overline{X \cup Y}$ = {4, 6}, $\overline{X} \cup \overline{Y}$ = {2, 3, 4, 5, 6}, $\overline{X \cap Y}$ = {2, 3, 4, 5, 6},
$\overline{X} \cap \overline{Y}$ = {4, 6}, X − Y = {3, 5}, Y − X = {2}.

6.3. Ereignisraum: E = {1, 2, 3, 4, 5, 6}
Elementarereignisse: {1}, {2}, {3}, {4}, {5}, {6}.

Es lassen sich 2^6 = 64 Ereignisse in diesem Ereignisraum bilden (Potenzmenge).

6.4. E = {K, W}

$\mathfrak{P}$(E) = {∅, {K}, {W}, E}

6.5. Es gilt $A \cap \overline{A} = \emptyset$ und $A \cup \overline{A} = E$, so daß wir mit Axiom 3 erhalten
$P(A \cup \overline{A}) = P(A) + P(\overline{A}) = P(E) = 1$ (Axiom 2) und somit
$P(\overline{A}) = 1 - P(A)$.

6.6. Die Wahrscheinlichkeit, daß alle 5 Ziffern richtig eingestellt wurden, ist 1/100 000. Die Wahrscheinlichkeit, daß die drei letzten Ziffern richtig eingestellt sind, ist 1/1000. Die bedingte Wahrscheinlichkeit, daß in einem Versuch alle 5 Ziffern richtig eingestellt werden, wenn man weiß, daß die drei letzten Ziffern schon richtig eingestellt sind, ist gegeben durch

$$\frac{\frac{1}{100\,000}}{\frac{1}{1\,000}} = \frac{1}{100},$$

d.h. die unbedingte Wahrscheinlichkeit ist mit der Wahrscheinlichkeit der Bedingung zu normieren und vertausendfacht sich durch die Kenntnis der Bedingung.

6.7. $P(F \cap H) = \frac{1}{6}$, $P(F - H) = \frac{1}{3}$, $P(H - F) = \frac{1}{6}$. Daraus folgt:

$P(F) = P(F - H) + P(F \cap H) = \frac{1}{3} + \frac{1}{6} = \frac{1}{2}$ und

$P(H) = P(H - F) + P(F \cap H) = \frac{1}{6} + \frac{1}{6} = \frac{1}{3}$, so daß

$P(F) \cdot P(H) = \frac{1}{2} \cdot \frac{1}{3} = \frac{1}{6} = P(F \cap H)$,

womit die Unabhängigkeit der Ereignisse F = {Fußball} und H = {Handball} für diese Schulklasse gezeigt ist.

6.8a. P(Pl) = 0,99 , P(C) = 0,98 und P(R) = 0,95 seien die Wahrscheinlichkeiten, daß jeweils ein Plattenspieler, ein Cassettengerät und ein Receiverteil fehlerfrei hergestellt werden. Dann ist die Wahrscheinlichkeit für eine Kompaktanlage ohne Fehler gleich
P(Pl)·P(C)·P(R) = 0,99·0,98·0,95 = 0,921690.

b. Die Wahrscheinlichkeit, daß nur eines der drei Teile der Kompaktanlage einen Fehler aufweist, erhält man mit
0,01·0,98·0,95 + 0,99·0,02·0,95 + 0,99·0,98·0,05
= 0,048510 + 0,018810 + 0,009310
= 0,076630.

c. Sei F die Anzahl der Fehler, so erhält man die gesuchte Wahrscheinlichkeit $P(F \geq 2) = P(F{=}2) + P(F{=}3) = 1 - P(F{=}0) - P(F{=}1)$ durch
$P(F \geq 2) = 1 - 0{,}921690 - 0{,}076630 = 0{,}001680$.

6.9.a. $P(S) = \frac{1\ 089\ 000}{61\ 442\ 000} \cong 1{,}77\%.$

b. $P(\text{"15-65"}) = \frac{39\ 646\ 000}{61\ 442\ 000} \cong 64{,}53\%.$

c. $P(\text{"15-65"}\quad S) = \frac{719\ 000}{61\ 442\ 000} \cong 1{,}17\%.$

6.10.
$$P(K|U) = \frac{P(U|K)\cdot P(K)}{P(U|K)\cdot P(K) + P(U|R)\cdot P(R) + P(U|B)\cdot P(B)}$$

$$= \frac{1\cdot\frac{1}{5}}{1\cdot\frac{1}{5} + \frac{1}{10}\cdot\frac{2}{5} + \frac{2}{10}\cdot\frac{2}{5}}$$

$$= \frac{\frac{1}{5}}{\frac{1}{5} + \frac{1}{25} + \frac{2}{25}} = \frac{\frac{1}{5}}{\frac{8}{25}} = \frac{5}{8}\,.$$

Kennt der Vater das Verhältnis nicht, in dem sich die Söhne das Rasenmähen aufgeteilt haben, wird er die Wahrscheinlichkeit, daß einer seiner Söhne, z.B. Richard, rasengemäht hat, mit 1/3 einsetzen und erhält dann

$$P(K|U) = \frac{1\cdot\frac{1}{3}}{1\cdot\frac{1}{3} + \frac{1}{10}\cdot\frac{1}{3} + \frac{2}{10}\cdot\frac{1}{3}} = \frac{1}{\frac{13}{10}} = \frac{10}{13}\,.$$

7.1. Die Verteilungsfunktion $F(x) = P(X \leq x)$ ist charakterisiert durch die Eigenschaften

(1) $0 \leq F(x) \leq 1$ für alle x mit $-\infty \leq x \leq \infty$,

(2) $\lim_{x \to -\infty} F(x) = 0,$

(3) $\lim_{x \to \infty} F(x) = 1,$

(4) F(x) ist monoton nicht-fallend und

(5) F(x) ist rechtsseitig stetig.

7.2. Für jede Dichtefunktion f(x) gilt

(1) $f(x) \geq 0$ für alle x mit $-\infty \leq x \leq \infty$ und

(2) $\int_{-\infty}^{\infty} f(x)\,dx = 1.$

Entsprechend gilt für die Wahrscheinlichkeitsverteilung mit $p_i = P(X = x_i)$, i=1,...,n, daß

(1) $p_i \geq 0$ für alle i und

(2) $\sum_{i=1}^{n} p_i = 1.$

7.3. $\mu_1 = 2\cdot\frac{1}{6} + 5\cdot\frac{1}{3} + 6\cdot\frac{1}{2} = \frac{1}{3} + \frac{5}{3} + 3 = 5.$

$\mu_2 = 4\cdot\frac{1}{6} + 25\cdot\frac{1}{3} + 36\cdot\frac{1}{2} = \frac{2}{3} + \frac{25}{3} + 18 = 27.$

$\mu_3 = 8\cdot\frac{1}{6} + 125\cdot\frac{1}{3} + 216\cdot\frac{1}{2} = \frac{4}{3} + \frac{125}{3} + 108 = 151.$

$m_1 = 0.$

$m_2 = 27 - 5^2 = 2.$

$m_3 = (2-5)^3\cdot\frac{1}{6} + (5-5)^3\cdot\frac{1}{3} + (6-5)^3\cdot\frac{1}{2} = -\frac{27}{6} + \frac{1}{2} = -\frac{9}{2} + \frac{1}{2} = -4.$

7.4.a. f(x)

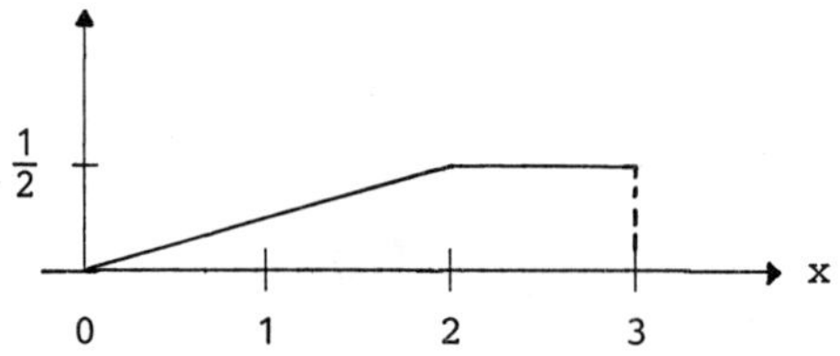

b. $$E(X) = \int_0^2 x\cdot\frac{x}{4}\,dx + \int_2^3 x\cdot\frac{1}{2}\,dx$$
$$= \left[\frac{x^3}{12}\right]_0^2 + \left[\frac{x^2}{4}\right]_2^3$$
$$= \frac{8}{12} + \frac{9}{4} - \frac{4}{4}$$
$$= \frac{23}{12} = 1\frac{11}{12}\,.$$

c. Für $0 \leq x \leq 2$ gilt:

$$F(x) = \int_0^x \frac{s}{4}\,ds = \left[\frac{s^2}{8}\right]_0^x = \frac{x^2}{8}\,.$$

Für $2 < x \leq 3$ gilt:

$$F(x) = F(2) + \int_2^x \frac{1}{2}\,ds = \frac{1}{2} + \left[\frac{s}{2}\right]_2^x = \frac{1}{2} + \frac{x}{2} - \frac{2}{2} = \frac{x}{2} - \frac{1}{2}\,,$$

so daß folgende Verteilungsfunktion resultiert:

$$F(x) = \begin{cases} 0 & \text{für } x < 0\,, \\ \frac{x^2}{8} & \text{für } 0 \leq x \leq 2\,, \\ \frac{x}{2} - \frac{1}{2} & \text{für } 2 < x \leq 3\,, \\ 1 & \text{für } x > 3\,. \end{cases}$$

7.5a. Durch Differentiation von F(x) bezüglich x erhält man die Dichtefunktion

$$f(x) = \begin{cases} 1 + x & \text{für } -1 < x \le 0 , \\ 1 - x & \text{für } 0 < x \le 1 , \\ 0 & \text{sonst.} \end{cases}$$

b.

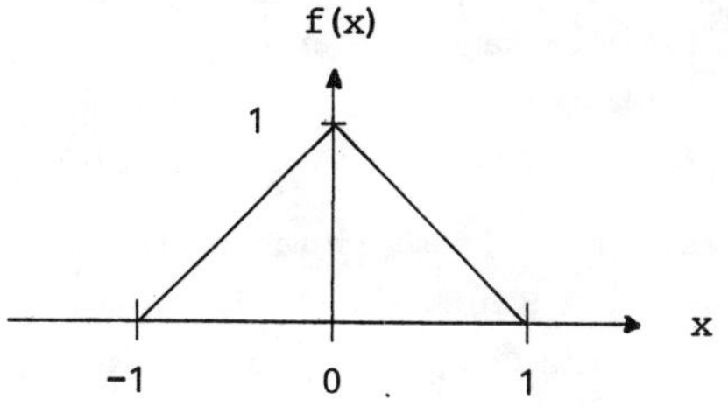

c. E(X) = 0 (wegen Symmetrie von f(x) um Null).

Wegen $E(X) = \mu = \mu_1 = 0$ ist nach der Zerlegungsregel

$$V(X) = \mu_2 - \mu^2 = \mu_2 \quad \text{(und infolge der Symmetrie)}$$

$$= 2 \cdot \int_0^1 x^2 \cdot (1 - x)\, dx = 2 \cdot \int_0^1 (x^2 - x^3)\, dx$$

$$= 2 \cdot \left[\frac{x^3}{3} - \frac{x^4}{4}\right]_0^1 = 2 \cdot \left(\frac{1}{3} - \frac{1}{4}\right) = \frac{2}{12} = \frac{1}{6} .$$

8.1. $P(X=2;\ n=5,\ p) + P(X=3;\ n=5,\ p) = \binom{5}{2} p^2 q^3 + \binom{5}{3} p^3 q^2$

$$= \frac{5 \cdot 4}{1 \cdot 2} p^2 q^3 + \frac{5 \cdot 4 \cdot 3}{1 \cdot 2 \cdot 3} p^3 q^2 = 10\, p^2 q^3 + 10\, p^3 q^2 = 10 p^2 q^2 (q + p)$$

$$= 10 p^2 q^2 , \text{ da } q + p = 1.$$

8.2.a. $P(X=1;\ n=4,\ p=0{,}2) = \binom{4}{1} \cdot 0{,}2^1 \cdot 0{,}8^3 = 4 \cdot 0{,}2 \cdot 0{,}512 = 0{,}4096.$

b. $P(X \ge 1;\ n,\ p) = 1 - P(X=0;\ n,\ p)$

$$= 1 - \binom{4}{0} \cdot 0{,}2^0 \cdot 0{,}8^4 = 1 - 0{,}8^4 = 1 - 0{,}4096$$

$$= 0{,}5904.$$

8.3. $\lambda = 2.$

$P(X > 2;\ \lambda) = 1 - P(X=0;\ \lambda) - P(X=1;\ \lambda) - P(X=2;\ \lambda)$

$$= 1 - \frac{2^0}{0!} \cdot e^{-2} - \frac{2^1}{1!} \cdot e^{-2} - \frac{2^2}{2!} \cdot e^{-2} = 1 - e^{-2}(1 + 2 + 2)$$

$$\cong 1 - \frac{5}{2{,}718^2} \cong 0{,}3232.$$

8.4.

$$P(X=4;\ n=6,\ N=49,\ K=6) = \frac{\binom{6}{4} \cdot \binom{43}{2}}{\binom{49}{6}} = \frac{\frac{6 \cdot 5 \cdot 4 \cdot 3}{1 \cdot 2 \cdot 3 \cdot 4} \cdot \frac{43 \cdot 42}{1 \cdot 2}}{\frac{49 \cdot 48 \cdot 47 \cdot 46 \cdot 45 \cdot 44}{1 \cdot 2 \cdot 3 \cdot 4 \cdot 5 \cdot 6}} \cong \frac{13545}{13983816}$$

$$\cong 0{,}00097.$$

8.5.a. Sei x_0 Erfolg (Haustür öffnet sich) und x_1 Mißerfolg (Haustür öffnet sich nicht). Mit Erfolgswahrscheinlichkeit $\frac{1}{4}$ öffnet sich die Haustür sofort (ein Versuch). Die Folge x_1, x_0 (d.h. Erfolg beim 2. Versuch) hat die Gesamtwahrscheinlichkeit $\frac{3}{4}\cdot\frac{1}{3} = \frac{1}{4}$, da im 2. Versuch nach dem anfänglichen Mißerfolg (mit Wahrscheinlichkeit $\frac{3}{4}$) einer von 3 Schlüsseln einen Erfolg bewirken kann. Die Folge x_1, x_1, x_0 (d.h. Erfolg beim 3. Versuch) hat die Gesamtwahrscheinlichkeit $\frac{1}{4} = \frac{3}{4}\cdot\frac{2}{3}\cdot\frac{1}{2}$, da nach dem Mißerfolg im 1. Versuch (mit Wahrscheinlichkeit $\frac{3}{4}$) und einem weiteren Mißerfolg im 2. Versuch (mit Wahrscheinlichkeit $\frac{2}{3}$) im 3. Versuch einer von 2 Schlüsseln für Erfolg steht. Auch die Folge x_1, x_1, x_1, x_0 hat die Gesamtwahrscheinlichkeit $\frac{1}{4} = \frac{3}{4}\cdot\frac{2}{3}\cdot\frac{1}{2}\cdot 1$, da nach drei Mißerfolgen (mit Wahrscheinlichkeiten $\frac{3}{4}$, $\frac{2}{3}$ bzw. $\frac{1}{2}$) mit Sicherheit der verbleibende Schlüssel im 4. Versuch zum Erfolg führen muß. Weitere Versuche sind dann überflüssig, so daß man als Erwartungswert für die Anzahl n der Versuche (n=1,2,3,4) mit jeweiliger Wahrscheinlichkeit 1/4 erhält

$$E(X) = 1\cdot\frac{1}{4} + 2\cdot\frac{1}{4} + 3\cdot\frac{1}{4} + 4\cdot\frac{1}{4} = \frac{10}{4} = 2{,}5 .$$

b. Wenn der Betrunkene wahllos Schlüssel ausprobiert, liegt eine Bernoullifolge mit Bernoulliparameter p = 1/4 vor. Die Zufallsvariable X, die die Anzahl der Versuche mißt, die er benötigt, bis zum ersten Male Erfolg eintritt, ist dann geometrisch verteilt mit Wahrscheinlichkeit

$$P(X=n;\ p) = p\cdot q^{n-1} \qquad q = 1 - p$$

und hat den Erwartungswert

$$E(X) = \frac{1}{p},$$

so daß wir für $p = \frac{1}{4}$ erhalten E(X) = 4. In diesem Fall ist also die Erfolgswahrscheinlichkeit im Einzelversuch konstant und die Gesamtwahrscheinlichkeit variiert je nach Versuch, während im Fall a. die Gesamtwahrscheinlichkeit konstant war und die Erfolgswahrscheinlichkeit im Einzelversuch variierte (1/4 im 1. Versuch, 1/3 im 2. Versuch, 1/2 im 3. Versuch und 1 im 4. Versuch).

8.6. Mit der negativen Binomialverteilung erhalten wir (Erfolg=Erkrankung)

$$P(X=6;\ k=3,\ p=\tfrac{1}{3}) = \binom{5}{2}\cdot\left(\tfrac{1}{3}\right)^3\cdot\left(\tfrac{2}{3}\right)^3 = \frac{5\cdot 4}{1\cdot 2}\cdot\frac{1}{27}\cdot\frac{8}{27} \cong 10{,}97\%$$

8.7a. Ausgehend von der Zufallsvariablen X mit Erwartungswert $\mu = 100$ und Standardabweichung $\sigma = 2$ erhalten wir für die standardisierte Zufallsvariable $Z = \frac{X-\mu}{\sigma}$ die Wahrscheinlichkeitsaussage

$$P(96 \le x \le 104) = P\left(\frac{96-100}{2} \le \frac{x-100}{2} \le \frac{104-100}{2}\right) = P(-2 \le z \le 2) = 0{,}9545,$$

d.h. der Ausschußanteil beträgt 4,55% (komplementäre Wahrscheinlichkeit).

b. Da dann k=3, sinkt der Ausschußanteil auf 2,7 $^0/_{00}$.

8.8. Für das symmetrische Toleranzintervall gilt

$$P(\mu - b \leq x \leq \mu + b) = 0{,}95$$

$$= P\left(\frac{\mu - b - \mu}{\sigma} \leq \frac{x - \mu}{\sigma} \leq \frac{\mu + b - \mu}{\sigma}\right)$$

$$= P\left(-\frac{b}{\sigma} \leq z \leq \frac{b}{\sigma}\right) = P(-1{,}96 \leq z \leq 1{,}96)$$

für die standardisierte Zufallsvariable Z mit $Z = \frac{X - \mu}{\sigma}$, die N(0, 1)-verteilt ist, so daß der Vergleich in der letzten Gleichung ergibt $\frac{b}{\sigma} = 1{,}96$, woraus für $\sigma = 0{,}03$ folgt $b = 1{,}96 \cdot 0{,}03 = 0{,}0588$ und wir als Toleranzintervall [9,9412 ; 10,0588] erhalten.

Wird der Ausschußanteil auf1% gesenkt, steigt die Konfidenzzahl $1 - \alpha$ auf 99% und oben ist 1,96 durch 2,58 zu ersetzen, so daß $b = 2{,}58 \cdot 0{,}03 = 0{,}0774$ und wir als Toleranzintervall [9,9226; 10,0774] erhalten.

8.9. (1) Die Dichtefunktion der $N(\mu,\sigma^2)$-Verteilung ist symmetrisch um die Symmetrieachse $x = \mu$.

(2) Sie hat ihr Maximum an der Stelle $x = \mu$.

(3) Die Wendepunkte der Dichtefunktion liegen an den Stellen $x = \mu - \sigma$ bzw. $x = \mu + \sigma$.

(4) Ausgehend vom Maximum nähert sich die Dichtefunktion mit betragsmäßig zunehmendem x monoton der Abszisse.

9.1. Die 1. Ableitung der wahrscheinlichkeitserzeugenden Funktion

$$W(t) = (pt + q)^n$$

bezüglich t ergibt

$$W^{(1)}(t) = n \cdot (pt + q)^{n-1} \cdot p \ ,$$

so daß wir an der Stelle t=1 den Erwartungswert erhalten:

$$E(X) = W^{(1)}(1) = n \cdot p \ .$$

Die 2. Ableitung ergibt

$$W^{(2)}(t) = n \cdot (n-1) \cdot (pt + q)^{n-2} \cdot p^2$$

an der Stelle t=1

$$W^{(2)}(1) = n \cdot (n-1) \cdot p^2$$

und somit erhalten wir die Varianz mit

$$V(X) = W^{(2)}(1) + W^{(1)}(1) - [W^{(1)}(1)]^2$$

$$= n \cdot (n-1) \cdot p^2 + n \cdot p - n^2 p^2$$

$$= n^2 p^2 - np^2 + n \cdot p - n^2 p^2$$

$$= n \cdot p \cdot (1-p) = n \cdot p \cdot q \ .$$

9.2. Die 1. Ableitung der wahrscheinlichkeitserzeugenden Funktion der Poissonverteilung

$$W(t) = e^{\lambda(t-1)} = e^{-\lambda} \cdot e^{\lambda t}$$

bezüglich t ergibt

$$W^{(1)}(t) = e^{-\lambda} \cdot \lambda \cdot e^{\lambda t}$$

und liefert an der Stelle t=1 den Erwartungswert:

$$E(X) = W^{(1)}(1) = e^{-\lambda} \cdot \lambda \cdot e^{\lambda} = \lambda \cdot e^{\lambda-\lambda} = \lambda \cdot e^{0} = \lambda \cdot 1 = \lambda \ .$$

Die 2. Ableitung ergibt

$$W^{(2)}(t) = \lambda^2 \cdot e^{-\lambda} \cdot e^{\lambda t}$$

an der Stelle t=1

$$W^{(2)}(1) = \lambda^2 \cdot e^{-\lambda} \cdot e^{\lambda} = \lambda^2 \ .$$

Dann gilt für die Varianz

$$\begin{aligned} V(X) &= W^{(2)}(1) + W^{(1)}(1) - [W^{(1)}(1)]^2 \\ &= \lambda^2 + \lambda - \lambda^2 \\ &= \lambda \ . \end{aligned}$$

9.3. **Im Anschluß an** (9.21) **wurde bereits die 1.** Ableitung der wahrscheinlichkeitserzeugenden Funktion (9.21) berechnet, für die wir nun schreiben wollen

$$W^{(1)}(t) = p \cdot t^{-2} \cdot (t^{-1} - q)^{-2} .$$

Eine weitere Ableitung bezüglich t ergibt

$$W^{(2)}(t) = -2pt^{-3} \cdot (t^{-1} - q)^{-2} \ + \ pt^{-2} \cdot (-2) \cdot (t^{-1} - q)^{-3} \cdot (-1) \cdot t^{-2} \ ,$$

so daß an der Stelle t=1 gilt

$$\begin{aligned} W^{(2)}(1) &= -2p(1-q)^{-2} + 2p(1-q)^{-3} \\ &= 2\,\frac{p}{p^3} - 2\,\frac{p}{p^2} \\ &= 2\,\frac{1-p}{p^2} = \frac{2q}{p^2} \end{aligned}$$

und somit wegen $W^{(1)}(1) = E(X) = \frac{1}{p}$ für die Varianz gilt

$$\begin{aligned} V(X) &= W^{(2)}(1) + W^{(1)}(1) - [W^{(1)}(1)]^2 \\ &= \frac{2q}{p^2} + \frac{1}{p} - \frac{1}{p^2} \\ &= \frac{2q + p - 1}{p^2} = \frac{(q + p) - 1 + q}{p^2} \\ &= \frac{q}{p^2} \ . \end{aligned}$$

10.1. $m_3 = \mu_3 - 3\mu_2\mu_1 + 2\mu_1^3$

$= \mu^3 + 3\mu\sigma^2 - 3(\sigma^2 + \mu^2)\mu + 2\mu^3$

$= \mu^3 + 3\mu\sigma^2 - 3\mu\sigma^2 - 3\mu^3 + 2\mu^3$

$= 0.$

10.2. Die 1. Ableitung von

$$\phi_Y(\lambda) = (p\cdot e^{i\lambda} + q)^n$$

bezüglich λ ist (mit der Kettenregel)

$$\phi_Y^{(1)}(\lambda) = n\cdot(p\cdot e^{i\lambda} + q)^{n-1}\cdot p\cdot i\cdot e^{i\lambda}$$

und ergibt an der Stelle $\lambda=0$

$$\phi_Y^{(1)}(0) = i\cdot n\cdot p\ ,$$

so daß

$$E(Y) = \frac{\phi_Y^{(1)}(0)}{i} = n\cdot p\ .$$

Als 2. Ableitung erhalten wir

$$\phi_Y^{(2)}(\lambda) = n\cdot(n-1)\cdot(p\cdot e^{i\lambda} + q)^{n-2}\cdot p^2\cdot i^2\cdot e^{i2\lambda} + n\cdot(p\cdot e^{i\lambda} + q)^{n-1} p i^2 e^{i\lambda}$$

und an der Stelle $\lambda=0$

$$\phi_Y^{(2)}(0) = i^2\cdot n\cdot(n-1)\cdot p^2 + i^2\cdot n\cdot p$$

und damit (wegen $i^2 = -1$) als 2. gewöhnliches Moment

$$E(Y^2) = -\phi_Y^{(2)}(0) = n\cdot(n-1)\cdot p^2 + n\cdot p\ ,$$

so daß nach der Zerlegungsregel gilt

$$V(Y) = E(Y^2) - [E(Y)]^2 = n\cdot(n-1)\cdot p^2 + n\cdot p - n^2p^2$$

$$= n^2p^2 - n\cdot p^2 + n\cdot p - n^2p^2$$

$$= n\cdot p\cdot(1 - p)$$

$$= n\cdot p\cdot q\ .$$

10.3. Für die Ableitung von

$$\phi_{X_j}(\lambda) = \frac{pe^{i\lambda}}{1-qe^{i\lambda}}$$

ist zu beachten, daß die 1.Ableitung eines Quotienten $y = \frac{u(x)}{v(x)}$ gleich $y' = \frac{u'(x)\cdot v(x) - v'(x)\cdot u(x)}{[v(x)]^2}$ ist und somit gilt

$$\phi_{X_j}^{(1)}(\lambda) = \frac{ipe^{i\lambda}(1-qe^{i\lambda}) + qie^{i\lambda}pe^{i\lambda}}{(1 - qe^{i\lambda})^2}\ ,$$

d.h. an der Stelle $\lambda=0$ erhalten wir

$$\phi_{X_j}^{(1)}(0) = i\cdot\frac{p(1-q) + q\cdot p}{(1-q)^2}$$

$$= i\cdot\frac{p^2 + q\cdot p}{p^2}$$

$$= i\cdot\frac{p(p+q)}{p^2}$$

$$= \frac{i}{p}\text{ , so daß}$$

$$E(X_j) = \frac{1}{p}\ .$$

10.4. Die 1. Ableitung von

$$\phi_X(\lambda) = \left(\frac{pe^{i\lambda}}{1-qe^{i\lambda}}\right)^k$$

bezüglich λ ergibt

$$\phi_X^{(1)}(\lambda) = k\cdot\left(\frac{pe^{i\lambda}}{1-qe^{i\lambda}}\right)^{k-1}\cdot\frac{ipe^{i\lambda}(1-qe^{i\lambda}) + qie^{i\lambda}pe^{i\lambda}}{(1-qe^{i\lambda})^2}$$

und damit an der Stelle $\lambda=0$

$$\phi_X^{(1)}(0) = k\cdot i\cdot\frac{p(1-q) + q\cdot p}{(1-q)^2} = i\cdot\frac{k}{p}\ ,$$

da dieser Bruch den Wert $\frac{1}{p}$ hatte (siehe Lösung von Übungsaufgabe 10.3.), womit wir erhalten

$$E(X) = \frac{\phi_X^{(1)}(0)}{i} = \frac{k}{p}\ .$$

14.1. Nach (14.7) gilt für das Konfidenzintervall für μ

$$P(\bar{x} - k\cdot\frac{\sigma}{\sqrt{n}} \leq \mu \leq \bar{x} + k\cdot\frac{\sigma}{\sqrt{n}}) = 1 - \alpha\ ,$$

wobei einer Konfidenzzahl von 0,95 ein k von 1,96 entspricht.
Einsetzen von $\sigma = 6$ und $n = 25$ ergibt für $\bar{x} = 498{,}7$

$$P(498{,}7 - 1{,}96\cdot\frac{6}{5} \leq \mu \leq 498{,}7 + 1{,}96\cdot\frac{6}{5}) = 0{,}95\ ,$$

so daß wir als Konfidenzintervall [496,348 g ; 501,052 g] erhalten.

14.2. Mit (14.9) erhalten wir für das gesuchte Konfidenzintervall

$$P(\bar{x} - t_{n-1}\cdot\frac{\tilde{s}}{\sqrt{n}} \leq \mu \leq \bar{x} + t_{n-1}\cdot\frac{\tilde{s}}{\sqrt{n}}) = 1 - \alpha\ .$$

Das Einsetzen der Angaben ergibt

$$P(498{,}7 - 2{,}07\cdot\frac{4}{5} \leq \mu \leq 498{,}7 + 2{,}07\cdot\frac{4}{5}) = 0{,}95 \text{ ,}$$

so daß wir als Konfidenzintervall für μ

[497,044 g ; 500,356 g]

erhalten.

15.1. Für den Annahmebereich für μ gilt

$$P(\overline{x} - k\cdot\frac{\sigma}{\sqrt{n}} \leq \mu \leq \overline{x} + k\cdot\frac{\sigma}{\sqrt{n}}) = 1 - \alpha,$$

d.h. mit den Angaben erhalten wir

$$P(172 - 1{,}96\cdot\frac{10}{20} \leq \mu \leq 172 + 1{,}96\cdot\frac{10}{20}) = 0{,}95$$

und somit als Annahmebereich das Intervall [171,02 cm; 172,98 cm]. Die Nullhypothese

H_0: $\mu = \mu_0 = 174$ cm liegt damit im Ablehnungsbereich, d.h. mit der

vorgegebenen Irrtumswahrscheinlichkeit von 5% ist die Nullhypothese nicht mit dem Stichprobenmittelwert vereinbar und damit abzulehnen.

Literaturverzeichnis

Anderson, O., W. Popp, M. Schaffranek, D. Steinmetz und H. Stenger [1976]: Schätzen und Testen. Berlin-Heidelberg-New York 1976.

Bamberg, G. und F. Baur [1980]: Statistik. München-Wien 1980.

Bauer, H. [1968]: Wahrscheinlichkeitstheorie und Grundzüge der Maßtheorie. Berlin 1968.

Bayes, T. [1763]: An Essay Towards Solving a Problem in the Doctrine of Chances. Philosophical Transactions, 53(1763), S. 376-398 und S. 401-403 und 54(1764), S. 298-310 (Wiederabdruck: Biometrika, 45(1958), S. 296-315).

Bleymüller, J., G. Gehlert und H. Gülicher [1979]: Statistik für Wirtschaftswissenschaftler. München 1979.

Blind, A. [1969]: Allgemeine Methodenlehre der sozialwissenschaftlichen Statistik. Frankfurt a.M. 1969 (Vorlesungsskriptum. Hrsg.: H.-H. Härtel, H. Heuser, C.A. von der Heyde und N. Meyer).

Bronstein, I.N. und K.A. Semendjajew [1970]: Taschenbuch der Mathematik. Zürich-Frankfurt 1970.

Cramer, H. [1957]: Mathematical Methods of Statistics. Princeton 1957.

Cramér, H. [1959]: The Elements of Probability Theory. New York-Stockholm 1959.

Dhrymes, P.J. [1970]: Econometrics. New York 1970.

Doob, J.L. [1967]: Stochastic Processes. New York-London-Sydney 1967.

Eichhorn, W. R. Henn, O. Opitz und R.W. Shephard (Hrsg.) [1978]: Theory and Applications of Economic Indices. Würzburg 1978.

Feller, W. [1959]: An Introduction to Probability Theory and Its Applications. Bd. 1, 2. Aufl., New York-London 1959.

Ferschl, F. [1978]: Deskriptive Statistik. Würzburg-Wien 1978.

Fisher, I. [1927]: The Making of Index Numbers. 3. Aufl., Boston-New York 1927.

Fisz, M. [1973]: Wahrscheinlichkeitsrechnung und mathematische Statistik. Berlin 1973.

Hogg, R.V. und A.T. Craig [1965]: Introduction to Mathematical Statistics. 2. Aufl., New York-London 1965.

Kendall, M.G. und A. Stuart [1963]: The Advanced Theory of Statistics. Bd. 1, 2. Aufl., London 1963.

Kendall, M.G. und A. Stuart [1961]: The Advanced Theory of Statistics. Bd. 2, London 1961.

Kolmogoroff, A.N. [1933]: Grundbegriffe der Wahrscheinlichkeitsrechnung. Berlin 1933.

Kreyszig, E. [1968]: Statistische Methoden und ihre Anwendungen. 3. Aufl., Göttingen 1968.

Leiner, B. [1969]: Ökonometrische Schätzverfahren. Saarbrücken 1969 (Dissertation).

Leiner, B. [1973]: Einige Bemerkungen zum Durbin-Watson-Test. Statistische Hefte, 14(1973), S. 271-273.

Leiner, B. [1978]: Spektralanalyse ökonomischer Zeitreihen. 2. Aufl., Wiesbaden 1978.

Leiner, B. [1979]: Einige Gedanken zur negativen Binomialverteilung. In: Operations Research Verfahren 33. Hrsg.: R. Henn u.a., Meisenheim 1979, S. 275-280.

Leiner, B. [1979']: Autokorrelation. In: Handwörterbuch der Mathematischen Wirtschaftswissenschaften. Bd. 2: Ökonometrie und Statistik. Hrsg.: G. Menges. Wiesbaden 1979, S. 23-29.

Linder, A. [1964]: Statistische Methoden. 4. Aufl., Basel-Stuttgart 1964.

Lukacs, E. [1972]: Probability and Mathematical Statistics. New York-London 1972.

Menges, G. [1961]: Ökonometrie. Wiesbaden 1961.

Menges, G. [1972]: Grundriß der Statistik. Teil 1: Theorie. 2. Aufl., Opladen 1972.

Menges, G. und H.J. Skala [1973]: Grundriß der Statistik. Teil 2: Daten. Opladen 1973.

Oberhofer, W. [1979]: Wahrscheinlichkeitstheorie. München-Wien 1979.

Parzen, E. [1960]: Modern Probability Theory and Its Applications. New York-London 1960.

Rényi, A. [1962]: Wahrscheinlichkeitsrechnung. Berlin 1962.

Rutsch, M. [1974]: Wahrscheinlichkeit I. Mannheim-Wien-Zürich 1974.

Rutsch, M. und K.-H. Schriever [1976]: Wahrscheinlichkeit II. Mannheim-Wien-Zürich 1976.

Rutsch, M. und K.-H. Schriever [1974]: Aufgaben zur Wahrscheinlichkeit. Mannheim-Wien-Zürich 1974.

Sachs, L. [1974]: Angewandte Statistik. 4. Aufl., Berlin-Heidelberg-New York 1974.

Schaich, E. [1977]: Schätz- und Testmethoden für Sozialwissenschaftler. München 1977.

Schaich, E., D. Köhle, W. Schweitzer und F. Wegner [1974]: Statistik I. München 1974.

Schmetterer, L. [1966]: Einführung in die mathematische Statistik. Wien-New York 1966.

Schneeweiß, H. [1974]: Ökonometrie. 2. Aufl., Würzburg-Wien 1974.

Schönfeld, P. [1969]: Methoden der Ökonometrie. Bd. I: Lineare Regressionsmodelle. Berlin-Frankfurt 1969.

Schönfeld, P. [1971]: Methoden der Ökonometrie. Bd. II: Stochastische Regressoren und simultane Gleichungen. München 1971.

Stange, K. [1970]: Angewandte Statistik. Erster Teil: Eindimensionale Probleme. Berlin-Heidelberg-New York 1970.

Statistisches Jahrbuch [1977] für die Bundesrepublik Deutschland. Hrsg.: Statistisches Bundesamt (Wiesbaden). Stuttgart-Mainz 1977.

Statistisches Jahrbuch [1978] für die Bundesrepublik Deutschland. Hrsg.: Statistisches Bundesamt (Wiesbaden). Stuttgart-Mainz 1978.

van der Waerden, B.L. [1971]: Mathematische Statistik. 3. Aufl., Berlin-Heidelberg-New York 1971.

Wilks, S.S. [1962]: Mathematical Statistics. New York-London 1962.

Wonnacott, R.J. und T.H. Wonnacott [1970]: Econometrics. New York-London-Sydney-Toronto 1970.

Sachverzeichnis

Ablehnungsbereich 207, 213
Abweichung
- durchschnittliche 33f
- mittlere quadratische 34
Alternativhypothese 207
Annahmebereich 208
Anwesenheitsmasse 6
asymptotisch erwartungstreu 184
Aufbereitung 3
Auswertung 11
Axiomatik der Wahrscheinlichkeit 74ff
Basisperiode 44
Bayes, Theorem von - 86ff
Bernoullifolge 127
Bernoulliparameter 125
Bernoullisches Theorem 178ff
Bestandsmasse 4f
Betafunktion 174
Betaverteilung 174f
- Erwartungswert der 175
- Varianz der 175
Beziehungszahl 38ff
bias 184
Binomialverteilung 126ff
- Erwartungswert der 131
- Varianz der 132
- wahrscheinlichkeitserzeugende Funktion der 160
- charakteristische Funktion der 167
binomische Koeffizienten 128
- Symmetrie der 130
charakteristische Funktion 162ff
- einer Summe unabhängig verteilter Zufallsvariablen 166
χ^2-Anpassungstest 213
χ^2-Verteilung 172f
- Erwartungswert der 173
- Varianz der 173
Daten
- kardinal meßbare 8
- ordinal meßbare 8
Dichtefunktion 98ff
Dichteziffer 39
Differenz zweier Mengen 66
disjunkte Mengen 67
Durbin-Watson-Test 213
Durchschnitt zweier Mengen 63
Effizienz 185
eindeutige Abbildung 93
eineindeutige Abbildung 93
Einheit
- statistische 4
Element 60
Elementarereignis 67
empirische Erfolgsquote 132
Ereignis 67
Ereignismasse 4f
Ereignisraum 67
Erhebung 5
Erwartungstreue 184
Erwartungswert 103ff
erzeugende Funktion 157ff
Exzeß 117f
Fakultät 128, 169
Fehler 1. Art 209
Fehler 2. Art 209
Fortschreibung 5
F-Verteilung 175f
- Erwartungswert der 175f

- Varianz der 175
Gammafunktion 169
Gammaverteilung 169ff
- Erwartungswert der 171
- Varianz der 171
- charakteristische Funktion der 170
Geburtstagsproblem 136f
gemeinsame Wahrscheinlichkeitsverteilung 106
geometrische Verteilung 139ff
- Erwartungswert der 140, 161
- Varianz der 141
- wahrscheinlichkeitserzeugende Funktion der 161
- charakteristische Funktion der 167
Gesetz der großen Zahlen 178f
Gliederungszahl 38
Größenbeziehung errechneter Mittelwerte 30f
Größenklasse 14f, 18f, 21f
Grundgesamtheit 2
Gütefunktion 209ff
Häufigkeit
- absolute 14f, 17
- kumulierte 18
- relative 14f, 17
Häufigkeitsziffer 39
häufigster Wert 33
Histogramm 17f
hypergeometrische Verteilung 142ff
- Erwartungswert der 145
- Varianz der 145
Hypothesentest 207ff
Identifikationsmerkmale 4, 6, 9
identische Mengen 61
Indexzahl 44ff
Inferenz
- statistische 180
Intervallschätzung 201
Intervallskala 8, 10
Irrtumswahrscheinlichkeit 209f
Kardinalskala 10
Kolmogoroffsche Axiomatik 74ff
Komogoroff-Smirnow-Test 213
Komplement 64, 75
Konfidenzintervall 202ff
Konfidenzzahl 203
Konsistenz 185
Konvergenz
- stochastische 185
Korrelation 55ff
- zweier Zufallsvariablen 121
Kovarianz zweier Zufallsvariablen 118
Kreisdiagramm 18
kritischer Bereich 207
Längsschnittanalyse 56
latente Variable 194
leere Menge 61
Likelihoodfunktion 192, 199
lineare Einfachregression 52
logarithmierte Likelihoodfunktion 192, 199
marginale Wahrscheinlichkeitsverteilung 106
Masse
- korrespondierende 5
- statistische 4
maximum-likelihood-Methode 192ff
Median 32
Mehrfachregression 52
Menge 60
Mengenindex
- nach Laspeyres 47
- nach Paasche 47f
Merkmal 6
- diskretes 7, 9
- kardinales 7, 9
- ordinales 7, 9
- qualitatives 7, 9
- quantitatives 7, 9
- stetiges 7ff
meßbarer Raum 71

Meßzahl 44f
Methode der kleinsten Quadrate 190ff
Minimaleigenschaft des arithmetischen Mittels 26
Mittel
- arithmetisches 25, 30
- geometrisches 27f, 30
- harmonisches 28f, 31
- quadratisches 30f
Mittelwert 24ff
- errechneter 24ff
- der Lage 32f
Modalität 6
modifizierte Stichprobenvarianz 189
Modus 33
Moment 103ff
- gewöhnliches 112f
- zentrales 113f
negative Binomialverteilung 147ff
- Erwartungswert der 148
- Varianz der 148
- charakteristische Funktion der 167
negativer binomischer Koeffizient 148
Nominalskala 8
Normalgleichungen 197
Normalverteilung 150ff
- Erwartungswert der 150
- Varianz der 150
- charakteristische Funktion der 165
- gewöhnliche Momente der 165
- zentrale Momente der 166
Null-Eins-Verteilung 125f, 131
- Erwartungswert der 126
- Varianz der 126
- charakteristische Funktion der 167
Nullhypothese 207
Operationscharakteristik 210
Ordinalskala 8
Pascalsches Dreieck 129
Poissonparameter 135
Poissonstrom 137
Poissonverteilung 134
- Erwartungswert der 135
- Varianz der 136
- wahrscheinlichkeitserzeugende Funktion der 160
Pólyaverteilung 146ff
- Erwartungswert der 147
- Varianz der 147
Potenzmenge 68ff
Prädikatsmerkmale 6, 9
Preisindex
- nach Drobisch 50
- nach I. Fisher 50
- nach Laspeyres 45f
- nach Lowe 50
- nach Marshall-Edgeworth 50
- nach Paasche 46f
primärstatistisch 2
Prinzip der kleinsten Quadrate 191
Punktschätzung 183ff
Querschnittsanalyse 56
Quote 38
Realisation 6
Realisationsintervall 152
Registrierung 5
Regression 52
Residuen 191
Schätzkriterien 184ff
Schätzung der linearen Einfachregression 194ff
Schätzverfahren 190ff
Schiefe 115ff
Schwarzsche Ungleichung 121
sekundärstatistisch 2
σ-Algebra 69ff
Spannweite 35
Spektralanalyse 214
Stabdiagramm 18
Standardabweichung 34
- einer Zufallsvariablen 108, 114

standardisierte Zufallsvariable 114
Standardnormalverteilung 151ff, 215ff
- Erwartungswert der 151
- Varianz der 151
- charakteristische Funktion der 164
Stichprobe 3
Stichprobenkorrelation 57
Stichprobenkovarianz 53, 56f
Stichprobenmittelwert 53
Stichprobenumfang 11, 15ff
Stichprobenvarianz 34, 53, 188
Stichprobenverteilung 19ff
Streudiagramm 55
Streuung 34
Streuungsmaße 33ff
Strichliste 11, 13f, 19
Summationsgrenze 16
Summationszeichen 16
Teilerhebung 3
Teilmenge 61
Testverteilungen 169ff
Tschebyscheffsche Ungleichung 179
t-Verteilung 176, 213, 218
- Erwartungswert der 176
- Varianz der 176
Umfang der Grundgesamtheit 37
unabhängige Ereignisse 80
Unabhängigkeit zweier Zufallsvariablen 122f
Universalmenge 62
unkorrelierte Zufallsvariablen 121
Urliste 11f
Variable
- endogene 52
- exogene 52
- latente 194
- statistische 7
Varianz 34
- einer Zufallsvariablen 107ff
- der Summe zweier Zufallsvariablen 120
- der Summe mehrerer Zufallsvariablen 122
Variationskoeffizient 34
Vereinigung 62
Verhältnisskala 8, 10
Verhältniszahl 37ff
- besondere 41f
- spezifische 40f
- standardisierte 42f
Verteilung 91ff
Verteilungsfunktion 94ff
Verursachungsziffer 40
Vollerhebung 2
Wahrscheinlichkeit 72ff
- bedingte 77ff
- gemeinsame 81ff
- marginale 85
- objektiv a-posteriori 72
- objektiv a-priori 73
- Rand- 85
- subjektive 73f
- totale 87
wahrscheinlichkeitserzeugende Funktion 159ff
Wahrscheinlichkeitsraum 77
Wahrscheinlichkeitsverteilung 95ff
Warteschlange 137
Wertindex 48f
Wölbung 117f
Zentraler Grenzwertsatz 181f
Zentralwert 32
Zerlegungsregel 109
Ziehen mit Zurücklegen 142
Ziehen ohne Zurücklegen 142
Zufallsvariable 91ff

Errata

S. 6, letzte Zeile: 114 cm

S. 61, letztes Beispiel: $T_{24} = \{1, 2, 3, 4, 6, 8, 12, 24\}$

S. 70, Zeile 21: Das System von Mengen S_2, das die Mengen $\emptyset$, $\{1, 3, 5\}$, $\{2, 4, 6\}$ sowie $\{1, 2, 3, 4, 5, 6\}$ enthält, ist eine σ-Algebra, da die Bedingungen (1) bis (3) erfüllt sind.

S. 70, Zeile 29:

(3') Aus $A_i \in S$, $i = 1, 2, \ldots$ folgt $\bigcap_{i=1}^{\infty} A_i \in S$

S. 112, Zeile 2:

$$V(X) = \frac{1}{6}[(2-4,5)^2 + (3-4,5)^2 + (4-4,5)^2 + (5-4,5)^2 + (6-4,5)^2 + (7-4,5)^2]$$
$$= \frac{1}{6}(6,25 + 2,25 + 0,25 + 0,25 + 2,25 + 6,25)$$
$$= \frac{17,5}{6} = \frac{35}{12} = 2,91\overline{6}.$$

S. 121, Zeile 7:

$$[E(X \cdot Z)]^2 \leq E(X^2) \cdot E(Z^2) \tag{7.35}$$

S. 137, Zeile 15: Für eine Gruppe von 730 Personen ist dann die Wahrscheinlichkeit, daß mindestens zwei von ihnen am gleichen Tag (also an einem beliebigen Tag) Geburtstag haben, gleich 1.

S. 148, Zeile 4: $n = k, k+1, \ldots$

S. 160, letzte Zeile:

$$W(t) = \sum_{j=0}^{\infty} t^j \frac{\lambda^j}{j!} e^{-\lambda} = e^{-\lambda} \sum_{j=0}^{\infty} \frac{(\lambda t)^j}{j!} = e^{-\lambda} \cdot e^{\lambda t} = e^{\lambda(t-1)}. \tag{9.20}$$

S. 174, Zeile 12:

$$B(p, q) = \frac{\Gamma(p) \cdot \Gamma(q)}{\Gamma(p+q)} \tag{11.27}$$

S. 221, Graph der Stichprobenverteilung: Die Abszissenwerte der Punkte sind um 10 Einheiten nach rechts zu verschieben, da erst am Ende einer Größenklasse gesicherte Informationen vorliegen.